当代批评

回 到 土 地

俞孔坚 著

生活·讀書·新知 三联书店

图书在版编目（CIP）数据

回到土地／俞孔坚著 . —2 版 . —北京：生活·读书·新知三联书店，
2014.3 （2016.8 重印）
（当代批评）
ISBN 978−7−108−04420−4

Ⅰ . ①回… Ⅱ . ①俞… Ⅲ . ①城市景观－景观设计－
研究－中国 Ⅳ . ① TU−856

中国版本图书馆 CIP 数据核字（2014）第 022860 号

责任编辑　朱竞梅　冯金红
封扉设计　宁成春　薛　宇
责任印制　崔华君
出版发行　**生活·讀書·新知** 三联书店
　　　　　（北京市东城区美术馆东街 22 号 100010）
网　　址　www.sdxjpc.com
经　　销　新华书店
印　　刷　北京隆昌伟业印刷有限公司
版　　次　2009 年 4 月北京第 1 版
　　　　　2014 年 3 月北京第 2 版
　　　　　2016 年 8 月北京第 3 次印制
开　　本　635 毫米 × 965 毫米　1/16　印张 26.25
字　　数　300 千字　图片 133 幅
印　　数　10,001－15,000 册
定　　价　48.00 元
（印装查询：01064002715；邮购查询：01084010542）

目　录

田 园 篇

遗 产 篇

引　言

　　在过去的这些年里，太多的事情在中国这片土地上发生了，无一不惊天动地：史无前例的城市化巨变在加速，国家和部分国人的财富暴涨；轰轰烈烈的社会主义新农村建设运动席卷全国；北京2008年奥运会申办成功，为举办有史以来最好的奥运会，大规模的奥运场馆建设成为北京市和中国的头等大事；国际大师相继给北京带来多个巨型建筑，并带动了全国的城市景观建设风潮；2003年春夏SARS的蔓延，死亡的恐怖曾弥漫华夏上空；2006年11月松花江污染事件爆发，哈尔滨停水四天，400万市民抢购饮用水和食品；2007年夏天，太湖蓝藻再度爆发，生态灾难威胁数千万人的健康；三峡大坝合龙，南水北调工程启动，难以置信的长江三峡库区历史性的干旱，一年比一年更加严重的洪水威胁，白鳍豚消失，还有圆明园的整修工程事件……所有这些看似风马牛不相及的事件，在我看来都是相关的。所有这些自然过程和灾害，以及人的行为，都要在土地这个界面上发生并相互作用。所以，我写了一些文章，虽然都以城市、土地、景观和建筑为主题，实际上无不与上述事件直接或间接相关，我希望通过这些有形的物质来揭示背后的原因和道理。大地和大地上的城市、建筑和景观从来就是人们世界观和价值观的投影，是社会形态的符号和反映，也是人与自然相互作用的界面。这些文章被收入这本书里，整合为城市、田园和遗产三部分，核心内容包括三个方面：

第一，从土地、城市、景观和建筑的表象入手，揭示在快速的城市化和辉煌的经济繁荣表象下，当代中国潜伏的巨大危机，包括能源短缺与生态环境恶化带来的生存危机，全球化和社会文化转型时期的民族身份危机，以及与之相伴随的草根信仰危机。中国的复兴在于求解应对这些危机之道，否则，危机便成为危险。

第二，危机的根源何在，出路又何在？危机产生的根源在于蔓延至今的两千多年来的封建专制意识，与快速经济发展和文化落后相伴生的暴发户意识，以及与漫长的小农经济相伴生的小农意识。应对危机的出路何在？出路就在继续"五四"新文化运动，将这一开启中国现代化之路的思想运动引向深入。莫要被眼下"大国崛起"的欢呼、复古之风的熏蒸以及国学热的迷幻所陶醉，要继续高举反帝反封建、科学与民主之大旗，这乃是唯一出路。我们需要深刻反思两千年来的文化积垢，把"白话文"运动推广到城市建设等各个领域。但是"续唱新文化运动之歌"绝不是"重复新文化运动"，更不是"文化大革命"式的大扫除，而是一种"后新文化运动"或"后现代运动"。把尊重和保护乡土与遗产本身作为新文化的有机组成部分，特别是把乡土作为"白话"和"新乡土"的源泉。但绝非复古，也非对遗产的"发扬光大"。

第三，如何"续唱新文化运动之歌"？一滴水，可以照见整个世界，从对待野草的态度，我们便可以看到当代国民特别是城市建设决策者的价值观。在不只一篇文章里，作者极力倡导"足下文化与野草之美"的新伦理和新价值观；并提出"反规划"和生态基础设施建设的具体途径和方法论。这种新文化、新伦理、新美学和"反规划"是化解前述三大危机的药方，最终将成就一个"白话的"城市，一个人与自然、人与人和谐的新乡土。

在上述贯穿全书的统一主题下，本书三部分各有侧重。

城市篇是全书的最主要部分，11篇文章揭示和批判了中国近二十年来城市建设的种种误区，特别是盛行于大江南北各大城市的、荒诞不经的"城市化妆"运动，挥霍浪费无度、缺乏人文意识和环境意识的大型公共建筑，目标单一、缺乏土地伦理和系统科学理论指导的城市规划建设及江河治理工程，等等。中国当代的城市建设规模之大、速度之疾，古今中外未尝有过。它消耗掉世界上百分之五十以上的水泥和三分之一以上的钢材。然而，正当中央政府号召节约能耗和材料，各大钢厂纷纷迁出城市以图还城市一片蓝天的时候，我们却看到一个个展示性的、为求奇特造型而耗费十倍甚至二十倍的用钢量的巨型建筑崛起；正当水资源告急，北京地下水位逐年下降，国家花巨资将长江之水引到北方时，我们却看到圆明园试图恢复当年浩荡之水面；正当国土生态环境告急，水土流失日益严重之时，有人却忙于到泰山顶上搬运石头，从农民的风水林中挖来乔木，以建造大型园林。正是这些在我看来很是荒唐的行为，使中国的土地生态和乡土遗产面临五千年未有之破坏，引发三大危机。造成上述这些误区和危机的最主要根源是中国社会中、特别是城市建设和相关部门的领导者们头脑中的潜在的封建集权意识、暴发户意识和小农意识，以及缺乏对科学的系统认识。因此，解救危机的出路在于继续"五四"新文化运动。为此我提出了"足下文化与野草之美"和"白话城市"的生态与人文城市理想，以及"反规划"的途径。

　　田园篇侧重乡土中国。这些文章警告，当我们已经毁掉一个个富有特色的旧的乡土城镇之后，我们又将毁掉一个个更富有特色，充满生态与人文价值的广大乡村和田园。乡土景观平凡而真实，虽为下等文化且不曾被国家或地方政府所保护、所珍惜，却绵延数千年而生机勃勃，是"生存的艺术"，也是草根信仰之基础，是和谐社会之根基。乡土的中国景观不同于帝王和士大夫的贵族的景观

（如被奉为国粹的园林之类），那些贵族的遗产虽多被列为世界遗产、国家遗产，但多为死的遗产，而作为"生存的艺术"的乡土景观是活的，是"白话城市"和"白话景观"的源泉，是拯救中国于三大危机的良药。诸如择居、造田、种田、灌溉、理水的"生存艺术"，而今面临前所未有的冲击，城市化和席卷而来的新农村建设将使它们荡然无存，因而，更需要我们保护和珍惜，眼前迫切需要用"反规划"的途径，在推土机来临之前，确定禁止建设区。在这里，"足下文化与野草之美"的新伦理与新美学，要求我们以回到土地、回到平常、回到平民的立场来善待土地和人民。

遗产篇则在"足下文化与野草之美"的新伦理与新美学之下，认识和评价我们的遗产，旨在跳出传统的文物概念，跳出贵族文化的价值观来认识平民的、足下的文化。这些认识具体体现在对中国工业遗产、大运河以及圆明园的态度上。近代中国的工业遗产承载了丰富的历史文化意义和社会情感，其重要性不亚于古代帝王们的历史文物，必须善待和令其发挥新的功能。关于大运河，它不仅仅是文物，更是活的文化景观，我们应该通过建立"大运河国家遗产和生态廊道"来整合遗产保护、国土生态基础设施建设、自然与历史文化教育和游憩等多种功能。关于圆明园，它是历史与乡土生态群落的双重遗产地，它的真实性和完整性必须得到维护，恢复皇家园林景观既无必要，也无可能，只能给社会和已经非常严峻的北京生态环境背上沉重的包袱。圆明园的最好出路在于成为北大和清华的开放式校园，使其在保护遗产的同时，成为国家栋梁的培育基地和全民的参观教育场所。同样，科学和民主是理解和实现上述理念的根本。

所收文章中有几篇是与我的同事或学生合作完成的，都已在文中注明。这些文章写作过程得到同事、学生和多位记者的协助与支持，在此表示深深的谢意。这些同事和学生包括李迪华、吉庆萍、李伟、黄国平、孙鹏、王志芳、孔祥伟、庞伟、李海龙、方琬丽、朱强、刘君。大部分文章的核心内容都曾先后发表在多种刊物和报纸上，我对其允许我在这里作修改和再次刊用表示感谢，特别感谢《国家地理》编辑李雪梅，《中国青年报》记者董月玲和编辑大同，《新京报》记者曹保印、王爱军，《人民日报》记者赵永新，工人出版社编辑杜予，建筑工业出版社编辑郑淮斌，《中国园林》编委王秉洛，《科学时报》记者易容，国家图书馆孙学雷副馆长，以及《景观设计学》杂志运营总监李有为。

城市篇

寻找土地之神*

《中国青年报》编者按：2005 年 1 月 29 日，2004 年景观设计高峰论坛在北京大学召开，来自国内外的 300 多名专家学者齐聚一堂。北京大学教授、景观设计学研究院院长俞孔坚博士关于《印度洋海啸灾难启示》的报告，令与会代表震动。

1995 年，俞孔坚在哈佛大学的博士论文中，根据中国面临的严峻人地关系，提出生态安全格局理论和方法；回国后，他和北京大学的研究同伴一起，继续针对快速城市化背景下的国土和城市生态安全问题，提出"反规划"途径和生态基础设施建设的理论，在此理论指导下的成功实践，2002 年获得美国景观设计师协会年度设计荣誉奖。

2004 年 10 月 13 日，本刊发表了《五千年未有之破坏》，反映了他对人地关系和国土生态安全危机的忧虑，引起广泛反响。两个多月后，印度洋海啸灾难爆发，证明俞教授的忧患意识绝非杞人忧天。为此，本报再次约请俞教授贡献他的讲稿，希望因此能进一步唤起国人的危机意识。

---

* 本文核心内容首度发表在 2005 年 2 月 23 日《中国青年报·冰点》。因篇幅所限，当时只刊出近 8000 字。此为原稿全文，并附《中国青年报》编者按。

引言：发生在"天堂"的灾难

不久前印度洋发生的海啸灾难在国际范围内引起了广泛的讨论，讨论涉及科学信仰、人与自然关系的哲学、环境伦理及国际合作问题等。国内在这方面较为严肃的讨论尽管并不多，却庆幸看到一些科学家与环境保护人士关于对自然是否应该"敬畏"的争论，非常难得。我觉得应该更全面而深入地展开，这对唤起全民族的国土生态安全的危机意识、澄清人地关系的大是大非、认识"科学发展观"的真正含义、推动建立和完善国土和城市生态安全系统，都是非常有益的。我是一个城市规划师和景观规划师，而景观规划以协调人地关系为宗旨，从某种意义上讲，该学科源于对土地上的自然过程特别是灾害过程与空间格局关系的认识和实践。所以，我今天也主要从这个角度来讨论。

印度洋海啸灾难只是个引子，由此引起的思考基于以下的事实：这场灾难发生在一个高度文明时代的"天堂"里，曾经的美丽花园、豪华的酒店、繁华的街巷，瞬间成为废墟（图1）；夺走了近30万人的生命，其中不乏受现代科学知识武装的文明人群；相比之下，偏远岛屿

图1 发生在"天堂"的灾难：这两张12月30日发布的卫星图片显示的是印尼班达亚齐海滨海啸袭击前后的情形（来源：新华网）。

上孑遗的史前部落却能在此大难中安然无恙；科学家检测到了地震的发生，科学知识也告诉此后必有海啸，却未能使陶醉的人群免于死难……当然，我更多的是想借题发挥，展开关于中国当下的人地关系问题特别是快速城市化背景下的国土和城市生态安全问题的讨论。

一、四点启示：国土生态安全、"超人"、科技及文化遗产

启示之一：国土生态安全为头等大事。人类几千年的文明并没能摆脱自然灾难的威胁，它们随时都在身边发生，甚至可以在"天堂"里发生。这让我想到了华裔美国地理学家段义孚在上世纪70年代写的一本书《景观的恐怖》。我们今天看到的所有景观，实际上都潜伏着恐怖：我们欣赏森林，但森林是恐怖的潜伏地；我们欣赏沙滩，实际上沙滩也潜藏着恐怖；我们欣赏河流，河流也是恐怖的发源地；城市同样潜伏着恐怖。那么国土、城市和景观规划的源头和最根本的任务就在于回避和应对恐怖，明智地应对自然的灾难（当然还有来自人的恐怖）。避免和预防国土生态灾难是国家机器的最主要的功能。世界上的许多文明是在突然降临的自然灾难中消失的。中华文明发展的历史在某种程度上说就是一部认识和应对自然灾害的历史。特别是洪水灾害，史学家认为，中国第一个奴隶制王朝夏在很大程度上就是因为组织治理洪涝灾害的需要而发育形成的，而夏族首领大禹也恰恰是因为治水有功而被拥戴的。

国土生态安全，是继人口问题之后，当代中国未来面临的最严峻的挑战。

启示之二："超人"意识和虚拟世界导致灾难临头。面对30万文明人群的尸体和史前部落的逃生奇迹，我们不禁要问：在应对自然灾难方面，人类是进步了还是退化了？

1962 年，景观规划师和生态规划先驱麦克哈格带领学生在美国东海岸研究海岸带的安全问题，探讨如何进行滨海地带的规划。结果让他们大吃一惊，他们发现，许多富人正在争相建造美丽别墅的地带，恰恰是在下一轮海潮侵蚀中要被吞没的危险地带。他于是警告那些自命不凡的人们赶紧搬离此地，否则迟早有一天，他们将大难临头。遗憾的是，他的警告没有被理会。果不其然，数月之后，强烈的海潮吞没了这些美丽的住宅。对照印度洋的海啸，我们会发现，历史总是在重演着同样的悲剧，而其根源在于人类的无知加无畏。

麦克哈格于是说："人们必须听景观规划师的，因为他告诉你在什么地方可以居住，在什么地方不能居住，这正是景观设计学和区域规划的真正含义。不要问我你家花园的事情，也不要问我你那区区花草或你那棵将要死去的树木，关于这些问题你尽可以马虎对待，我们（景观设计师）是要告诉你关于生存的问题，我们是来告诉你世界存在之道的，我们是来告诉你如何在自然面前明智地行动的。"

人们用不全面的科学知识来掩盖人类的无知，加上为追逐眼前利益而对已经积累的科学知识置若罔闻而表现出麻木，因为无知和麻木，所以无畏，因为无畏，便离灾难不远了。除无知可以使我们无畏外，坚硬的钢铁、水泥和有巨大力量的机械也可能为人类在自然力面前壮胆。美国有一部关于星球大战的电影，描绘人类在面对外星人时，是如何大规模出动飞机、大炮和装甲车来壮胆的，结果，这些装备在外星人的神秘武器下瞬间灰飞烟灭，倒是人间柔弱、优美的音乐，最终将外星人制伏。

我们通过机器强化和延伸了我们的四肢，通过电脑和信息存储及处理技术扩展了我们的大脑，努力使自己成为了"超人"，生活在一个越来越虚拟化的、高度抽象化的世界中。我们用对付 500 年一遇的灾难的水泥防洪堤和防波堤护卫着城市，以至于在海边或河边看不到水光，听不见波涛；我们渠化和管化大地上的水系，以至于不知道水竭水满，潮涨潮落；我们斩山没谷，"三通一平"，以至于忘记了地势之显卑。我们对真实的、完整意义上的自然过程和格局越来越陌生，不再有机会像动物和史前人那样，甚至不能像田里的农民那样，像海边的渔民那样，或是像山里的猎人那样，感受自然的呼吸，领会她的喜怒之表情。我们对大难来临前的种种预兆漠然置之。所以，现代人在应对自然灾难的能力方面退化了。间接的学习一定程度上可以弥补现代城市人的缺陷，但永远代替不了体验完整真实的自然存在的作用。因此，如何让城市与自然系统共生，使现代城市人能获得自然的体验，感受自然的过程，重新找回真实的人，是正迈向城市化的中国面临的一个具有深远意义的课题，是塑造新的和谐人地关系的基础。

作为自然人，人类对大自然有天生的敬畏和热爱之心，敬畏是因为千百万年来大自然不断将灾难降临人身，并在其基因上打上了深深的烙印；热爱，是因为大自然提供了食物和庇护，并培育了人对天地的依赖和寄托。这种人类的天然之心正是萌生"神"与宗教的土壤，也是大地景观吉凶意识和审美意识的本源。如果我们过分依赖近现代科技赋予我们的"超人"能力，而将人类千百万年进化而来的自然人的能力抛弃，将"神"或敬畏之心埋葬，灾难必然降临。演绎哲学家们的话说："超人"的诞生宣判了"神"的死亡，"神"死了，则人不得不死。承认人需要对自然力和超感性世界的敬畏，与我们信奉唯物主义是一致的。

"超人"对"神"的敌视和杀戮，是因为"超人"缺乏自信；片面的、不完整的科学知识是"超人"陶醉的毒鸩之酒，当然也是聊以自恃的武器；人类期待用全面而完整的科学知识获得自信，并能用宽宏博爱之心，再塑友善助人之"神"。

启示之三：关于现代科学技术的作用。这需要从两个方面来认识科学技术在应对自然灾害中的价值，第一，科学技术是干什么的？第二，有了科学技术，还缺什么？

对于第一个问题的回答，必须首先认识到，人地关系的哲学不应该是斗争的哲学，而应该是"和合"的哲学；科学和技术更应该用于如何了解自然过程和格局，协调和适应自然过程，以便避免与自然力的冲突，而不是用于武装自己，使自己以"超人"自居并与自然过程相对抗。所有的灾难，实际上都是可以避免的，我们的祖先通过经验积累，成功地避开了许多自然灾难而繁衍至今；当代科学技术给了人们回避自然灾害的更大能力。但是与史前和农业时代的聚落和社区相比，我们的城市应对自然灾害的方式更多的是靠武装到牙齿的机械和工程措施，而不是巧妙地采用回避和适应策略，对待洪水尤其如此。考察中国近代洪灾的历史，我们可以看到，造成最严重的灾难后果的往往是人力与自然力长期对抗和较量之后，最终因人的失误而带来的，如决堤、决坝导致的洪水灾难。任何科学技术和机械的防御系统都不可能万无一失，50年或100年一遇的概率并不意味着明天就不会发生。"泰坦尼克号"的沉没不是因为船不够坚实，而是因为人们太相信它的坚实了。当今我们的国土和城市生态安全战略恰恰是在用巨大的人类工程，借助片面的科学技术，打造对抗和攻击自然过程的"铁甲车"。我们的江河堤坝是这样，我们的城市防洪体系又何尝不是如此？

关于第二个问题，在印度洋海啸大灾难之后，国际社会责怪海啸检测和预报系统的不完善，这实际上只看到了问题的一半。实际上，科学家和科学似乎没有责任，因为科学家已经检测到地震并告诉人们它将伴随着海啸。而与史前部落的成功逃难相比，科学和技术似乎并没有发挥应有的作用。不是因为科学没有价值，而是科学并没有进入人们的信仰和伦理体系而转变为日常人的行为参照。而在前科学时代，关于自然的有限经验知识，通过宗教和伦理的媒介，包括以祖先的神灵和巫等原始宗教为媒介，牢牢地寄生于他们的信仰体系和行为及道德规范中。自然中的所有现象和状态，都被视为"吉"或"凶"的预兆，如中国古代的《易经》所反映的。

如此结论，并非想回到《易经》时代，而是说当今丰富的科学知识特别是关于生态安全的知识，必须通过类似的媒介，完整地、紧密地与城市人的日常生活和行为结合起来，也就是说，我们必须建立和完善科学时代关于环境和土地的新的伦理和更完善的法规体系，以及操作规程。比如，中国古代相信曲折蜿蜒和连绵不断的河流才是"吉"的，才可安居，信奉此条而经久不衰；现代景观生态学的研究表明，蜿蜒的自然河流对削减洪水能量、避免洪水灾害、保护生物多样性、维护生态平衡都更有好处，可我们当今的水利工程和防洪工程恰恰逢河必筑堤坝，遇弯必裁其直。科学知识特别是完整意义上的关于自然的知识并没有变成我们利用、适应和改造自然的实践。

启示之四：文化遗产价值的再认识。文化遗产分为非物质遗产和物质遗产（在这里特指大地上的文化景观）两类，人类关于自然灾害的经验往往通过这两种形态的遗产保留了下来。前者如祖先的遗训、风俗习惯、某些听似神秘的禁忌等。许多方面是现代科学已经解释或可以解释的，许多则是现代科学没有去解释或不能全面解释的，它们可能并不直接与某种自然灾害发生联系，而是间接地有着关联；也有的是当时的某种自然现象与突发性灾难被偶然地联系在一起，并流传为某种禁忌。而大地上的文化景观，则是人地关系实验的产物，是千百年来人与自然力的不断较量、调和过程打在大地上的烙印。如中国古代的灵渠、都江堰等水利工程，是先民应对自然力、包括洪水等众多实验工程中有幸成功的文化景观。相比之下，我们许多靠近现代技术武装起来的水利和防洪工程，尽管工程本身可能坚不可摧，却并不能实现与自然过程的和谐相处，会经不起时间的考验而告失败，它们将与前科学时代的许多实验品一样，被历史淘汰。遍布中国大地的许多乡土文化景观，包括那些听似神秘的"风水"景观，实际上是在告诉我们如何应对风的过程、水的过程、泥石流的过程（如"龙山"和"风水林"遗产）以及开山造地的生产过程（如云南哈尼族人造梯田的方式），都值得我们保护和珍惜。

二、"神灵"的土地：灾难经验演义文化景观

这里展示约 4000 年前一幕震撼人心的场景（图 2）：在一侧墙角，一个妇女怀中抱着幼子，双膝跪地，仰天呼号，祈望救世主出现。这是黄河岸边的喇家遗址，一双惨烈的尸骨，记载了一场突然袭来的灾难，凝固了人类在自然力面前的无助和对超感知的"神"的企望。北京大学教授夏正楷等的研究揭示，正是一起包括山洪和地震在内的大规模群发性灾害事件，导致喇家遗址的毁灭，给当时的人类文明带来了极大的破坏。从一些中国最早的文字中，我们不难看出类似的灾害经验是相当频繁的，如《易经》第六十四卦中就有专门的卦和大量的爻辞来卜算和应对洪水、泥石流、地震等自然灾害，反映了华夏先民试图通过巫与神来预知灾难的

图 2 灾难经验呼唤"神"的降临：4000 年前中国黄河岸边喇家遗址中的场景（夏正楷提供）。

来临，获得人地关系的和谐。基于以无数生命为代价的灾难经验，对大地山川进行吉凶占断，选择趋吉避凶、逢凶化吉的操作，成为中国五千年人地关系悲壮之歌的主旋律。

这期间不乏有通神灵、有神功的大巫大神者，如大禹"左准绳，右规矩，载四时，以开九州，陂九泽，度九山，令益予众庶稻，可种卑湿"，堪称规划设计华夏大地之大神，也可称为中国古代最早的大地景观规划师；也有因治一方之水土有神功的人物而被奉为地方之神者，如修建都江堰的李冰父子，他们与神为约，深掏滩，浅作堰；以玉人为度，引岷江之水，满不过肩，竭不过膝。更有遍布大小城镇和各个民族村寨的地理术士们，"仰观天象，俯察地形"，为茫茫众生卜居辨穴，附之山川林木以玄武、朱雀、青龙、白虎及牛鬼蛇神。因此，遍中国大地，无处不为神灵所居。

例一，哈尼族人的"天地—人—神"。在云南哀牢山中，生活着一个古老的水稻民族——哈尼族。在这里，山体被划分为上、中、下三段，海拔 2000 米之上是世代保护的自然丛林，高山截流了来自印度洋的暖湿气流，云雾弥漫，是属于"神"的"龙山"，为他们的居住和梯田提供不尽的水源，在其下部边界，是寨门，界定了人—神的边界。中部是属于人的居住和生活场所，海拔在1500—2000 米之间，来自"龙山"的甘泉，流淌过家家户户的门前，涤尽生活垃圾和牲畜粪便，成为其下部梯田稻禾的肥料。下部则是层层叠叠的梯田，那是属于人与自然和谐共处的产物。在天地—人—神的关系中，人获得了安栖之地。这是一个告诉我们如何处理人与山林关系的乡土文化景观。

例二，在贵州省的都柳江两岸，分布着许多侗族村寨，小则几户成寨，大则几百户成寨。每个寨子无一例外地分布在蜿蜒江水的凹岸坡地上，山上是一片比寨子更古老的"风水林"，这是一片禁地，里面停放着祖先的遗体或骨灰，寨规是"伐一棵树，罚一头牛"；每寨必临一片卵石滩地，这里水涨水落，鹅鸭与儿童共欢；耕种的梯田在对岸的山坡上，或者在同一面山坡上，都用一道绿色的"风水林"与村庄隔离。所以，尽管山体塌方和泥石流时有发生，寨子却几百年来安然无恙。这是一个关于如何处理人与河流关系的乡土文化景观，说明我们不必对河道大动工程而可获得安全的居所。

例三，在皖南丘陵山地中，分布着大大小小的盆地，盆地里是难得的高产农田，几乎所有村庄都尽可能沿盆地边沿山坡分布，而把每一分耕地，都留给了后代，以免受饥馑之灾。山上是浓密的"风水林"，山脚是蜿蜒的溪流，道道低矮的石堰将清流引入家家户户。这是一种告诉我们如何处理人居与耕地以及山水关系的乡土文化景观。

大小乡村的景观规划如此，古代城镇的设计也无不以山水为本，依山龙水神，而求安宁和谐之居。早期西方传教士们尽管视盛行于中国的巫风卜水为邪恶，但对其造就的大地景观却大为感叹："在中国人的心灵深处必充满着诗意。"科技史家李约瑟对中国大地上的"风水"景观更是充满深情，赞不绝口。20 世纪初，一位德国飞行员伯叙曼在华夏上空历经三年的飞行考察后，用"充满诗情画意的中国"来描绘和赞美。

我们庆幸，在科学的光芒并没能普照大地之前，这些维护国土生态安全而又充满诗意的文化景观，在经历了大大小小无知无畏的"战天斗地"之后，得以或多或少地幸存。然而，面对华夏大地上新一轮的斩山没谷、"三通一平"和裁弯取直的城市化和基础设施"建设"热潮，我们不禁要问：在被科技和机械武装到了牙齿的"超人"面前，那些文化景观和自然生态格局能否幸存并继续像护佑我们的祖先那样护佑我们和我们的后代？经过对全国数以百计城市的考察，以及对全国包括最偏僻地区的探访，我不能不坦承我的忧虑。

三、放下斩杀大地"女神"的屠刀，拾起土地的伦理

看今天的城市，我们不但没有吸取美国等西方国家城市发展的教训，用科学的理论和方法来梳理人与土地的关系，使自然系统——一个有生命的"女神"——在城市化过程中避免遭到彻底或不彻底的摧残；我们甚至还忘却了祖先们用生命换来的、彰显和谐人地关系的遗产——大地上那充满诗意的文化景观。

正如 1999 年世界建筑师大会上吴良镛教授等在《北京宪章》中所描绘的：我们的时代是个"大发展"和"大破坏"的时代。史无前例的城市化、全球化和信息化，在中国这块土地上历史性地相遇了，并在大地景观这个界面上发生了强烈的反应。这种反应在很大程度上可以概括为这样一个事实：过去二十多年来中国的快速城市建设，在很大程度上是以挥霍和牺牲自然系统的健康和安全为代价的，而这些破坏本来是可以通过明智的规划和设计来避免的，其中最为普遍地反映在：

（1）大地景观的破碎化：无序蔓延的城市，缺乏慎重考虑的高速公路网，各种方式的土地开发和建设项目、水利工程等，都使原来连续的、完整的大地景观基质日趋破碎化，自然过程的连续性和完整性受到严重破坏（图3）。

（2）水系统的严重破坏，其中包括作为文化景观的、几千年来人与自然共同作用下形成的水网系统的瘫痪，包括河流水系的污染、填埋、覆盖、断流、水泥化和渠化；湿地系统的消失和破坏。这些都导致了自然系统生态服务能力的下降，包括地表和地下水系统平衡的打破、生态自净能力的下降、生物栖息地的消失以及生物多样性的丧失，同时也导致审美价值的丧失（图4，图5）。

（3）生态廊道和栖息地斑块的消失和破坏：包括河流廊道原有植被带被工程化的护堤和以非乡土物种为主的"美化"种植所代

图 3 "天堂"中破碎的大地：从飞机上俯瞰杭州大地景观，土地和自然变成了城市化基底中的碎块（俞孔坚摄）。

图 4 和图 5 "超人"斩杀大地"女神"：我们过分依赖自己的工程技术力量来与自然灾害抗争，用巨大的工程来捍卫城市，而不是给自然以空间，利用自然做功；单一的防洪目标和不明智的工程措施包括硬化和渠化，导致本来服务城市和大地生命健康的地表水系统，变成了城市的负担；本来是最佳的山水城市格局，却为了蝇头小利筑起一道道数公里长、十几米高的堤坝，使城市和她的市民面临的不仅仅是对自然雨洪过程的破坏、地下水上升、内涝等问题，还带来亲水性缺失的问题。"母亲"仍在我们身边，但却被我们推到了门外。结果，城市面临灾难的危险却越来越大，人与自然的关系越来越紧张（图 4 长江防洪大堤；图 5 "天堂"里的河流，海南岛的滨海防洪大堤，俞孔坚摄）。

替；农田防护林带和乡间道路林带由于道路拓宽而被砍伐；由于城镇化和道路及水利工程，导致池塘、坟地、宅旁林地、"风水林"等乡土栖息地斑块大量消失。

尽管城市化和扩张是不可避免的，基础设施的建设是必需的，土地也是有限的，但是，我们必须认识到，自然系统是有结构的，不同的空间构型和格局，有不同的生态功能。从这个意义上讲，协调城市与自然系统的关系决不是一个量的问题，更重要的是空间格局和质的问题，这也意味着只要通过科学、谨慎的土地设计，城市和基础设施建设对土地生命系统的干扰是可以大大减少的，许多破坏是不必要的，我们也已经掌握了足够的科学知识和技术来这样做，关键在于我们是否有善待土地的伦理。

四、"超人"的力量不能替代自然系统的生态服务

增强城市对自然灾害的抵御能力和免疫力，妙方不在于用现代"高科技"来武装自己，而在于充分发挥自然系统的生态服务功能，让自然做功，增强生命系统的免疫力，而非机械的抵御能力。

我们在研制各种物理和化学的人工合成物来抵抗生物的和非生物的致病因素的侵袭，杀灭那些我们认为对人类肌体有害的东西，结果使人体的自我免疫能力每况愈下，世界卫生组织不断警告，新的病毒性流感，可能导致数以百万计的人死亡。因而，科学的人体抗病途径是强健体魄，增强生命机体自身的抵抗力。

城市也是如此。我们试图在用各种工程措施来捍卫我们的城市免受各种自然力的破坏，包括在母亲河上筑起越来越高的水泥防洪堤坝、海岸边的防浪堤，将河流裁弯取直以便以最快的速度排泄暴雨洪水。这些固若金汤的人类工程不但耗资惊人，也从此将城市与大自然隔绝。而结果如何呢？洪水的威力变得越来

大，而稀缺的雨水资源却瞬间被排入大江大河。水利部门的统计显示，尽管 2004 年全国没有发生流域性大洪水，但因洪涝灾害死亡、失踪 1343 人，农作物洪涝受灾面积 1.16 亿亩，直接经济损失 666 亿元。

在剩余的日子里，城市则面临淡水短缺的困扰，一些广为人知的数据告诉我们，中国的城市面临严重的水资源危机。目前在我国 660 多个城市中，有 420 多个城市供水不足，其中严重缺水的城市有 110 个。就连"千湖之省"的湖北，因城市扩张，已经使四分之三以上的湖泊不复存在。全国每年因城市缺水影响产值达 2000 亿至 3000 亿元。

大自然给了我们足够的土地、空气和水资源来让众多的人口体面地生活。地球是一个生命系统，是一个活的"女神"，她不但具有生产功能，为人类和其他生命提供食物，她还有消化和自净能力，把人类及其生产活动中排放的废物转换成其生命肌体的有机组成，把有害物变为养料，同时她还能自我调节各种自然和生物过程的盈余和亏缺，自我修复各种伤害等，这些功能就是自然系统的生态服务功能，或自然服务。我们本来可以完全依靠自然服务来实现我们的所有基本需求。然而，在当今中国的城市规划和建设中，我们却没有领会也没有珍惜自然的这些无偿服务，却自以为是、自作聪明地去干扰自然的服务工作。最严重的是，我们是用极其恶劣的方式，摧毁和毒害大地"女神"的服务系统，包括肢解她的躯体——大地上的田园和草原；毁损其筋骨——大地之山脉；毁坏她的肾脏——湿地系统；切断她的血脉——河流水系；毒化她的肺——林地和各种栖息地，等等，使自然的服务功能全面下降，最终导致城市和国土的生态安全危机。

结果，我们的城市不但难以抵挡类似印度洋海啸那样的特大自然灾害，甚至连一场小雪和暴雨都可以使整个城市瘫痪，一个感冒病毒变种就可以把全国的城市带入死亡的恐怖境地。从发生在我们身边的事件中，且看我们生存的城市在灾害面前是何等的脆弱。世界卫生组织于 1998 年公布的世界十大污染最严重的城市中，中国有 8 个城市被列其中。这些无法令人平静的消息在警示我们：当代中国城市面临着严重的生态安全危机。

五、再造秀美山川，五千年难得之机遇："反规划"途径，建立国土生态安全格局

这个地球给人类足够的空间生活，但我们常常在不该住的地方住下了；并不是没有土地用来建设城市，而是往往在不合适的地方、用不合适的方法来建城市。我们几乎所有的沿江和滨海城市都在与自然过程相对抗，用强堤高坝与洪水对抗、抢空间。灾难 100 年不发生，101 年有可能就发生。如果忘掉生态安全，城市一旦选错了地方，无论它的建筑有多么漂亮，街道有多么宽广，所有这些东西可以一夜之间消失。中国四千年前的喇家遗址是如此，古罗马的庞贝城也是如此，印度洋海啸灾难更是不可不吸取的教训。根本的解决之道，就是如何来对待自然力的问题，建立一个安全的格局。我们必须纠正现在规划和建设城市的方法——那种依据人口规模和土地需求来推算城市规模和空间布局，然后再来强固城市的防御体系、防止和对抗自然灾难的方法。而是应该完全反过来，即：根据自然的过程和她所能留给人类的安全空间来适应性地选择我们的栖居地，来确定我们城市的形态和空间格局。如果说过去我们的城市是惯性地沿着一条危险的轨道滑向灾难的话，在今天这五千年难遇的空前的城市化进程中，在大规模人地关系调整的机会来临之际，我们必须逆向来做我们的国土和城市生态安全规划，即以"反规划"来建立国土生态安全格局（图 6，图 7）。

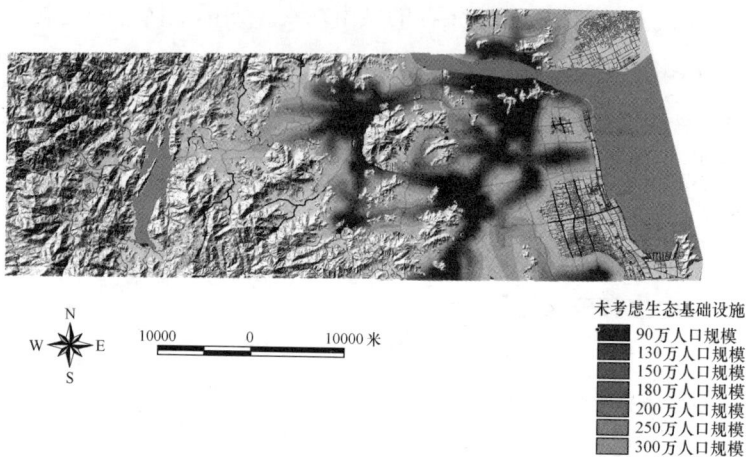

图6 通常情况下的城市扩张模式：城市化过程是排斥自然、使自然过程和格局瘫痪的过程（浙江台州，北京大学景观设计学研究院提供）。

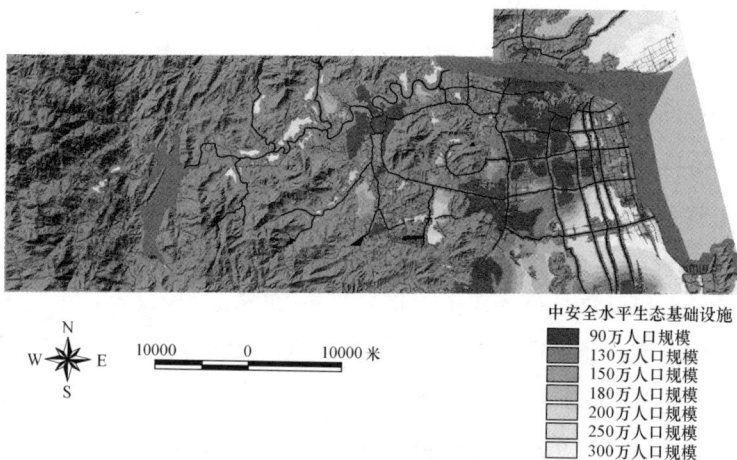

图7 "反规划"理念下的城市扩张模式：生态安全格局和生态基础设施定义城市空间形态（浙江台州，北京大学景观设计学研究院提供）。

六、视洪水为"朋友"的伦理：一个"反规划"实践

2003 年，在进行城市建设总体规划之前，浙江省台州市邀请北京大学景观设计学研究院进行城市生态安全格局规划，规划提出可能受到海潮侵袭的区域，并建议作为不建设区域。2004 年 8 月 12 日，"云娜"台风来了，给台州市造成了上百亿元的经济损失和 100 多人死亡，创历史之最。而值得欣慰的是，那些被划为不可建设区域的滨海湿地带，恰恰是受海潮侵袭最严重的地区。如果按通常的建设规划考虑，这些地带是作为建设区的，面临这样的风暴潮的时候，灾难性后果将不堪设想。经过这一经验，台州政府和规划部门充分认识到生态安全对这个滨海城市的重要意义，着手将这一保障国土和城市生态安全的非建设用地进行规划立法，使它们像前科学时代的"风水林"和"龙山"那样，被永远留着。

在台州市的生态安全格局中，除了为海潮预留了一个安全的缓冲带以外，还为城市预留了一个在不设人工防洪堤状态下的洪水安全格局：一个由河流水系网络和湿地系统所构成的滞洪和调洪系统，把洪水当作可利用的资源而不是需要对抗的敌人。这样一个防洪滞洪系统与生物多样性保护、文化景观系统及游憩系统相结合，共同构建了城市和区域的生态基础设施，它们就像市政基础设施为城市提供社会经济服务一样，成为国土生态安全的保障，并为城市持续地提供生态服务（图 8）。

作为一个成功的实践案例，它还具体地体现在：成功地改变了人们关于城市防洪的观念。当地领导接受了生态安全和生态规划的理念，特别是在永宁江治理工程中，决策部门果断地停止了正在进行中的水泥高堤防洪工程和河道渠化工程，停止了河道的裁弯取直工程；将已经硬化的防洪堤重新通过生态方法恢复成自然河道；退出河道，沿江建立湿地公园，成为滞洪系统的有机组成部分；恢复了乡土生境；同时成为当地居民一个极佳的休憩场所（图 9，图 10，图 11）。

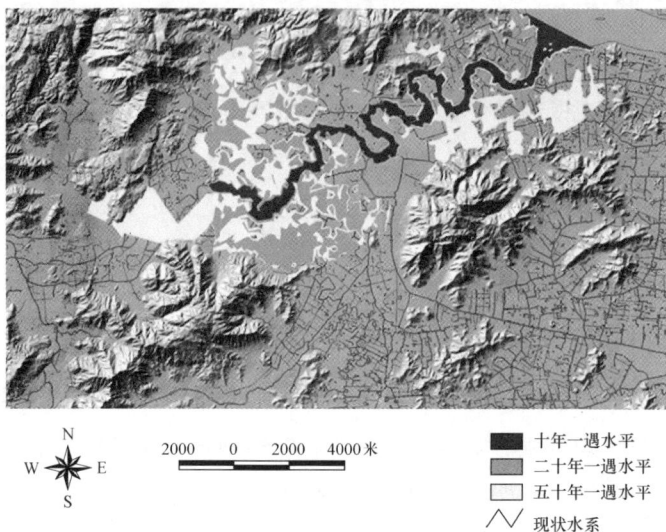

图8 视洪水为友，不建防洪高堤和高坝条件下的洪水安全格局：绿色部分分别代表不同洪水强度下需要的滞洪湿地系统，因此是不宜建设区域（浙江台州，北京大学景观设计学研究院提供）。

停止单一目的防洪工程，并进行生态恢复后的河段

原来的用钢筋水泥渠化的河段

图9 成功的信心：台州永宁江被停止河道固化和渠化工程的河段，生态恢复工程已经见效（浙江台州永宁江鸟瞰，曹阳摄）。

图 10 永宁江：生态恢复前为单一防洪目的被固化和渠化的河道（浙江台州永宁公园，俞孔坚摄）。

图 11 永宁江：生态恢复后的河滨和内河湿地系统，为自然过程提供生态安全的空间，意味着重归人与自然共享的天堂（浙江台州永宁公园，俞孔坚摄）。

　　"反规划"不是不规划，也不是反对规划，本质上讲是一种强调通过优先进行不建设区域的控制，来进行土地和城市空间规划的方法论。首先以土地的健康和安全的名义，以持久的公共利益的名义，而不是从眼前的开发商利益和短期发展的需要出发，来做土地和城市建设规划。

七、"神"的复活，人也将永续

　　如果说中国的"风水"是一种基于无数失败和成功的经验教训积累之上的前科学，那么，景观规划师麦克哈格的《设计遵从自然》则是建立在现代科学体系基础上的特别是生态学基础上的对大地进行科学规划的探索。在美国快速城市化和城市环境极度恶化的年代，在"寂静的春天"里（1962年蕾切尔·卡逊发表了《寂静的春天》唤起美国民众的环境危机意识），麦克哈格喊出了：为什么在我们的大都市中不能保留一些自然地，让她们免费地为人们提供服务？为什么城市中不能有高产的农田来提供给那些需要食物的人们？为什么我们的城市中不能保护乡土植物群落和动物栖息地？为什么我们不能利用这些自然的系统来构建城市的开放空间，让城市居民世代享用？根本的问题是，为什么我们在不该居住的地方居住，不能遵从自然的过程和格局来设计我们的家园，而总是与自然过程相对抗呢？

所谓"置之死地而后生"，在经历了工业时代由于"超人"的鲁莽和自恃，因为不自信而杀戮大地"女神"，从而带来无穷的灾难之后，现代科学时代需要"神"的复活和再生。人类因为无知和对自然的恐惧产生了前科学时代的"神"，这些神或是高高在上而令人生畏，或是青面獠牙而令人恐怖，或是为人之"主"的大写之神，或被视为人永远不能够抗拒其淫威的对手，人们对他们的基本态度是"敬而远之"。但在科学和技术已经高度发达的今天，人类需要的是可以与之为友、与之交流的、可敬和可亲的小写之"神"——自然，自然的力量，自然的过程和规律：她仍然因为无边的能力而可敬，因为博大和慷慨而可爱，但同时也因为柔弱而可怜，因为可以被人们认识和揭示而可以与之交流。与前科学时代因蒙昧无知而对"神"的迷信相比，人应该变得更自信了！是关于自然过程的更全面完整（而不是片面的以我为中心）的科学认识给了他这种自信：人类没有必要、也不可能将她杀死而自存，而可以请她帮人类活得更好。这种人与"神"的关系最终应体现为一种新的土地伦理，并上升为法规，像浙江台州市的人们正在做的那样，以规范人们关于土地的种种行为，并落实在大地上：一种"天地—人—神"和谐的"秀美山川"。

最后，作为一个学者，我还有一点建议是，再造"秀美山川"需要动员国家各级机构和部门在不同的国土尺度上系统地、科学地研究和实践，它必须有一个国家级的权力系统来统筹国土生态安全问题，因为国土的生态安全与国防安全和国家的发展一样，具有同等的重要性；又因为，自然过程是没有行政边界的，在目前国土被条块式分割管理的状态下，显然不利于一个完善的国土生态安全格局的建立。我想，在这里，中央倡导的"科学发展观"将会得到最充分的体现。

生存的艺术：定位当代景观设计学[*]

2006 年 10 月 6—9 日，全球 6000 多名景观设计师齐聚美国明
尼阿波利斯，由 ASLA（美国景观设计师协会）和 IFLA（国际景观
设计师联盟）共同举办了 2006 年全美景观设计师年会及第 43 届国
际景观设计师世界大会，这是国际景观设计发展史上规模最大的一
次全球盛会。大会的主题为"蓝色星球的绿色解决方案"。大会举
行了超过 80 场教育会议和学术活动，期间举行了 ASLA 专业奖项
颁奖、IFLA 国际学生设计竞赛奖颁奖。这次会议有力地推动全球
景观设计专业向人文化、生态化、可持续的方向发展。大会安排了
四个主旨报告，分别由四位在实践和可持续性设计方面具有国际影
响的嘉宾完成，他们是美国的建筑师和电影制作人 Jean-Michel
Cousteau、中国北京大学景观设计学研究院院长俞孔坚、法国著名
景观设计师 Catherine Mosbach，以及美国芝加哥市市长 Richard
M. Daley。这里转载的是俞孔坚的主旨报告（节选），报告原题：生
存的艺术——重新认识景观设计学。

---

* 　本文主要内容曾以同名论文发表于《建筑学报》2006 年 10 期，39—43 页。

前言

中国正处于重构乡村和城市景观的重要历史时期。城市化、全球化以及唯物质主义向未来几十年的景观设计学提出了三大挑战：能源、资源与环境危机带来的可持续挑战，关于民族文化身份问题的挑战，重建精神信仰的挑战。景观设计学在解决这三项世界性难题中的优势和重要意义表现在它所研究和工作的对象是一个可操作的界面，即景观。在景观界面上，各种自然和生物过程、历史和文化过程，以及社会和精神过程发生并相互作用着，而景观设计本质上就是协调这些过程的科学和艺术。

国际景观设计师联盟主席马莎·法加多（Martha Fajardo）说得好："景观设计师是未来的职业"。未来的光明前景在于景观设计学作为对景观这一媒介的设计和调控的特殊地位，而光明的前景只属于有准备的人们。

为了使景观设计学有能力迎接这些挑战，本报告着重回答了景观设计学所面临的挑战和机遇，当代景观设计学的使命和目标以及景观设计学科和专业发展的对策等问题。

一、桃花源，告诉你景观设计学作为一门"生存的艺术"的起源

"桃花源"是中国的一个古老典故，诗人陶渊明（公元365—427）描述了一位渔夫沿溪行舟，两岸桃花落英缤纷，不知路之远近，水尽而山出，穿过一个小山洞，眼前便豁然开朗，这便是藏于山后的"桃花源"：群山环绕，屋舍俨然，有良田美池，农耕景观与自然和谐交映；人们像家人一样和谐相处，老者健康怡然，幼童欢快活泼；淳朴善良的人们用美酒佳肴热情款待这位不速之客，就像对待自己的兄弟一样。当渔夫离开此地后，想再次重返时，桃花源却再也不见踪影了。

我们曾经体验过而且在当今中国仍然存在的很多可以被称为桃花源的乡村。它们是数千年农业文明的产物，是农耕先辈们应对各种自然灾害和可怕敌人，经过无数次适应、尝试、失败和胜利的经验产物。应对诸如洪水、干旱、地震、滑坡、泥石流等自然灾害，以及在择居、造田、耕作、灌溉、栽植等方面的经验，都教导了我们祖先如何构建并维持桃花源。正是这门"生存的艺术"，使得我们的景观不仅安全、丰产而且美丽（图1）。

约4000多年前，在中国的黄河岸边，一次包括山洪在内的大规模群发性灾害事件，掩埋了整个村落，留下了一堆惨烈的尸骨。考古遗迹显示，一个妇女在被掩埋的那一刻，怀中抱着幼子，双膝跪地，仰天呼号，祈求神的降临。这位被期盼的神灵正是大禹，他"左准绳，右规矩，载四时，以开九州，陂九泽，度九山。令益予众庶稻，可种卑湿"。他懂得如何与洪水为友，如何为人民选择安全的居所，在合适的地方造田开垦，正因为如此，他被拥戴为中国封建时代第一位君主，堪称规划华夏大地之大神。也有因治一方之水土有功而被奉为地方之神者，如修都江堰的李冰父子，他们懂得与神为约，深掏滩，浅作堰，以玉人为度，引岷江之水；更有遍布

图1　真实的桃花源：有丰产的良田美池桑竹之属。在今天，仍有众多的中国田园村落像古代的桃花源一样，它们都是千百年来我们的祖先经历无数成功与失败的经验和教训后的作品，是西方人眼中富有诗意的天地——人—神和谐的地方（俞孔坚摄）。

大小村镇的地理术士们，仰观天象，俯察地形，为茫茫众生卜居辨穴，附之山川林木以玄武、朱雀、青龙、白虎及牛鬼蛇神。也正因为如此，遍中国大地，无处不为神灵所居，也无处不充满人与自然力相适应相和谐的灵光。直到近代，凡亲历过中国广大城镇乡村景观的西方传教士和旅行者，无不以"诗情画意"来描述和赞美之。

这就是景观设计学的起源，即"生存的艺术"，一种土地设计与监护并与治国之道相结合的艺术。

遗憾的是，我们的上层文化并没有珍惜这种源于生存艺术的、充满诗情的、真实的桃花源，因为那是一种与苦难、劳动和生存相联系的下层文化，是与下等平民相联系的文化。两千多年来，帝王们早已不再像"三过家门而不入"的大禹那样关怀土地和人民，真实的桃花源所带来的丰厚的剩余价值，使帝王和士大夫们收尽天下之奇花异石、竭尽小桥流水之能事，阉割了真实桃花源中的稻田和果园等与生存相关的良田美池，大造虚假、空洞的桃花源，并美其名曰：造园艺术。呜呼，在各国书店里有多少关于中国园林艺术的书籍塞满了关于中国文化的书架，却很难找到一本关于中国真实的桃花源的书籍。长期以来，东西方学者们串通一气，向世人编织了一个弥天大谎，使人们误认为中国的造园——这一虚假的桃花源"艺术"就是中国景观设计的国粹，继而代表中国。我要提醒我的西方同行们：正是这种"国粹"埋葬了曾经辉煌的封建帝国。我宁愿将它和具有同样悠久历史的裹脚艺术"相媲美"。（图2，图3，图4）

也正是这种腐朽、虚假的园林艺术，与同样腐朽的、来自古罗马废墟的城市艺术相杂交，充塞装点着当代中国的城市，成为中国"城市化妆运动"、"园林城市运动"的化妆品。而与此同时，我们挖掉了农家祖坟上的最后一棵风水树，搬进城市广场；截流了流向千年古村落的最后一股清泉，用于灌溉城市大街上的奇花异草，在营造一个当代虚假的桃花源的同时，却糟蹋了中国大地上真实的桃花源。（图5至图8）

图 2 虚假的桃花源,圆明园之"武陵林春色",典型的中国园林造园模式,没有了桃花源里丰产的良田,却只有亭台楼阁奇花异木,连桃花结果实的能力也被阉割。圆明园成为了 1860 年被西方列强焚毁的首选目标,它象征着封建中国走向衰败。

图 3 苏州留园,世界遗产,典型的中国江南士大夫园林,竭尽小桥流水、奇花怪石之能事。这种抽象的、建于"葫芦"中的虚假桃花源,一直被古时的达官贵人津津乐道,现今仍然被许多中外学者佩服得五体投地(俞孔坚摄)。

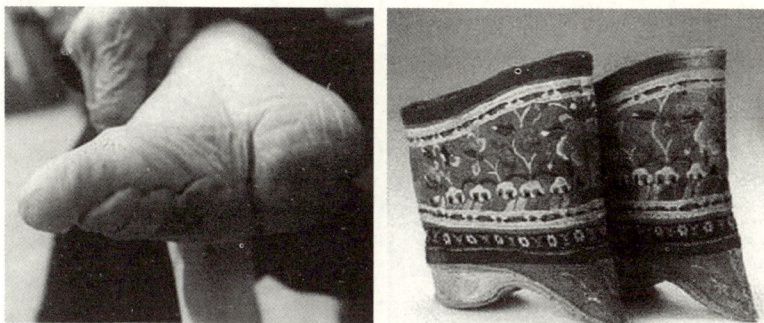

图4　中国园林的孪生姊妹：裹足艺术。作为美化女子的一种"艺术"，据说源自南唐最后一个皇帝（公元前 937—978），他对有一双精致小脚的嫔妃宠爱有加，因此其他的嫔妃和王孙贵族的女儿们便争相效仿，利用当时简单的外科手术处理双脚。这种"艺术"而后一直流行，直到 1911 年清朝覆灭。裹足同中国的园林艺术如同一对双胞胎在中国的上层文化中享有重要的地位，而自然生长的"大脚"女人则被看作是下等和卑贱，不登大雅（来源：佚名）。

图5　生存的艺术：中国广西灵渠，一项建于 2000 多年前但沿用至今的水利设施。它是以自然为友并利用自然力的典范（俞孔坚摄）。

图 6　生存的艺术：乡土农耕景观，云南高原上的梯田（俞孔坚摄）。

图 7　生存艺术在丧失：反映在灵渠中的与洪水为友的生存艺术，被当代人阉割为简单的水利工程，为了控制洪水和发电，一江活水被拦腰截断，自然河岸被硬化，江河从此完全失去了生命，生命从此无法延续（俞孔坚摄）。

图8 生存艺术在丧失：中国人在大地上栖居的生存艺术被阉割为城市的"化妆艺术"，拆掉原有的有生命的古村落，却营造了一个毫无生机的"博物馆"（广州大学城，俞孔坚摄）。

二、消失的桃花源：景观设计学面临的挑战和机遇

在中国城市经济快速发展的背景下，农业迅速退出社会经济的主导地位，同样，农耕技术及农耕文明中孕育的关于生存和土地监护的、日常的乡土景观艺术也随之衰落。上世纪90年代早期开始，中国兴起了一场"城市化妆运动"，随后一场席卷全国的、名为"建设社会主义新农村"的运动也如火如荼地开展起来。这些都使中国的大地景观面临严峻的危机边缘：生态完整性被破坏，文化归属感丧失，历史遗产消失。农业时代的桃花源将不可避免地走向衰败。

从历史角度来讲，这种衰败的进程始于两千多年前的园林艺术。曾经是生存艺术的土地设计和景观艺术，堕落成了帝王和失意士大夫的园冶消遣之术，无异于斗蛐蛐和陶醉于"三寸金莲"，而更像是被阉割了繁衍能力的太监。这种造园艺术在当今的延续和泛滥或者说"发扬光大"的结果，最终表现为：当成千上万的造园师们忙碌于城中小绿地和万紫千红的广场花坛时，我们的母亲河却正在遭受着干旱和污染的侵害；地下水仍然每天被大量地抽取用于侍养娇艳的鲜花，而任由沙尘暴不断侵蚀着良田美池和城市。

随着旧时代"桃花源"的消失，巨大的机遇也将降临，即如何在当代重建新的人地关系的和谐。在这个以全球化、城市化和物质主义为特征的时代中，当代景观设计学，也是世界景观设计学，主要面临以下三个方面的挑战和机遇：

（一）挑战之一：我们能够做到可持续发展吗？

未来 20 年内，中国 13 亿人口中的 65% 都将居住于城市（目前居住于城市的人口比率约占 41%）。在中国 660 多个城市中，有三分之二的城市缺水，在我们的城市和乡村流淌的河流几乎没有一条未被污染；在中国境内的大多数河流上建筑 15 米以上高度的大坝约 25800 座，占世界总坝数一半以上；与以往相比，当代中国有更多的人口处于各种自然灾害的威胁下；荒漠化比以往任何时候都严重，每年都有 3436 平方公里的土地变成沙漠，目前，荒漠化总面积占整个国土面积的 20%，且每年都在上升；每年都有近 50 亿吨的土壤被侵蚀。中国在过去的 50 年中，有 50% 的湿地消失；地下水水位每天都在下降。以北京为例，其地下水超采量是 110%，地下水位每年以 1 米的速度下降。

连续几年，中国每年消耗的钢材是世界总消耗量的 50% 以上，水泥 30% 以上，它们都被用到哪里了呢？它们被用来建造大型的纪念性广场和建筑，被用来给自然的河道衬底，用来拦河筑坝。经济高速发展的代价是环境的破坏。过去的 20 年中，中国大多数城市的 GDP 增长幅度都十分惊人，而与此同时，每年因为环境和生态的破坏造成的损失已经占到了 GDP 总量的 7% 到 20%，这相当于每年 GDP 的增长量，甚至更高。

人们不得不问：我们能够在日益恶化的环境和生态中幸免于难吗？

必须认识到，上述这些对生态与环境的破坏并不是不可避免的。缺乏明智的规划和决策，特别是以土地综合设计为核心的景观设计学科的缺席，是一个重要的原因。在迎接这些空前的挑战时，景观设计学应该扮演什么样的角色？这些大背景促使我们重新回到景观设计作为"生存的艺术"的含义。

（二）挑战之二：我们是谁？当今中国人的文化身份问题

20世纪80年代开始，中国进入快速的社会转型中，中华民族面临着文化身份缺失的危机。从传统上讲，中国的文化身份是建立在封建王朝的经济、社会和政治秩序之上的。事实上，当我们看看被列为国家遗产和世界遗产的大部分项目时，可以发现：被认为代表中国文化的遗产，其实大多是皇权和士大夫上层文化的产物。我并不否定它们的成就，只是我们的确需要问问自己：这种曾经的上层文化景观是否还能够代表我们民族当今的文化身份？

在城市设计中这种文化身份丧失的危机表现得尤其明显。当一位法国设计师为了实现他自己的梦想，将他的"杰作"——中国国家大剧院——移植到中国首都腹地的时候，当巨大、危险的中国央视大楼的修建只是为了制造"震撼人心的力量"的时候，我们必须扪心自问：我们试图呈现给世界的是什么？在中国过往封建帝王的华丽与现代西方的纷繁之间，我们不知所措，中华民族的文化身份是什么？这是当代中国、也是世界景观设计师应该思考的重要问题。

（三）挑战之三："上帝死了"，我们的生活还有意义吗？

祖母告诉我：当一棵树长大变老之后，会变成神，有精灵栖居；当一块石头陪伴我们的家园，日久也变为神，有精灵栖居。我们的山、水和土地本身又何尝不是？祖辈们修建庙宇神龛用以供奉这些自然和先贤的神灵，它们保佑后代的幸福安康。我们曾相信是这些精神庇佑着我们的现世生活，还相信我们未来的生活需要这些精神的指引。正因为这些信仰和精神的存在，我们的生活才充满了意义。

过去几年，中国有近 4000 万农民失去土地和土地上的一切，包括精神的载体，这个数字还以每年 200 万的速度增长，他们的归属将在哪里？国营工厂的破产导致大量职工的下岗，对于这些"以厂为家"的人们来说，他们的精神家园又在哪里？

像世界其他地方一样，物质主义迅速地覆盖着中国的每一寸土地，甚至于土地上的每一个元素，包括我们的祖坟，我不能理解为什么不能在城市发展过程中保留这些过往灵魂的栖息地和当代人的精神家园。美国的第一个公园是墓地，而且至今仍然是最吸引人的休憩地；而我们的村前神圣而意味深长的溪流和池塘不是被填平了，就是以控制洪水的名义被水泥渠化了；寄托祖先信仰的风水树被剃光了枝丫，成为城市景观大道上的"断臂维纳斯"。土地和景观元素正在日益地商品化，渐渐地，我们失去了与土地的精神联系。

当然，我们必须清醒，不能一任怀旧而陶醉于农耕时代的田园牧歌之中。对应于一个高度工业化、现代化、全球化的社会，我们应该创建新的、与现代社会相适应的桃花源。景观设计学则是实现这个"新桃源"的最合适的专业，而此时的中国，正是世界景观设计学发展的最合适的时间、最合适的地方。西方人说：这是上帝的旨意；孟子说："天将降大任于斯人也！"

那么景观设计学应怎样通过物质空间的规划设计，保护和重建物质与精神的"桃花源"呢？

三、重归"桃花源"：当代景观设计学的使命与战略

面对生态环境的日益恶化、文化身份的丧失以及人与土地精神联系的断裂，当代景观设计学必须担负起重建"天地—人—神"和谐的使命，在这个城市化、全球化、工业化的时代里设计新的"桃花源"。

(一) 为什么"斯人"乃景观设计学?

为什么景观设计学能够在重建"桃花源"的使命中扮演主要角色?因为景观是一个天地、人、神相互作用的界面,在这一界面上,各种自然和生物的、历史和文化的、社会和精神的过程发生并相互作用着。卓越的博物学者、生物学家爱德华·威尔森曾经说过:在生物保护中,"景观设计将会扮演关键的角色。即使在高度人工化的环境里,通过树林、绿带、流域以及人工湖泊等的合理布置,仍然能够很好地保护生物多样性。明智的景观规划设计不但能实现经济效益和美观,同时也能很好地保护生物和自然"。

而景观不仅事关环境和生态,还关系到整个国家对于自己文化身份的认同和归属问题。景观是家园的基础,也是归属感的基础。在处理环境问题、重拾文化身份以及重建人地的精神联系方面,景观设计学也许是最应该发挥其能力的学科。景观设计学的这种地位来自其固有的、与自然系统的联系,来自于其与本地环境相适应的农耕传统根基,来自上千年来形成的、与多样化自然环境相适应的"天地—人—神"关系的纽带。

要实现世界的可持续发展,我们遵循"放眼于全球,从本地做起"的箴言,而景观正是"从本地做起"的最可操作的界面。

(二) 我们该做些什么?战略和方法

景观设计学要怎样应对这些挑战?作为重建和谐人地关系重任主导学科的景观设计学应该遵循什么样的原则?

我强调三个原则:设计尊重自然,使人在谋求自我利益的同时,保护自然过程和格局的完整性;设计尊重人,包括作为一个生物的人的需要,作为文化人的认同和文化身份;设计关怀人类的精神需求，关怀个人、家庭和社会群体与土地的精神联系和寄托。这三个关于土地、人、精神的原则，要求当代景观设计学必须调整自身的定位和价值观。

我们是谁，我们从何而来，决定着我们的未来；我们的价值观，我们珍视什么又将决定我们应该在什么地方、保护和创建什么样的景观。针对这些问题，我有三个观点：

1. 回归景观设计学作为"生存的艺术"的本原

国际景观设计学，尤其是中国的景观设计学，要想成为保障人类健康安全、重建和谐的"天地—人—神"关系的主导学科，就必须重新审视自己的起源问题。我们必须重归"生存的艺术"和监护土地的艺术，而非一门消遣、娱乐的造园术。麦克哈格说得好："不要和我们谈论你家的花园。不要问我们关于你那株该死的玫瑰花的任何问题。不要向我们咨询如何拯救你那株快要死掉的鬼树。这些皮毛小事无须向我们求教，我们要告诉你的是事关生存的问题。"（Miller and Pardal，1992）

在半个世纪以前，已故杰出景观设计学教育家佐佐木告诫我们："当前，景观设计学正站在紧要的十字路口，一条路通向致力于改善人类生存环境的重要领域，而另一条路则通向肤浅装饰的雕虫小计。"（Sasaki，1950）不幸的是，除了少数的例子外，过去十几年中，世界范围内的景观设计学都朝着后者的方向发展了。我们应该在一些更为紧迫的环境问题上扮演更为重要的角色，这些紧迫的环境问题包括洪水控制和水资源管理、生物多样性保护、文化遗产保护，以及土地保护和管理等。

我们已经和正在失去作为生存艺术的景观设计。

过去，景观设计学在定位上存在着致命的弱点，其中一个最重要原因就在于它仍然把自己当作古老园林艺术的延续，这是大错特错。丰富的园林遗产和众多园林艺术的理论著作不但没能帮助景观设计学成为一个现代学科，反而阉割和掩盖了景观设计学科的真正内涵。现在到了申明景观设计学不是园林艺术的延续和产物的时候了。景观设计学是我们的祖先在谋生过程中积累下来的种种生存的艺术的结晶，这些艺术来自于对于各种环境的适应，来自于探寻远离洪水和敌人侵扰的过程，来自于土地丈量、造田、种植、灌溉、储蓄水源和其他资源而获得可持续的生存和生活的实践。

景观需要重新发现，而景观设计学也需要重新发现。这就是说，为了使这个学科获得广泛的认同，更多的国际努力是必需的，通过强有力的实例，向人们展示景观设计学如何在治理大环境和解决生存问题中扮演重要角色。

2. 乡土与寻常：重归真实的人地关系

关于乡土，我指的是日常和寻常、白话和方言，是平凡的人和平常的事物，它相对于豪华和异常而论。要重建文化归属感和人与土地的精神联系，我们就必须珍惜普通人的文化，关注他们日常生活的需要，珍视对于脚下的土地而言是真实的普通事物。

从中国的第一个皇家园林和第一个文人园林开始，乡土便遭到了上层文化的阉割。奇异、矫揉造作和排场成为造园的主流，它们与周围寻常的环境以及市井生活大相径庭。在"混乱"的、寻常的海洋中，创造一个奇异的、"天堂般"的岛屿，这便是一切古典造园活动的根本出发点，在中国和西方都一样。法国的凡尔赛宫苑是如此，英国的花园则更是收集异国花卉的代表。两千多年来，中国的皇家园林和私家园林皆以网罗奇花异草、怪石著称。这种畸形的、上层文化的造园运动到了清代的圆明园可谓达到了巅峰，她简直就是中国南方园林和当时西方贵族造园术的收珍猎奇。而她的最大的贡献是加速、见证了中国封建王朝的灭亡。西方列强的一把火，使它成为没落封建奢华文化的代表，永久地成为封建王朝的陪葬品。

　　席卷今日中国的"城市化妆运动"形式上看是步了美国和欧洲"城市美化运动"的后尘，但其实也正是中国自己虚伪、空洞、畸形的造园传统的延伸，是收珍猎奇、虚伪、排场、远离乡土、鄙视大众嗜好的"发扬光大"罢了。在长达两千多年的时间里，造园艺术在寻找无意义的风格、无意义的形式以及虚幻的异常情调中，在虚假的"桃花源"中迷失了方向。

　　这种情况无论在中国还是世界其他国家都一样，直到最近我们才发现城市精英阶层也像普通大众一样遭受着日益恶化的环境的困扰，他们的环境与生存困扰甚至比处于偏远乡间的农民还要严重，所以，重归"生存的艺术"是时代对景观设计学的诉求。同时，生存的艺术反映了真实的人地关系，而正是这种真实的人地关系又给予人们文化的归属感以及与土地的精神联系。因此，现在到了景观设计学重归土地，重拾诸如在洪涝干旱、滑坡灾害经验中，在城镇选址、规划设计、土地耕作、粮食生产方面累积的生存艺术，重建文化归属感与精神联系的关键时刻了。

3. 景观引领发展："反规划"途径使景观作为城市建设的基础设施

　　应对时下的问题，景观设计学应该做怎样的调整呢？城市化和全球化进程迅速且无法阻挡，而"反规划"是改变传统发展规划模式，主动争取"天地—人—神"和谐的必由之路。这里所说的"反规划"，是指景观设计师和规划师应该在城市建设发展计划确立之前就通过识别和设计景观的生态、文化遗产，以及休憩的基础结构，引导和框限城市发展，即建立生态基础设施（ecological infrastructure）。EI 保障着城市的生态的安全和健康、保护我们的地域特色和文化身份、重建人与土地的精神联系。

　　传统的城市发展模式是蔓延式的扩张。很长一段时间里，绿化隔离带和楔形绿地被视为阻止城市蔓延的景观结构而被纳入城市总体规划中。而目前在美国华盛顿地区以及中国各个城市的种种迹象表明：试图通过规划绿化隔离带和楔形绿地阻止城市无休止蔓延的做法是失败的。原因主要有以下几点：

（1）设计过于随意，各绿地元素和水陆生境之间缺乏必要的联系；

（2）可达性差，不易亲近，绿地和建筑物间缺乏有机的联系，利用率低；

（3）被当作阻止城市蔓延的对抗和屏障，功能单一，缺乏诸如对防洪、遗产保护、栖息地保护，以及游憩和通勤等综合功能的整合；

（4）当外围发展压力增加时，这些绿地很快会成为投机和寻租空间；

（5）它们被各个行政管理部门条块式分割，支离破碎，很难实现应有的功效。

"反规划"途径则试图找到在各方面都可行的、便于管理的综合生态安全格局，将各种生态服务功能、文化遗产保护及人与土地的精神联系，通过一个完整的、连续的生态基础设施整合起来，担当城市生态安全、文化认同和精神给养的功能。

从宏观的区域和国土范围上来讲，EI 被视为洪水调蓄、生物栖息地网络建设、生态走廊和游憩走廊建设的永久性地域景观，用来保护和定义城市空间发展格局和城市形态。

从宏观的城市尺度来讲，区域的 EI 将延伸到城市结构内部，与城市绿地系统、雨洪管理、休憩、自行车通道、日常步行和通勤、遗产保护和环境教育等多种功能相结合。

从微观的地段尺度来讲，EI 将被作为城市土地开发的限定条件和引导因素，落实到城市的局部设计中。

EI 成为各种过程的相互作用的媒介，联系了自然、人以及精神。在保护生态环境完整性、建立文化归属感以及为人们提供精神需求方面，是一个行之有效的景观安全模式。中国浙江省台州的"反规划"案例有力地说明了这一点。

结语

千百年以来，我们的先民不断地和自然界作较量与调和以获得生存的权利，这便诞生了景观设计艺术，一种生存的艺术，它生动地反映了人与自然的相互作用与联系，记录了人们的喜怒哀乐。知识、技术连同可信的人地关系，使人们渡过了一个又一个难关，培育了人们的文化归属感和与土地的精神联系，使人们得以生存而且具有意义。这些有关生存的知识和技术就是景观设计学的核心。而这门"生存的艺术"在中国和在世界上，长期以来却被上层文化中的所谓造园术掩盖了、阉割了。虽然造园艺术也在一定程度上反映了人地关系，但那是片面的，很多甚至是虚假的。

在这个崭新的时代，人与自然的平衡再一次被打破，旧时代的"桃花源"将随之消失，人类生存再一次面临危机。我们必须建立起一种新的和谐的人地关系来渡过这场危机，包括环境与生态危机、文化身份丧失的危机和精神家园遗失的危机。这也正是景观设计学面临的前所未有的机遇，景观设计学应该重拾其作为"生存的艺术"的本来面目，在创建新的"桃花源"的过程中担负起重要的责任。为了能胜任这个角色，景观设计学必须彻底抛弃造园艺术的虚伪和空洞，重归真实的、协调人地关系的"生存的艺术"；它必须在真实的人地关系中，在寻常和日常中定位并发展自己，而不迷失在虚幻的"园林"中；在空间上，它必须通过设计和构建生态基础设施来引导城市发展，保护生态和文化遗产，重建天地—人—神的和谐。

中国的问题正在成为世界的问题，解决好中国的问题，在某种意义上讲就是解决了世界的问题，因此，中国的景观设计学也必将是世界的景观设计学。

参 考 文 献

Boerschmann，Ernst（Translated by Louis Hamilton），*Picturesque China，Architecture and Landscape：a Journey through Twelve Provinces*，London：T. Fisher Unwin Ltd.，1923.

Corner，James，Recovering Landscape as a Critical Cultural Practice，in：James，Corner（editor），*Recovering Landscape：Essays in Contemporary Landscape Architecture*，Princeton Architectural Press，1999.

Girot，Christophe，Four Trace Concepts in Landscape Architecture，in：James，Corner（editor），*Recovering Landscape：Essays in Contemporary Landscape Architecture*，Princeton Architectural Press，1999.

March，A. L.，An Appreciation of Chinese Geomancy，*Journal of Asian Studies*，XXVII，pp. 253—267，Feb，1968.

Miller E. L. and Pardal，S.，*The Classic MeHarg，An Interview.*，Published by CESUR，Technical University of Lisbon，1992.

Sasaki，H.，Thoughts on Education in Landscape Architecture，*Landscape Architecture*，July：pp. 158—160，1950.

Wilson，O. Edward，*The Diversity of Life*，The Belknap Press of Harvard University Press，Cambridge，MA，1992.

陈克林、吕咏、张小红：没有湿地就没有水，见中国社会科学院环境与发展研究中心：《中国环境与发展评论》，第2卷，296—309页，社会科学文献出版社，2004。

过孝民：环境污染和生态破坏的经济损失，见中国社会科学院环境与发展研究中心：《中国环境与发展评论》，第2卷，53—71页，社会科学文献出版社，2004。

蒋高明、刘美珍：沙尘暴，见中国社会科学院环境与发展研究中心：《中国环境与发展评论》，第2卷，310—320页，社会科学文献出版社，2004。

夏正楷、杨小燕：青海喇家遗址史前灾害事件的初步研究，《科学通报》，2003，48（11）：1200—1204。

俞孔坚、李迪华主编：《景观设计：专业与教育》，中国建筑工业出版社，2005。

俞孔坚、李迪华、刘海龙：《"反规划"途径》，中国建筑工业出版社，2005。

俞孔坚、李迪华、刘海龙、程进：基于生态基础设施的城市空间发展格局，《城市规划》，2005，9：76—80。

赵京兴、黄平、杨朝飞、过孝民：中国环境与发展态势分析，见中国社会科学院环境与发展研究中心：《中国环境与发展评论》，第2卷，23—50页，社会科学文献出版社，2004。

城市性的再定义：
作为生存艺术的城市设计*

　　"2007 国际城市设计大会"于 9 月 6 日至 8 日在澳大利亚黄金海岸举行，大会的主题是"变革的浪潮——处于十字路口的城市"。来自美国的城市设计师 Michael Sorkin、加拿大的城市社会专家 Elaine Gallagher、丹麦皇家美术学院建筑学院的 Jan Gehl 教授、北京大学景观设计学研究院院长俞孔坚教授和澳大利亚建筑师协会主席Alex Tzannes 等十位专家在大会上作相关主旨报告。这次会议吸引了众多决策者、政治家、高级公务员、市政人员、专业设计人员、建筑师、工程师、景观设计师、城市设计师、规划师等，以及社会各方人士。本文为作者在国际城市设计大会上的主旨报告的概要。

一、走向灭亡：城市性的历史

　　我最近做了一次长途旅行，遍览了数千年城市的历史，跨越了数千里的景观，从加勒比海岸到太平洋，历经了低地与高原。

---

　　*　本文英文内容发表于国际《城市设计论坛》（*Urban Design Forum*）2007 年 12 月 80 期。

在这次旅程中，我看到了两种不同类型的人：一类人是普通、谦逊的，但却是健康、多产的，并且依然生机勃勃；另一类则是特殊的、高贵的，但却是扭曲的、已经死亡的城市贵族。在玛雅文明中，那些城市的统治者们通过切断手指、压扁头盖骨这种扭曲的方式来彰显他们的权威和高贵的血统。直到上世纪初以前，中国的少女们被迫"裹脚"，以便能够嫁入豪门，成为"城里人"，那种正常的"大脚"姑娘则被视为粗俗的（图1，图2）。

图 1a　在玛雅文明中城市性的谬误：那些城市的统治者们通过切断手指、压扁头盖骨这种扭曲的方式来彰显他们的权威和高贵的血统，这些虚假的、高贵的城里人最终不能延续，走向死亡（来源：墨西哥 Merida 人类学博物馆）。

图 1b　真实的、普通的玛雅人却充满生机，他们一直生活到现在（俞孔坚摄）。

图 1c 在玛雅帝王的城市废墟上，西班牙人建起了教堂，玛雅帝王和他们的城市一起消失（俞孔坚摄）。

a

b

图 2a，图 2b 中国传统文化中城市性的谬误：少女们被迫"裹脚"，以便能够嫁入豪门，成为"城里人"，而那种正常的"大脚"姑娘则被视为粗俗（作者：佚名）。

在这个过程中，我还体验到了两种不同的景观：一种是朴素、真实的，饱含了辛勤的劳动，繁荣至今；另一种则是宏伟的、壮丽的，如海市蜃楼一般，但却都已成为废墟，包括古罗马的城市、玛雅的城市，还有被焚毁的中国圆明园。这些已化为废墟却曾辉煌壮丽的特殊的城市和景观，都是由那些扭曲的上层阶级、在所谓的上层文化价值观指导下建造的。

我认真地思忖了这两种不同的文化：第一种属于下层文化，充满了乡土气息，它是隐形的，鲜见于历史教科书中，但正是它们才领悟到了生存的艺术，并创造了真正的景观和充满生机的真实世界；而另一种是所谓的上层文化，来自于城市，历史上声名显赫，它们根本不懂得生存的艺术，纵情于享乐与装饰的艺术，创造产生虚假的景观和虚假世界，最终走向灭亡。

不幸的是，在很长一段时间里，城市和景观的设计都是为上层阶级来完成的，之后这种城市设计的艺术便沉湎于所谓高尚文明的浮华装饰、纪念碑式的建筑以及"人间天堂"般的花园之中。而现代的城市设计，从理论到实践，仍然还是基于来自希腊、罗马、玛雅以及中国古都等城市废墟中的经验。学生们所学的是为了继续建造腐朽，而不是为了生存。

二、从"粗野"到"城市性"(Urbanity) 的运动以及生存的挑战

每年，中国 13 亿人口中的 1% 都会涌入城市，从"粗俗"的乡下人变成"高雅"的城里人。20 年内，全国 65% 的人口都将生活在城市。城市性和城市价值观的传承不仅改变了城市本身，而且也影响到了整个中国乃至整个世界。自由奔腾的河流被大理石包裹成笔直的沟渠；充满野趣的湿地变成了光鲜的池塘和喷泉；自由生长的灌木被连根拔起，转而被替换成修剪整齐的装饰

植物；乡土的野草则被需要消耗大量水资源的常绿的、外来草坪所替代（图3，图4）。

a

b

图 3a，图 3b　当代中国城市性的谬误：(a) 丰产的、粗野的作物和野草，随着城市化的到来被铲除，而换成带病毒、不健康且不能繁殖的"奇花异草"；(b) 中国的 "城市化妆" 意识仍然停留在 16 世纪的裹脚审美（俞孔坚摄）。

图 4　当代中国城市性的谬误：园林工人在拔除城市公园中的乡土野草，以便呈现园林之美，以小农经济下的价值观定义当代中国的城市性（俞孔坚摄）。

在当今中国这股"城市化妆运动"的大潮下，城市设计逐渐迷失了方向，转而追求毫无意义的风格、形式以及华丽的异国情调。如今中国有很多这样的例子：重现"花石纲"的造园工程、挥霍钢材的鸟巢、华丽而骇人的CCTV新楼、不惜浪费大量能源的国家大剧院等等。所有这些城市的标志物，都折射出从那些消失的所谓上层阶级那里继承的、腐朽的价值观，而这些只会加速生存环境的恶化。

中国的人口占世界的21%，但却只拥有世界上7%的耕地和水。全国662个城市中，三分之二的城市缺水，而且没有一条城市内或城市外的河流不被污染。中国的西北部沙漠化趋势已经迫在眉睫。在过去的50年中，中国50%的湿地都已消失，地下水水位每天都在下降……

所有这些都是中国"城市化"和"城市性"价值观下的产物。我们不禁要问：这是可持续的吗？而中国环境与生态危机的巨大现实背景告诉我们，城市设计应该重归"生存的艺术"，一种土地设计与保护的艺术。

三、城市性的再定义：作为生存艺术的城市设计

如果我们想要生存下去，作为城市设计者的我们必须采取行动，以下分别从价值观、城市设计的定义与实践、设计方法论等角度提出三个策略：

第一，价值观的改变：重新定义城市性，重视乡土性，回归土地与人的真实关系。

第二，城市设计的重新定义与实践：回归城市设计作为生存的艺术。

第三，规划设计方法论的改变："反规划"，围绕生态基础设施

进行城市设计。多尺度的生态基础设施可以保护景观中生态的多样性、文化的归属和认同，以及人与土地的精神联系。它还可以提供多方面的生态系统服务，保护地区和城市发展的可持续性，例如维护雨洪过程，保护生物多样性和物种迁移，保护文化遗产，建立休憩系统。生态基础设施将成为多种进程的综合的媒介，成为"天地—人—神"和谐的基础。

这些策略的核心就是将"城市性"和"城市化"重新定义，以生存的名义重建城市，反映土地和人的真实关系。

高悬在城市上空的明镜

——再读《美国大城市的死与生》[*]

美国（加拿大籍）专栏作家简·雅各布斯（Jane Jacobs）的《美国大城市的死与生》（*The Death and Life of Great American Cities*）最近由译林出版社翻译出版，应《中国新闻周刊》之约作书评，因此有了一次再读这部"二战"以来西方最具影响力的城市规划理论著作的机会。《中国新闻周刊》只需要简短的文字，我却觉得应有更多的话要说，中国城市经过近 20 年的高速发展，特别是大城市经历了大规模的旧城改造后，再来读雅各布斯的《美国大城市的生与死》，可谓感慨万千。因此在偿还稿债之余，便有了这篇文字。

城市到底是什么？城市的生命来自何处？城市规划的目的是什么？是谁毁了我们的城市？怎样来挽救我们的城市活力？

简·雅各布斯以其鲜明的建设性的批判的立场，于 1961 年发表了《美国大城市的死与生》，宣言般地提出了城市的本质在于其多样性，城市的活力来源于多样性，城市规划的目的在于催生和协调多种功用来满足不同人的多样而复杂的需求；正是那些远离城市真实生活的正统的城市规划理论和乌托邦的城市模式、机械的和单

---

* 本文曾以"高悬在城市上空的明镜——再读《美国大城市的死与生》"为题，发表于《北京规划建设》2006 年 3 期，97—98 页。新配插图。

高悬在城市上空的明镜   49

一功能导向的城市改造工程，毁掉了城市的多样性，扼杀了城市活力；要挽救大城市活力，必须体验真实的城市人的生活，必须理解城市中复杂多样的过程和联系，谨慎而精心地而非粗鲁而简单地进行城市的改造和建设。

雅各布斯关于城市的思想和对策是具体而日常的，却恰恰是与正统的城市规划背道而驰的。如：

街边步道要连续，有各类杂货店铺，才能成为安全健康的城市公共交流场所；

街区要短小，社区单元应沿街道来构成一个安全的生活的网络；

公园绿地和城市开放空间并不是当然的活力场所，孤立偏僻的公园和广场反而是危险的场所，周边应与其他功能设施相结合才能发挥其公共场所的价值；

城市需要不同年代的旧建筑，不是因为它们是文物，而是因为它们的租金便宜从而可以孵化多种创新型的小企业，有利于促进城市的活力；

城市地区至少存在两种以上的主要功能相混合，以保证在不同的时段都能够有足够的人流来满足对一些共同设施的使用；

巨大的单功能的机构和土地使用将产生死寂的边缘，当行政中心、音乐厅等大型设施与城市的居住区和其他功能相分离而独立成区时，必将会出现死寂的边缘带；

贫民区并不一定如正统规划人士所认为的是"城市的毒瘤"，相反，可能是城市最具活力和安全的区域，不应采取大规模投资改造和搬迁的方式来进行消灭，而应通过鼓励和培植自我更新的能力来逐渐脱贫；

解决城市交通问题不是靠修更多的道路来解决，那只能使城市最具活力的区域不断受到侵蚀，而是应该通过减少汽车的使用机会的方式来解决，包括提高使用汽车的难度以及提供多种出行选择来慢慢减少人们对进城汽车的依赖；

城市应该分解成高效的、尺度适宜的社区单位，通过这种社区单位使市民能在城市规划和改造中表达和捍卫自己的利益；

大型旧城改造工程，特别是救济式住房项目，不能与城市原有的物质和社会结构相割裂，改造后的工程必须能重新融入原有城市的社会经济和空间肌理；

城市的视觉设计必须反映城市功能，城市的秩序是城市功能秩序的体现；等等。

《美国大城市的死与生》曾经是、现在仍然是一面高悬在城市上空的明镜，值得每一个开发商、规划师、各级城市的规划和建设及管理者尤其是市长们时时观照一下自己的行为。

雅各布斯强调城市规划必须以理解城市为基础，而正是从一个城市居民的生活体验出发，雅各布斯发现城市生命和社会经济的活力在于城市功用的综合性和混合性，而不是其单一性。因此，城市规划的第一要旨在于如何实现多种功用的混合，为各种功用提供足够的空间。城市功用的丰富多样性，才使城市有了活力，城市文明才得以延续和繁荣（Jacobs，1961）。

而当时的美国和西方世界的正统规划理论和大规模的城市建设实践，恰恰无情地扼杀了城市的活力。《美国大城市的死与生》的矛头所指是 20 世纪以来，特别是"二战"之后主导西方城市建设的物质空间规划和设计方法论，主要包括霍华德的"田园城市"理论、柯布西耶的"光明城市"理论，以及始于 1890 年代而流行于北美各大城市的城市美化运动（更确切地说是城市化妆运动），合起来，它们被雅各布斯讥讽为"光明田园城市美化"（Radiant Garden City Beautiful）的"伪科学"。它们不是从理解城市功能和解决城市问题出发，来规划设计一个以城市居民的生活为核心、富有活力的城市，而是以逃避城市和营造"反城市"的

"田园"为目标，用一个假想的乌托邦模式，来实现一个纪念性、整齐划一、非人性、标准化、分工明确、功能单一的所谓理想城市；凡是与这一乌托邦模式相违背的城市功能和现象，都被作为整治和清理的对象。

确切地说，雅各布斯所激烈抨击的是西方世界自文艺复兴以来一直延续下来的特别是"二战"之后十多年里那种无视城市社会问题的大规模城市改造和重建方式。在雅各布斯之前，这种批评和反思已经在许多社会学者和城市规划学者中悄然兴起，但雅各布斯的抨击是最无情而有力的。尽管有争议，且并非出自专业规划理论家之手，《美国大城市的死与生》被认为是"二战"之后最重要的城市规划理论著作。从某种意义上说，《美国大城市的死与生》代表了西方城市规划思想和理论的一个分水岭，在此之前，城市被理解为建筑的延伸，或是建筑的放大；城市规划被理解为物质空间的设计，尤其是美学意义上的城市整体设计；误认为一个优美的城市图案和空间设计就可以解决一切社会问题；城市规划过程被认为是一个纯技术的过程；规划师（常常是建筑师）依据一个乌托邦模式，设计他认为理想的城市；规划成果最终体现为作为终极成果的、类似建筑物施工图的蓝图。《美国大城市的死与生》之后（更确切地说是 1960 年代之后），城市逐渐被清晰地理解为一个系统，有着复杂的结构和丰富多样的功能，它们之间是相互关联、相互作用的；而城市规划是一个建立在对城市的理解基础上的系统的调控过程，是城市中复杂关系和不同人群利益的协调过程，更多的是一个政治过程，绝不是一个纯技术的过程；规划不是以技术蓝图为终结，而是一个多解的过程和一个不断根据系统的反馈进行调整的动态的城市管制过程（Taylor，1998）。

城市是个活的有机体，城市规划本身也是一个富有生命的活的过程。而价值观和社会道义，更确切地说是尊重和关怀普通人的价值观和道义是这个生命过程中跳动的心脏和灵魂。

近半个世纪过去了，美国和西方的城市规划及建设的思想早已沿着雅各布斯所呼唤的科学、理性和人文的方向大大前进了，雅各布斯当年提出的许多思想和原理早已成为西方城市规划教科书的内容，并被广泛作为城市规划和管理的导则而付诸实施。

斗转星移，快速的城市化和大规模的旧城改造运动的幽灵从西半球来到了东半球的中国。今天不妨也将雅各布斯的那面城市生与死的明镜高悬在大江南北各大城市的上空，照照我们的大城市。我们会发现，非常可悲的是，我们并没有从美国和西方城市的生死试验中获得经验和教训，利用城市化这个三千年难得一遇的良机来建设美好家园，而是变本加厉地在扼杀我们城市的活力，毁灭城市的特色。

如果说学习西方先进思想需要结合中国特色的话，那么，我更愿意把雅各布斯女士的那面城市生死之镜，比作《红楼梦》中那面贾瑞从神秘道士那里得到的、警幻仙姑所制的"风月宝鉴"，它正可照见风花月夜，最终却使人在短暂的欢愉之后，命归黄泉；反则可照见骷髅朽骨，却可以救人于膏肓，有起死回生之效。而我们的城市规划师们，尤其是市长们，已经或正在用巨大的社会、经济和文化代价，在乐此不疲地为了片刻的短暂欢愉，挥霍着城市肌体的生命（俞孔坚、李迪华，2003）：

看哪，各大城市的科技园区、大学园区、中央商务区、文化中心、大剧院如雨后春笋般出现，创造了多少"干净整洁"的死寂边缘和毫无生机的单一功能区，而原有的故居民宅被推土机早已"三通一平"彻底抹去（图1，图2，图3，图4）；

看哪，一个个活生生的"城中村"是如何被无情地"铲除"消灭，并以此为城市建设的政绩被广为赞颂；

图1　典型的"大学死城",原有的百年村庄被拆除,营造了一个既没有任何特色,又非宜人的展示之城,巨大的尺度和单一的功能,使之近乎成为"死寂之城"(广州大学城,俞孔坚摄)。

图2　非常具有讽刺意义的是,没来得及被铲除的残遗农舍,却成了大学城里最具活力的场所(广州大学城,俞孔坚摄)。

图3　典型的"大学化妆之城",本来斯文之地,却被打扮成"娱乐之城",即便如此,单一的功能和巨大的空间尺度,仍然没有大学的朝气和生气(南京江陵大学城,俞孔坚摄)。

图4 非常具有讽刺意义的是，大学城边幸存的农舍，却成了大学城里最具活力的场所（南京江陵大学城，俞孔坚摄）。

　　看哪，街边挣扎着生长出的小摊小贩们，或者是形形色色的特色零售街、艺术家村，是如何被警车和推土机当作有碍市容的垃圾，被周期性地铲除，充满活力的街道生活无不在美化和净化的名义下不分青红皂白地不断受到遏制；

　　看哪，我们的一个个居住小区是如何被围困在各自的铁栏围墙内，与城市和街道分得清清楚楚，充满活力的街道生活正在被抛弃，隔阂与冷漠正在城市中滋生；

　　看哪，宽广的城市车行干道无情切割着城市的社会、经济和空间结构，恨不得让汽车开进城市的每个角落，步行和自行车空间一再被挤压，使城市的人性空间和活力不断受到侵蚀；

　　看哪，十几甚至几十公顷的巨大硬地广场、远离居民和其他城市功用的大型体育设施、奥林匹克中心和会议中心正在各地轰轰烈烈地剪彩，谁曾思考，它们除了理念性的展示，对城市的活力会有多大的贡献？

　　看哪，我们的每个城市的财力和物力是如何被集中挥霍于城市总体规划所描绘的××轴和××中心等等形式的蓝图，当年美国城市美化运动中的故技、当年希特勒所热衷的城市轴线，是如何通过当年帝国建筑师的徒子徒孙们和狂热的信徒们在中国各大城市中上演。

借用雅各布斯"仙姑"的"风月宝鉴"，希望我们的民众、规划师和市长们能看到一个个正在走向膏肓境地的中国城市，果能如此，则城市生命可由此走出绝境。

所以，让我们再次聆听雅各布斯的告诫：城市规划的首要目标是城市活力（Jacobs，p. 409），城市规划必须围绕促进和保持活力来做文章：

为了城市活力，规划必须最大限度地催生和促进大城市的不同地区中的人及其使用功能的多样性；而要实现城区功用的多样性，必须同时满足四个条件（Jacobs，1961）：必须有两种以上主要使用功能；小街区；不同年代的旧建筑的同时存在；足够的人口密度。

为了城市活力，规划必须促进连续的街道邻里网络的形成，它是城市孩子们可以安全健康地成长、大人们可以交流的公共空间，是和谐社会的基础空间结构；

为了城市活力，规划必须打破对城市物质和社会结构有破坏作用的真空边缘带，它们往往由功能单一的设施和机构所造成；只有这样，才能建立市民对大城市和城市分区的认同感和归属感；

为了城市活力，规划必须通过为原居民的就地脱贫和发展创造条件，来实现城市贫民区的脱贫，而不是靠阉割手术式的、集中安置和大规模拆迁来解决，那样只能使贫民区从城市的一个地方扩散或移植到另一个地方，治标不治本；

为了城市活力，规划必须珍惜和呵护已经形成的基于功用多样性的城市区域，避免某种强势功能排斥其他有共生关系的弱势功能，导致其向功能的单一化趋势演化；

为了城市活力，规划必须彰显反映城市功用的城市视觉秩序，而不是形式主义的、与功能不符或者有碍功能的城市化妆。

感慨爱因斯坦的名言所揭示的："世界上有两样东西是永恒的，其一是宇宙，其二便是人类的愚蠢，而对于前者我还不敢确定。"

但我更愿看到中国古老寓言所期望的"亡羊补牢，犹未为晚"，但愿中国的城市不会落得《红楼梦》中贾瑞的结局，在狂欢与庆典中走向灾难。

参 考 文 献

Jacobs，J.，*The Death and Life of Great American Cities*，New York：Random House，1961.

Taylor，N.，*Urban Planning Theory Since* 1945，SAGE Publications，London，1998.

金衡山译，简·雅各布斯著：《美国大城市的死与生》，译林出版社，2005 年。

俞孔坚、李迪华著：《城市景观之路——与市长们交流》，中国建筑工业出版社，2003 年。

规划的理性与权威之谬误*

"规划赶不上变化；规划规划墙上挂挂。"这无论是自嘲还是评语，都生动地描绘了规划之苍白和对其价值的怀疑。不满于上述处境，所以又提出"规划是龙头"，以强调其权威与尊严。这两点关于规划的评论实际上都反映了人们关于规划师和规划的一个错误认识：规划师是能卜未来定时事的，规划师的规划是正确无误的，决策者必须服从。这实际上来源于人们关于规划的理性与权威的认识误区，包括：

一、秩序和统一

秩序和统一是规划师追求的目标，每一寸土地都必须经过规划，归属于某种用途，达到某种效益，力图在总体上达到最大的效益和最经济的状态。一旦有不符合规划的行为发生（实际上经常在发生），便有了规划无用或规划不受尊重的感叹。而一个完全秩序和统一的规划一旦实现，其结果又将如何呢？我曾住在一个被称为

---

* 本文首次发表于《规划师》1998 年 1 期，104—107 页。

规划样板而又完全按规划建设的美国新城南加州的 Irvine 两年，充分体验到了所谓"规划"可能达到的极致。那就是开车十分钟，而且必须开车，你能买到一瓶汤料，再开车十分钟可以去理发店。整齐的街道、广场和精致的管理，使你感到你站在任何一个地方都是多余的，若不是在一个经过严格设计的地方，你会感到坐立不安而不知所措。在严格的理性支配下的秩序和统一，生活将失去情趣和自由。

所以，期望实现严格秩序和统一的规划实际上是一个谬误。

二、追求最大效益

规划师往往追求最大和最优，基于成本效益分析，把所有自然资源（资产）和人造资产都折算成货币单位，相信只要有合理的价格体系，最优的规划方案就可以制定出来。这里规划师就必须面对一个"苹果和橘子"（Apple and Orange）的经典问题。理性的规划师总是力图在苹果和橘子之间建立某种换算公式，以便求得一个总体的最优解。但是，无论多目标规划的公式有多么复杂，苹果还是苹果，橘子还是橘子，只有决策者才有机会在两者之间作选择，或给予不同的优先权，而这也只是暂时的。谁又能肯定导致某一种杂草灭绝的水库大坝对人类的贡献可能还不如这种杂草呢？今天的杂草也许正是明天的治癌良药。

效益最大这一理性的谬误在于：它用货币价值来衡量环境资产和土地的成本或效益。而一个合理的资产计价必须依赖于完全的信息背景，但这种背景往往是不存在的。它假设自然资产是可以用人为资产来取代的。这样一来，所谓的最大效益就被误以为可以通过维护最大的人为资产和自然资产之和来实现，而不是通过对资源与环境的持续利用来取得。它把效益作为人类代际之间以及人与其他物种之间环境资产分配的唯一决定指标。但实际上，成本—效益分析模型只能反映当代人的此时此地的偏好，而不是下一代人的，更不是其他物种的偏好。

所以，以经济最优化和经济效益指标为指导的理性规划实际上是一种谬误。

三、 自然决定论与生态最适

生态最适是规划师的另一理性，它基于资源的适宜性和可行性分析，包括地质、水文、土壤和植被等。通过 I. McHarg 的"自然设计"（Design with Nature，1969），这一途径被系统化而成为本世纪规划史在方法论上的一个重大发展。麦克哈格把该方法总结为"所有系统都追求生存与成功。这种状态可以描述为负熵—适应—健康。其对立面则是正熵—不适应—病态。要达到第一种状态，系统需要找到最适的环境，使环境适应自己，也使自己适应于环境"（1981）。规划的目标是寻求一个生态最适的土地和资源利用状态。这时，对土地的每一种利用都反映其本身的内在价值。而这种内在价值可以通过对所在地进行系统的科学分析来发掘。相信生态上最适的规划，也就是最优的规划。在这里，我们可以看出生态最适途径与经济最大效益途径在本质上遵循同样的理性思维。

生态最适化模型相信人类的知识可以为人类寻求一条明确无误的、最佳的行动路线，认为这正是规划所要遵循的。完全的信息和系统的科学研究是取得这一目标充分必要的条件。这一规划的理性模式早已受到人们的怀疑（Litton and Kieiger，1972；Alexander，1986；Faludi，1987）。人类的知识往往有其不完善性和不确定性。有人甚至认为知识尚不能完全告诉我们应该做什么（Davidoff，1965）。这种观点得到 Simon 的认知学研究的支持（1957）。他认为人们在解决复杂问题时存在着许多局限性。没有一个决策过程完全符合理性的原则。人类并不需要完全的信息和同时考虑所有可能方案后再作决策。人类并不追求最优，而是追求满意的并且基本上是可行的途径。

尽管经济最优化和生态最适化都遵循理性模式，而实际上两者所导致的结果是不能兼容的（Pearce，1973），经济上的最优化途径并不是生态上的最适途径，在许多情况下甚至是相矛盾的。所以，生态最适的理性规划既不可能，也难以实施。

四、 规划师的理念是权威

规划师总有"英雄无用武之地"的抱怨，感叹自己美好的甚至是完美的构想被不谙科学、理性残缺的决策者或者是大众所捣碎。但一旦规划师的理念真的成为城市和社会发展的模式和权威时，结果又将如何呢？Ebenezer Howard 的"花园城市"（Howard，1946）可以说是本世纪初规划师们的最完美的构想了，旨在通过发展卫星城镇摆脱大城市的约束，利用农田和绿地阻隔城市的蔓延，使人与自然重新亲和。这一模式在英国成为新镇法（the New Town Act）的核心，在很大程度上也是欧洲和北美新社区发展的基本模式，其权威性不容置疑。其结果不但没有改变城市这一藏污纳垢、恐怖暴力的场所，而且，大规模的郊区化使大自然被分割得支离破碎，人与自然本质上更加分离，大城市的扩展也并没有停止。

"广亩城"（Broadacre City）是建筑师和城市设计师弗兰克·劳埃德·赖特的理想城市，被称为是城市科学规划的一个模式（Pregill and Volkman，1993），这里汽车代替了步行，独家住宅整齐分布，商业网点精心设计，其结果是类似上文提到的 Irvine 式城市的泛滥，只可观摩不可生活。

现代主义运动的主要倡导者、建筑与规划大师勒·科布西耶的"辐射城"（La Ville Radieuse）所带来的后果更使我们看到规划的理性与权威的谬误。在这个模式里，建筑和城市被当作机器，钢筋玻璃摩天楼矗立在公园绿地之中，为高速而设计的交通系统连接城市机器的每一部分，摩天楼围绕交通集散中心，这便是现代城市的形象，其中生活的现代人又体验到什么？它使城市最具魅力的街道生活不复存在（Hough，1990），人在一个巨大的机器面前失去了场所（out of place）。快速的交通系统成为自然人和社会人同生活和文化设施之间的障碍而不是通道，不但没有把人与自然之间的距离缩短，却把城市变得遥远而陌生，使人与人之间变得疏远。

所以，规划的权威与失去权威的规划一样危险。追求无上权威而穿上"新衣服"的皇帝，实际上在犯最与权威无缘的错误。

理性规划所依赖的完全的信息和准确无误的知识等条件都是难以实现的，这就决定了规划是一个过程，而不是结果；规划是在创造性地适应自然与社会过程，而不是在实现自己的理念；规划师是一个多面的辩护师，而不应是权威和决策者，他为君主辩护，为乞丐辩护，为人类辩护，也为其他生命辩护。规划既不应追求也不可能达到最大和最适，而是在追求一种博弈论中设想的平衡点（von Newmann and Morgenstern，1947；Luce and Raiffa，1957），以使各方利益能达到某种安全水平，在空间上即为某种安全格局（security patterns），包括生态安全格局、视觉安全格局、农业安全格局，等等（Yu，1995，1996，1997）。

参 考 文 献

Alexander E. R.，*Approaches to Planning*: *Introducing Current Planning Theories*，*Concepts*，*and Issues*，Gordon and Breach Science Publishers，1986.

Davidoff P. , Advocacy and Pluralism in Planning, *Journal of the American Institute of Planners*, 1965. 31: 331—338.

Faludi A. , *A Decision-centered View of Environmental Planning*, Pergamon Press, 1987.

Hough, M. , *Out of Place*, Yale University Press: New Haven, 1990.

Howard, E. , *Garden Cities for Tomorrow*, London: Faber and Faber, 1946.

Litton R. B. Jr and Kieiger M. , (A Review on) Design with Nature, *Journal of the American Institute of Planners*, Vol. 37 (1) 50—52, 1971.

Luce R. D. and Raiffa H. , *Games and Decisions: Introduction and Critical Survey*, John Willey & Sons Inc. , New York, 1957.

McHarg I. , *Design With Nature*, 1992 edition, John Wiley & Sons Inc. , 1969.

McHarg I. , Human Ecological Planning at Pennsylvania, *Landscape Planning*, 1981 (8): 109—120.

Pearce D. W. , An Incompatibility in Planning for a Steady State and Planning for Maximum Economic Welfare, *Environment and Planning*, 1973, 5: 267—271.

Pregill, P. and Volkman, N. , *Landscape in History*, Van Nostrand Reinhold: New York, 1993.

Simon H. A. , *Models of Man*, *Social and Rational*, New York, Wiley, 1957.

von Newmann J. and Morgenstern O. , *Theory of Games and Economic Behavior*, Princeton University, Princeton, 1947.

Yu K-J. , *Security Patterns in Landscape Planning: With a Case in South China*, Doctoral Thesis, Harvard University, 1995.

Yu K-J. , Security Patterns and Surface Model in Landscape Planning, *Landscape and Urban Planning*, 36 (5): 1—17, 1996.

Yu K-J. , Ecologists, Farmers, Tourists -GIS Support Planning of Red Stone Park, China. In Craglia, M. and Couclelis, H. (Ed.), *Geographic Information Research: Bridging the Atlantics*, Tayor & Francis, 1997.

暴发户与极权意识下的
"城市化妆"运动[*]

  时下,中国大地上的"城市美化",更确切地说是"城市化妆"
运动可谓风起云涌。城市"广场"之风,"景观大道"之风,席卷
大江南北。这种城市"化妆"所带来的问题,已使有识之士为之忧
心忡忡。考察一下国际城市设计和建设史,就会发现,西方国家早
在 100 年前就已经历过同样的城市化过程和同样的"城市美化"运
动,而留下了沉痛的教训。特别是 19 世纪末到 20 世纪初美国的
"城市美化运动"(City Beautiful Movement),尽管后来被不明者不
断效仿,却早已成为美国城市规划和设计史上的一块伤疤,不时被
西方学者揭开,以告诫世人,从中吸取教训(Mumford,1961;
Newton,1971;Kostof,1995;Previll and Volkman,1993;Hall,
1997)。当今中国的城市"美化"却在重蹈覆辙。本文系统地分析
了国际城市美化的历史渊源、产生的历史背景及原因,其在各个时
期及不同国家的表现以及问题和教训,由此揭示中国当今"城市美
化"运动的本质及问题,唤起国人的注意。

  * 本文首次以"国际城市美化运动之于中国的教训(上)(下)"为题,发表于《中国
   园林》2000 年 1 期 27—33 页,2 期 32—35 页。第二作者吉庆萍。图为本次收入时
   新增。

关于 "城市美化"：

　　"城市美化运动"（City Beautiful Movement）的根源实际上可以追溯到欧洲 16—19 世纪的巴洛克城市设计，经典的例子包括拿破仑三世的巴黎重建和维也纳的环城景观带。而城市美化运动作为一种城市规划和设计思潮，则发源于美国，始于 1893 年美国芝加哥的世博会。而 "城市美化"（City Beautiful）作为一个专用词，出现于 1903 年，其发明家是专栏作家 Mulford Robinson（Newton，1971）。作为一名非专业人士（半路出家，学习景观设计和城市规划），他乘 1893 年芝加哥世博会巨大的城市形象冲击，呼吁城市的美化与形象改进，并倡导以此来解决当时美国城市的物质与社会脏乱差的问题。后来，人们便将在他倡导下的所有城市改造活动称为 "城市美化运动"。

　　"城市美化运动"强调规则、几何、古典和唯美主义，而尤其强调把这种城市的规整化和形象设计作为改善城市物质环境和提高社会秩序及道德水平的主要途径。在 20 世纪初的前十年中，城市美化运动不同程度地影响了几乎所有美国和加拿大的主要城市。但它在美国实际上却只风行了十六年的时间（从 1893 年的芝加哥博览会到 1909 年的美国第一届全国城市规划会议）。尽管如此，这一阶段在城市规划和景观设计史上有着重要的意义，其影响至今犹存。从积极的方面来讲，它促进了城市设计专业和学科的发展，改善了城市形象，也促进了景观和城市规划设计师队伍的形成。

　　从倡导者的愿望来说，城市美化应包括至少以下几方面的内容（Pregill Volkman，1993）：

　　第一是 "城市艺术"（Civic Art）：即通过增加公共艺术品，包括建筑、灯光、壁画、街道的装饰来美化城市。

第二是"城市设计"（Civic Design）：即将城市作为一个整体，为社会公共目标而不是个体的利益进行统一的设计。城市设计强调纪念性和整体形象及商业和社会功能。因此，特别强调户外公共空间的设计，把空间当作建筑实体来塑造。并试图通过户外空间的设计来烘托建筑及整体城市形象的堂皇和雄伟。

第三是"城市改革"（Civic Reform）：社会改革与政治改革相结合。城市的腐败极大地动摇了人们对城市的信赖。同样令人担忧的严重问题是城市的贫民窟。随着城市工业化的发展，使贫民窟无论从人口还是从面积上都不断扩大，工人拥挤在缺乏基本健康设施的区域，它们是各种犯罪、疾病和劳工动乱的发源地，这些都使城市变得不适宜居住。因此包括对城市腐败的制止、解决城市贫民的就业和住房以维护社会的安定。

第四是"城市修葺"（Civic Improvement）：强调通过清洁、粉饰、修补来创造城市之美。尽管往往被人们所忽略，它却是城市美化运动对城市改进最有贡献的方面。包括步行道的修缮、铺地的改进、广场的修建等等，都极大地改善了城市面貌。

从理论上讲，以上四个方面都或多或少地服务于城市美化运动的十个目标：

① 通过集中服务功能及其他相关的土地利用的设计，旨在形成一个有序的土地利用格局。

② 形成方便高效的商业和市政核心区。

③ 创建一个卫生的城市环境，尤其是在居住区。

④ 通过景观资源的利用，创造城镇风貌和个性。

⑤ 将建筑的群体作为比建筑单体更为重要的美学因素来对待。

⑥ 在街道景观中创造聚焦点来统一城市。

⑦ 将区域交通组成一个清晰的等级系统。

⑧ 将城市的开放空间作为城市的关键组成。

⑨ 保护一些城市历史成分。

⑩ 创造一种统一的系统，来将现代城市形态，如工业设施和摩天大楼结合在现有城市之中。

城市美化运动的最终目的是通过创造一种城市物质空间的形象和秩序，来创造或改进社会秩序，恢复城市中由于工业化而失去的视觉的美和生活的和谐（Burnham，见 Newton，1971）。

然而，实际上"城市美化"往往被城市建设决策者的极权欲和权威欲、开发商的金钱欲及挥霍欲，以及规划师的表现欲和成就欲所偷换，把机械的形式美作为主要的目标进行城市中心地带大型项目的改造和兴建，并试图以此来解决城市和社会问题，从而使"城市美化"迷失方向，使倡导者美好的愿望不能实现。美国城市美化运动最有影响力的规划师和建筑师 Daniel Burnham 的一句名言就是"不做小的规划，因为小规划没有激奋人们血液的魔力……要做大规划，……一旦实现，便永不消亡"（Pregill Volkman，1987），在此口号之下，美国大陆上的各大城市都经历了不同程度的再建与改造过程。所幸的是这种思潮及时得到批评和抵制。在 1909 年的首届全美城市规划大会上，"城市美化运动"很快被科学的城市规划思潮所替代，基本上宣判了"城市美化运动"在美国本土的死刑。

但是，"城市美化运动"的阴魂不散，它伴随帝国主义和殖民主义的统治势力来到了亚洲、非洲和大洋洲，成为白人种族优越地位的象征和种族隔离的工具。之后，在 20 世纪 30 年代，转了一圈之后，它又回到了法西斯和纳粹统治下的欧洲，成为独裁者炫耀其权力的舞台。

在近 100 年的历程中，"城市美化运动"在各种不同的经济、社会、政治和文化条件下都有所表现。Peter Hall 一针见血地指出：它是金融资本主义的女仆，它又是帝国主义的发言人，它更是个人独裁主义者的工具。这些表现绝大多数情况下都有两大共同特征：

第一，专注于纪念性和表面文章，将建筑或城市空间作为权力的符号，与此同时几乎全然不考虑规划所应达到的更广泛的社会目标。

第二，为展示而规划，将建筑和城市空间作为表演的舞台，设计的目的是令观众激动，让参观者惊叹。只是在不同时代和国家里，观众有所不同罢了，他们或是向往贵族生活的中产，或是那些在寻机挥霍和寻求刺激的暴发户，或是卑怯的殖民地臣民，也或是涌入城市的农民。

可悲的是，除了少数旁观者外（他们或沉默，或是在场外发出使"演出者"感到不悦的呼号），似乎所有人都喜欢这样的表演，而对为此瞬间和表面的表演所付出的代价，却木然。

在近乎百年之后，"城市美化运动"的幽灵又来到了中国，它带着18世纪的欧洲广场和20世纪初的美国的景观大道，出现在大江南北大大小小的城市。尽管它在新中国五十年的城市建设史上可以看作是一种进步，在改善城市形象等方面起了一些积极的作用，但其已经和正在造成的危害，使我们不能漠然置之。

一、巴洛克城市——君主的权杖，美国城市美化运动的原型

（一）背景

作为一种城市设计形式和美国城市美化运动的源头，16世纪前后欧洲巴洛克城市的出现，主要源于以下的背景：

（1）君主集权：政治上中央集权制和君主制取代教会统治；经济上出现商业资本主义和君主商业；政治、经济和军事权力集于君主一身，并以国家的形式出现，形成前所未有的城市规划和建设能力。同时，为保障统治者和新权贵的穷奢极欲，要求有绝对服从的军队和臣民。新的社会秩序与统一成为城市规划最高的功能需要。

正如 Mumford（1961）指出的：古代的死去的人被当作活生生的真人加以模玩，而活着的真人却变成了机器，没有自己的思想，只服从于外来的命令。

（2）古希腊与罗马的再发现：文艺复兴之后带来的思想解放，古典建筑理论的发现，古希腊和罗马纪念性建筑的发掘和测量，导致了对古典雕塑和装饰艺术的崇拜。理想化的文艺复兴城市模式为城市建设带来了生机，相对于中世纪的城市，这无疑是一种进步。但此后，随着新权贵的出现，以及他们对古代帝王的物质和享乐生活的发现和向往，使古典艺术成为附庸风雅的华丽外衣，并日趋雕琢和繁琐。

（3）分析和实证为特征的近现代科学得到发展并渗透到生活的各个方面，几何与规则的形式美成为人们生活空间规划与设计的原则。

简而言之，新贵族和君主的享乐和对社会秩序的绝对要求、对古典艺术的附庸风雅和对几何图案表现力的发现，使中世纪的有机城市成为混乱、肮脏的象征，并成为改造的对象，巴洛克城市设计因此出现。作为一种新的城市景观模式，巴洛克城市强调纪念性、标志性构筑物以及它们的空间位置作为城市结构和形象的主体，而不是通过建筑的序列来构成城市形象（文艺复兴时代的理想城市）。欧洲主要首都的重建大都基于巴洛克城市模式的一些基本原理。无论在柏林、巴塞罗那、布达佩斯、圣彼得堡、维也纳，特别是巴黎，所谓的新城市，实际上都是在中世纪的城市节理上，雕刻出一些轴线和放射线，它们的尽端则是纪念性构筑物和广场。

（二）实例与特征

巴洛克城市的登场始于 16 世纪 80 年代，源于 Pope Sixtus 五世和建筑师 Domenico Fontana 的城市改造工程，他们将罗马的几个主要教堂联系在一起。在这一工程中 Fontana 并不是把城市作为一个实体的系统，而是将其作为一个"虚体"的网络，叠加在原有城市之上。16 世纪的旧罗马是一个包含有许多神圣的纪念建筑的城市，包括圣彼得广场和其他教堂，而改造后的新罗马则成为一个供人祭拜的设有专门礼拜路线的"神圣的城市"，整个城市是一座"雕刻"出来的纪念性建筑。同时这一祭拜、参神的空间网络也是旅游的路线，因而具有商业价值。

除罗马以外，对这一城市景观模式的形成起着重要作用的另一源头是法国的凡尔赛，其模式主宰以后整个欧洲城市设计达 3 个世纪。那是一个城市外的理想城市。景观设计师雷诺随国王路易十四从 1667 年开始设计修建这一宫园直到去世（1700）。在此之前，在法国已实施了以景观大道切割整个城市的工程，但只有在凡尔赛，完整的皇家的理想城市模式才得以完美地实现。凡尔赛的规模与内容可谓前无古人，它被认为是混乱与野蛮的海洋中的快乐和文明的岛屿。雷诺在这一设计中将所有的视景全部集聚于皇帝的眼中，并系统地用各种方法，来创造巴洛克风格的体验——一种无限的感觉，这些方法包括框景、倒影或障景等，通过透视线的组织，形成一个空间的网络，使物体不能一览无余（图 1）。

图 1　法国凡尔赛：一个完整的巴洛克城市设计，城市美化的原型。

Haussman 的巴黎重建（始于 1853），以及维也纳的环城大道（Ringstrasse，始于 1857）可以被看作是罗马的改造试验和凡尔赛宫大规模的景观建设这两项工程实践经验的积累。对 Haussman 有深刻影响的是凡尔赛，是一个多中心的网络，巴黎的重建同样是将城市理解为一个"网络"来组织空间的运动。在此之前城市的定义是一定数量有组织的建筑物的群体；而在 Haussman 的城市模式中，用于交通的地方，新的街道和林荫网络统领着建筑。

　　Haussman 的工程是在建设卫生城市与社会秩序的口号和名义下进行的，以作为一种防止疾病（霍乱）和社会的不安定（革命）的手段。直线打破了现有的、"充满病疾的"中世纪有机城市的物质与社会机理的、拓宽和规整了的街道，集中体现了美、卫生和商业的价值观。这种城市改造工程形成了介乎自然有机城市与规划城市之间的一种中间型城市，即重构城市（Restructured City）。巴黎城市美化由拿破仑三世集帝国之财力建设，建成后吸引了大量的旅游者到巴黎，成为人们休闲、逸情的好去处，据说巴黎人每年从旅游者那里得到的收入远远超过拿破仑三世投资改造巴黎的花费。

　　维也纳的城市环带是与 Haussman 的巴黎重构同时代的产物，是在拆除中世纪城堡之后建设的一条景观带，尽管从尺度和恢弘的气势上仍可见巴洛克的强有力的影响，但其形态和空间结构却与巴黎大相径庭。在此环城带上，集中分布有大量公共建筑和私人豪宅，成为内城与新区的分割带。巴洛克的规划师们通过空间的组织，将观赏者引向中心聚焦点，在这里，空间成为起主导地位的建筑物的一个场景和环境。在环城景观带的建设中，它反用了巴洛克的原理，即不是用空间来规定和统领建筑物，而是用互不相干甚至风格迥异的建筑物来显现水平的空间，一个现代的空间场——一个同心环的构图。这一规划强调的是流畅的交通而不是视景，没有建筑阻碍，也没有明显的终点。

欧洲巴洛克城市模式传到美国，并在华盛顿的规划中得以体现，其间经历了两个阶段，第一阶段是华盛顿基础的形成，由欧洲建筑师朗方（L'Enfant）于1791年完成，第二阶段主要是中心纪念性轴线的形成，是作为城市美化运动的第一个大型的工程，由美国的设计师参观了欧洲之后，于1901年修改完成，并最终成为欧洲巴洛克城市与美国城市美化运动主导风格之间的一个桥梁。

二、美国的城市美化运动——资本主义暴发户的奴仆，世界城市美化的模板

（一）背景

以往的一些零星规划思想最终在19世纪末走到一起，而在美国形成被称为"城市美化运动"的思潮，其原因在于以下几个方面：

第一，对统一与秩序的要求：也可能是最重要的原因。19世纪末的美国，内战之后不久，极端个人主义和强盗盛行，土地霸占之风猖獗，急速的以及无序的城市化和大量的新移民，使城市变得脏乱，社会动荡不安。同时，资产阶级民主制度下，中产阶级出现，向往欧洲巴洛克的优雅城市生活；中产阶级的城市品位——主要包括视觉品位确立、对城市的肮脏与拥挤厌弃、对社会不安特别是对犯罪和政治上的无政府状态产生恐惧，对控制和管理的需求。城市的组织被认为是一个用一系列相关行动缓解以上所有问题的途径。要求卫生与美化的呼声日益高涨，各城市都着力改善城市的健康和秩序，一些致力于城市卫生改善的公众委员会最后都成为规划的机构。芝加哥的博览会实际上反映了美国全国范围内的一种国家情绪——一种期望统一和秩序的呼吁。

第二，新兴资产阶级暴发户的出现：他们富有并具有影响力，他们不但可以支持大规模的工程，同时能从中获得长远的利益。城市美化运动强调空间的有组织性和商业价值，正符合实业家的经济

目的，而企业家们的高雅的理想化的城市美也正是城市美化运动所倡导和追求的。与此同时，新兴的贵族支持着艺术和公共文化设施的发展，并带动了施工质量的提高，这些都为城市美化运动打下了基础。

第四，欧洲的再发现：富裕起来的美国人大量去欧洲旅行，使他们得以领略欧洲文艺复兴时代和巴洛克时代的纪念性城市空间。由 Haussman 规划的新巴黎尤其具有吸引力。同时，许多有影响的美国设计师留学欧洲或在美国国内接受古典建筑与造型艺术的文化教育；早在 1880 年代，学院派的建筑就以高品位姿态在东部崭露头角，以 McKim、Mead 和 White 设计的波士顿公共图书馆为代表，将意大利文艺复兴时代的建筑风格引入。在 19 世纪 80 年代末期，罗马的古典主义风格、文艺复兴风格以及更为时代化的法国新建筑语言混合为一体，形成了富丽堂皇的 Beaux-Arts 情调。美国的"文艺复兴"由此得以自誉和表现。新的暴发户被过誉为文艺复兴时代的贵族商人，因此，也附庸风雅。欧洲艺术和建筑成为临摹和收集的对象。芝加哥世博会成了设计师为创造美国未来城市形象的一个试验场和案例，东部学院派的欧式建筑被建筑师们带到芝加哥。

第五，表现欲的发作，几何图案表现力的发现：19 世纪末，正是芝加哥、也是全美国急于向世界展示其实力和自豪感的时候。从南北战争（公元 1861—1865）中恢复过来的美国，资源优势和工业革命的成果使其迅速崛起，此时，已有足够的财力向全世界昭示其实力和富有，以掩盖其在文化上的贫乏和劣势。因此对欧洲上层绅士文化和巴洛克建筑风格投以青睐。同时，美国人对早期浪漫主义情调的田园式景观开始厌倦，而欲寻求新的视觉形式的刺激。一种表现式的、规整的和几何的城市形式开始孕育而生，而在芝加哥世博会上趋于成熟，造成强烈的视觉冲击，整个世界以之为楷模，从而风行于世。

(二) 实例

1893 的芝加哥世博会可以说是美国城市美化运动的直接导火索和前奏。为庆祝哥伦布发现美洲大陆 400 周年，芝加哥需要举办这一国际盛会，作为争办城市获得国会批准，并将该市南部的一片沼泽开发作为世博会的场地，Daniel Burnham 被指定为项目的负责人，这是自 1851 年伦敦世博会后的第十五届备受欢迎的国际最大型的盛会。Burnham 邀请全美著名的建筑师和景观设计师参与工作，其中包括美国景观设计之父 Olmsted。这是一个多学科、多专业的综合队伍。他们决定这次世博会放弃以往舞台式临时性做法，而是建设"永久性的建筑——一个梦幻之城"，并将其风格统一在古典主义的基调上。芝加哥巴洛克式的世博会的巨大成功，如同第一颗原子弹的试验成功，引发了"城市美化"竞争之战。白色的古典之城在某种意义上讲是一个样板，为以后的城市美化定了基调。

第一个大规模地遵循城市美化运动原理进行规划的真正的城市（相对于芝加哥的博览会的展览性场所）是首都华盛顿，即 McMillan 规划。这一规划是在朗方的 1791 年规划基础上进行的，旨在清理城市公共用地日益被蚕食和破坏的形象。规划由议员 James Mc-Millan 领导，成员包括 Daniel Burnham、Frederik Law Olmsted、Jr. 等。他们的工作主要包括造访欧洲五周、做模型、绘图，特别是鸟瞰图和透视图。最后其结果，不仅仅是恢复朗方的原规划，而且重新对规划作了解释，代之以密度更大、更建筑化和几何化的城市形态。新规划尤其强调纪念性轴线的几何与形式化，使原来规划中浪漫自然的情调消失殆尽。但毕竟 D. C 原规划的模式与城市美化运动的途径是一脉相承的（图 2）。

克里夫兰（Cleveland）是另一个城市美化运动的产物，也由 Burnham 及其合作者在 1903 年设计。其原先是完全规则网格化的城

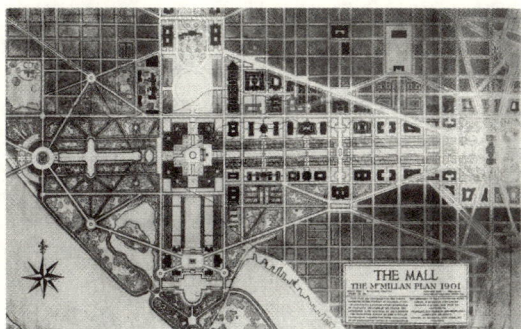

图 2 华盛顿中心的纪念性
轴线：美国城市美化形式
的集中体现。

市布局，对城市美化运动者来说是一个更大的挑战（大多数美国城
市都是如此）。规划直接从芝加哥世博会中吸取灵感，只不过在博
览会的布局中，中心广场是开敞的，而在克里夫兰则是由树木和草
地构成的开放广场，建筑沿四周布置，道路沿广场环行。这是最早
一例为城市更新而迁移大批穷人的规划。

城市美化运动史上最为全面的规划是始于 1907 年的芝加哥城
市规划，它是 Burnham 积累十年思考和经验之所得，并成为城市
规划的经典。这一规划有五个重要的组成部分：

① 发展区域高速干道、铁路和水上运输，加强城市间的联系；

② 发展与市中心相连的滨湖文化中心；

③ 在两岸建设市政中心；

④ 建设湖滨及沿河风景休闲区；

⑤ 建立公园道路，并与周围林地形成完整的系统。

芝加哥规划取得了四个方面的视觉效果：

① 通过加入对角斜街，打破原有严格的方格网结构；

② 引入一些透视焦点；

③ 给建筑引入一种新古典主义的统一的风格；

④ 把水作为一个统一城市的多样化地区风格的元素。

他所规划的芝加哥固然是美丽动人的，尤其是从空中鸟瞰，放射形的大道向外延伸，消逝在伊利诺伊草原中，这是一个史无前例的城市景观。"在我们的眼前是一片高大的森林，掩映着湖岸上的草地和道路。与此相对比，灿烂的绿洲向北延伸。此景之后是自然的湖岸以及穿梭于柳树间的火车。最后的背景则是壮观的平台所形成的墙体，其上藤萝垂植，雕塑点缀，台地之上是宁静的草坪所环绕的可爱的住宅"（Hall，1997）。这是一幅有前景、中景和背景的画面。

芝加哥计划是由财团和商社支持的。从某种意义上讲，规划的商业价值迎合了开发商的利益，也是其获得支持的重要原因之一。在介绍其芝加哥规划时，Burnham 以 Haussmann 的巴黎改造计划的商业价值为例，说明其大改造的商业意义（Hall，1997）：我们乐此不疲地奔向开罗、雅典、巴黎和维也纳，只因为我们自己家乡的生活不如那些旅游城市舒适迷人。人们从芝加哥挣来的钱却流向那些美丽的城市。试想，如果这些资金在当地周转，其对商业零售的促进将会有多么地大。试想如果我们的城镇是如此地令人愉悦以至于使那些有支付能力的人都进入我们的城市居住，那将给我们的城市带来多大的繁荣。因此，使我们城市美化起来，使之对我们自己有吸引力，而更重要的是对那些造访者具有吸引力，是何等地重要和刻不容缓。

当时的美国，由于快速的城市增长和过于复杂的种族而造成城市混乱，从这样的背景来说，Burnham 的芝加哥规划的出发点是非常宏伟的，它旨在通过创造一种社会秩序所必需的物质基础——通衢大道、规整的城市广场、贫民窟的拆迁和公园的兴建等，来恢复城市中已失去的视觉和生活的和谐。但这一美丽的城市最终是为谁而设计的呢？第一，它是为那些具有消费能力和向往欧洲休闲时尚的中产阶级而设计的；第二，它是为一个参观者的视觉感受而设计的；第三，它是为资本家的商业目的而设计的。其对大众的居住、学校及卫生设施几乎完全忽视了。用城市规划之三个目标，即经济、美学、健康来衡量，Burnham 的城市美化设计，美学显然具有至高无上的地位，经济性是大打折扣的，而健康则根本谈不上。

(三) 教训

城市美化运动的一个幼稚和简单化的想法是，通过城市设计可以轻易地解决城市的问题。其含混的社会目标和纯粹的美学途径最终使城市设计的意义弱化。归结起来，城市美化运动存在着以下几个方面的问题：

(1)"修补"一个规划很糟的城市是非常困难的：美国十六年的城市更新和美化实践证明，提出现有城市规划整治方案要比实施这种方案容易得多，尽管在华盛顿、芝加哥和克里夫兰，城市美化的规划得以较全面地实现，但往往实施美化计划是不能全面的，而且即使实施了，其对已存在的社会格局会造成严重破坏。与其对旧城市费尽心思进行改造，不如对新建的城市或开发区投入更多的精力和关注。同时，美化运动只限于属于政府或公共用地的市政中心和公共广场及公园，而对城市的其他广大地区，美化运动却很少光顾，因此，城市的发展和更新是畸形的。比如人口分布格局的改变：从芝加哥、克里夫兰及旧金山等几个规划来看，城市美化运动基本上是城市中心主义的，即基于单一的中心商业核心，而不充分考虑将商业分散到城市的其他地区。这实质上是一个"商人君主的贵族式城市"，这是在美国历史上没有过的城市，导致城市中心的过度开发和交通拥挤。因此，城市美化运动的最大问题之一是它以大片城市中心土地用于公共目的的开发，而这里正是大量人口聚居的地方，尤其在美国的 20 世纪初，大量农业人口和移民集中在城市中心或工厂附近。在中心城区的美化过程中，热衷于贫民窟的清除，并将其他同样需要中心地带的功能排斥掉，这就进一步加剧了人口向贫困区域集中。

（2）只迎合休闲的中产阶级的视觉和审美趣味：尽管城市美化运动的倡导者们没有对户外空间的形成和风格作特别的强调，但运动本身都倾向于新古典风格。这往往被认为是一种上流社会的风格，与美国倡导的人人平等的社会格格不入；缺乏文化根基，是基于视觉模仿的城市改造活动，是欧洲文化的移植。美国和欧洲在政治上的差异性，实际上是城市美化发展的一个障碍。

（3）昂贵的造价：投资巨大只为"化妆"。城市美化运动最终不能赢得大多数美国人的青睐，还因为其采用的高雅的古典风格造价昂贵，有违美国人的口味。早在 1922 年，当芝加哥计划以 30 亿美元的代价部分地付诸实施时，Lewis Mumford 就提出尖锐的批评，将其视同极权主义的城市规划（Hall，1997）。

（4）过分强调视觉美化在解决社会问题中的作用：这可能是城市美化运动最大的谬误。其基本出发点是把城市的物质设计作为一切城市病的万灵药，在城市美化运动的模式中，规划被视同"图案"而非"未来的设想"（Richard Lai，1988）。它强调的是外观，给人一种视觉的印象，而产生这种印象的最强有力的工具，便是以整型、对称为特点的古典 Beaux-Arts 建筑。忽视其他本质问题的解决：包括居住卫生、文化教育。正如 Newton（1971）所指出的，在当时广大市民要求社会改革、要求政府拥有公共设施、国家拥有铁路、要求妇女权利、反对政府腐败、声讨社会不公等四面楚歌之中，Beaux-Arts 的高雅，最多不过是一种化妆和粉饰而已。

当然，公平地说，城市美化运动的倡导者们并不只考虑美观，他们也考虑舒适和人的生活，但事实是"美"成了美化的目标。Burnham 在规划中也不仅仅考虑美观，他也考虑交通和经济问题——或至少是企业家和金融家关心的问题。但是，他强调建筑从根本上讲是一种造型艺术，外观先于其他一切。实际上，城市美化的倡导者 Robinson 和实践者 Burnham 都不应受到指责，他们只是对应如何统一组织城市空间提出设想，问题在于设计方法、程序，在于谁先谁后。如果一些基本的条件——如社会的、经济的、物质的——优先得到对待，然后考虑用好的空间和形式来解决这些问题，那么，一切都是合乎逻辑和正确的。但如果先确定某种美的空间或物体的形态，并将其强加于城市功能之上，而缺乏人的需要的原动力，则其美也是表面的、虚伪的，难以成为真正的"美"。

对 Robinson 和 Burnham 来说，由于城市美化运动与当时的两种倾向绞缠在一起，从而带来更大的不幸。其一是追求"新"奇，而这种倾向在 Burnham 看来便是无瑕可挑的经典风格；其二，将美作为一种物质，一种来自天堂的灵丹妙药，是"丑"的克星。因而，用"美化"作为改进的途径。因而强调化妆，如同装饰圣诞树一样，装饰城市。

三、殖民地的城市美化——帝国主义、殖民主义的权力象征和统治工具

(一) 背景

城市美化运动所追求的、以图案化的形式美来实现社会秩序的理由，也同样适用于美国和其他帝国在其国外的势力领地。因此，其城市美化模式也扩展到了菲律宾的马尼拉、澳大利亚的堪培拉。以后也随法国殖民主义者进入越南、摩洛哥。随英国殖民主义者进入印度的新德里，尤其是在 1910—1935 年期间。当英国在印度的统治进入尾声时，城市美化大行其道。这不是偶然的，殖民主义统治者为了在一个异域他方保持其统治地位，总试图想建立其统治和权威的形象冲击。所以，归结起来，城市美化运动在殖民地的传播，很大程度上源于以下几个方面：

① 新兴帝国力量在国际舞台的扩张和展示：美国作为后起的帝国主义，在强化国内社会和政治秩序的同时，竭力在国际上树立自己的形象，并建立新的国际秩序。

② 挽救逝去的权力与地位：英、法等老牌帝国主义和殖民主义者正日暮西下，与殖民地国家人民的矛盾日益突出，其统治地位正面临威胁。社会的秩序和稳定成为最大忧患，而美国这颗新星的升空及其城市建设的成就，无疑使英法殖民主义者效法美国，视城市美化为"良方"，以此来维护其在亚、非各殖民地的政治和经济上的统治。

③ 以白人为中心的优越感和对殖民地人民的恐惧：无论是新帝国主义还是老牌殖民主义，在其本土以外的势力领地上，都以一种优越民族和统治者的姿态出现，并欲在充满敌意的异域他乡建立一个安全、欢乐的"岛屿"，如同路易十四的凡尔赛。

④ 殖民地的混乱背景：殖民地社会落后、动荡，城市物质环境的脏乱差，使得追求统一和秩序成为普遍的要求。

（二）实例与教训

早在 1904 年，因芝加哥世博会的巨大成功而名声大噪的 Burnham 就应当时的美国战争事务秘书长之邀，前往菲律宾主持马尼拉的规划。在其规划中，他以同样的结点加放射线与铁路车站和其他广场相连。同一时期，在为美国在菲律宾的殖民地夏宫 Baguio 所做的规划中，Burnham 几乎完全不顾原有地形，将一对严格对称、规整的政府和行政中心平面强加在起伏的山地上，以创造一个帝国的形象。

从 1911 年到 1913 年间，英国在印度的统治者便请英国规划设计师在地球的另一端建立首都——新德里，其规划与相邻城市的原有结构毫不相干，而完全以巴洛克的结点放射形式，构成强烈的集权与主宰者的形象。建筑师 Edwin Lutyens 和 Herbert Baker 作为帝国主义和殖民主义建筑的倡导者，鼓吹"民族主义、帝国主义，符号性和礼仪性"的规划理念，宣扬城市规划和建设中的专制主义（Hall，1991）。

新德里最终的规划是三个聚焦：行政中心、战争纪念碑和火车站，几乎所有主要道路都从这些焦点发散出去，其中行政中心和战争纪念碑各有 7 条放射线，火车站则不少于 10 条放射道路，而几乎所有建筑都沿六角形的边线布置。这一规划与华盛顿的 L'Enfant 规划有相似之处，只是逊色了许多。

在其他英国殖民地包括南非和东非，英帝国主义同样规划和建设了其统治领地的首都如 Salisbury（Harare）、Lusaka、Nairobi、Kampala 等，在所有这些规划中，规划师们几乎只考虑白人，而非洲人则似乎是消失了，在非洲人和白人之间布置着印度人。如在 Nairobi，欧洲人都占据城市的最好地段，即最高点，印度人则次之，非洲人则被置于任何其他剩余的地方。

所有这些殖民主义者在其殖民地的首都规划都有一些共同的土地利用和居住格局，有一个位于中央的政府办公中心和一个与之相毗邻的商务办公区。中央购物中心则与上边两个中心相毗邻，所有这些都围绕一个几何道路布局来布置，主要道路交会于交通环上。外围则是低密度的白人居住区，或"花园城市"，其中隐藏着大型低层豪宅。而非洲土著则往往被某种物质阻碍，如被火车道远远地隔离在城市的另一侧。

很有讽刺意义的是，被视为秩序与权威工具的城市美化，并没能维持殖民主义者的统治，而且，实际上也没能达到维护社会秩序的目的。往往在殖民主义者结束其统治后，当地政权也面临着同样的问题，因此不得不动用推土机不断清理向城市中心蔓延的贫民窟，以维持上层社会的安全。教训同样是深刻的。

四、城市美化回到欧洲——法西斯与纳粹的舞台、独裁者的炫耀

（一）背景

20 世纪 30 年代，是大独裁者统治欧洲的时代，城市美化的阴魂在世界各地漫游了一圈之后，又回到欧洲，也同样是为了搭一个舞台，演一出闹剧。其主要背景包括：

① 追求国内和国际新秩序：1918 年德国在第一次世界大战中失败，蒙受巨大的耻辱。随之，社会动荡不安，民心涣散。国内政治斗争十分复杂，社会面临着旧王朝的复辟、共产主义运动及国家社会主义的选择。纳粹登上舞台后，以雪一战耻辱和振兴民族为由，对内推行国家社会主义的政治和经济，对外积极准备侵略扩张。意大利虽然是一战的胜利者，却是以巨大财产和生命为代价的，因此，在战争结束后，同样产生了严重的社会和经济问题，为墨索里尼法西斯的独裁统治创造了机会。为寻求国内和国际的新秩序，"城市美化"的强烈的视觉形式，再次被当作灵丹妙药。

② 工业化和经济的大发展：在 20 世纪 30 年代，无论是法西斯的意大利和西班牙，还是纳粹的德国，都经历了一次前所未有的经济大发展。政治上的独裁和经济上的国家化，唤起了大规模的城市建设狂想。

③ 城市环境的恶化和城市的理想化：面对城市化的快速进程，法西斯同纳粹的反应是相同的，他们关于城市的理想在许多方面也是一致的，只有乡村的家庭生活才是真正健康的，因而推行小型、自足型的小城镇政策。而大都市被当作共产主义和劳工动乱蔓延及各种罪恶的滋生地，是藏污纳垢的地方。墨索里尼曾于 1928—1939 年通过法律，控制人口迁移进城。纳粹的城市政策也是如此，他们

把城市作为一种心理上的、具有近似于宗教意义的场所，以及作为一个具有魔力般功能的群众礼仪性的集会场所，而具有生产功能的人口则移居乡村。

④ 宣扬优等民族和文化：希特勒鼓吹社会达尔文主义，宣扬优等民族理论。而墨索里尼更是以重拾古罗马的辉煌、再造罗马帝国的秩序为幌子，鼓吹法西斯主义。城市美化便成为独裁者得以借用和展示的工具。

（二）实例与教训

意大利的墨索里尼首先在罗马拉开城市美化的序幕。他把城市规划作为建设纪念性城市、重现昔日罗马荣耀的工具，把近两个世纪以来的新建部分清除掉。在 1929 年罗马召开的居住和城市规划联合大会上，墨索里尼号召"在五年时间里，罗马必须向全世界人展现其辉煌与风采——宏伟、规整、强大，如同奥古斯都时代的罗马"（Hall，1997）。墨索里尼同时下令在 Marcellus 剧院和 Capitoline Hill 及万神殿周围创造大片的广场，其他所有围绕它们的、不属于罗马繁荣时代的建筑全部清除。所幸的是，传统的有机和混乱、多方的牵制，加上官员们的腐败，使规划未能付诸实施，罗马得以幸存。

在德国，决定首都柏林规划的是希特勒和纳粹建筑师 Albert Speer。正是通过他们，欧洲早期的巴洛克风格和美国的城市美化模式得以再次出现。希特勒少年时渴望进维也纳艺术学院学习未果，更后悔没有学习建筑。但他对早期城市美化经典之一的维也纳环城景观带了如指掌，并情有独钟。对巴黎 Haussman 的新城也有很详细的了解。希特勒对城市纪念性的执著使他对其他都忽略不计，他审察规划时，实际上只看纪念性的方面，"那条大道在什么地方？"他要在城市的主轴线上，用石头拼出"德国政治、军事和经济之实力"，在其辐射中心是日耳曼帝国的统治者，在其毗邻则是作为其权力最高表达的大型穹形大楼，作为柏林市的核心建筑。"我们唯一的愿望是能看到这些建筑建起来，在 1950 年，我们要举行世界博览会。"他追求最大、最长，通过这样的形式，"我要让每个德国人都恢复自我尊敬"（Hall，p. 199）；同时，他要表达一种"新的秩序"（Kostof，1995）。

而 Speer 对华盛顿的规划和 Burnham 的芝加哥世博会十分欣赏，如法炮制，也推崇 Burnham 的宗旨，即："不做小的规划"。在城市中心，是一个完全几何化的、具有纪念性的布局，如同为空中俯视而设计。如果按照希特勒及其建筑师 Albert Speer 的规划，柏林的中世纪城市中心将完全被破坏，代之以一条南北礼仪大道，连接凯旋门和世界上最大的大会堂及行政中心。两侧建筑雄伟高大，建筑之间有宽阔的空间。

然而，宏伟的规划要付诸实施则是要花昂贵的代价的，根据当时的估算，实现柏林的规划需要 60 亿马克。东西轴线从 1937 年开始动工实施计划，1939 年部分完工，主体建筑在 1941 年动工，宏伟的柏林规划实际上只落实了一条作为礼仪空间的东—西轴线，第三帝国便告失败。而极富讽刺意义的是，德国战败后，苏联在东柏林继续完成了工程，并将其命名为斯大林大道。

与美国的城市美化运动一样，不管欧洲的独裁者有何等的权力与经济实力，其得到的教训也是惨痛的。

五、警惕："城市美化运动"来到中国——小农意识和暴发户意识的综合征

20 世纪 80 年代开始，出现于中国的城市美化运动在许多方面都与一百年前发生在美国，以及随后发生在其他国家的城市美化运动，有惊人的相似之处，尽管在社会制度上有很大的不同，但其产

生的社会经济背景、行为与症状都如出一辙（见下表）。这就警示我们应该以历史为鉴，避免重蹈覆辙。

国际城市"美化运动"的一些共同之处及本质问题与教训

城市美化运动历史	相似的背景	共同的表现	本质问题与教训
欧洲巴洛克城市（16世纪末—19世纪末）	① 政治：中央集权制和君主制取代教会统治 ② 经济：出现商业资本主义和君主商业 ③ 物质环境：中世纪有机城市的环境恶化 ④ 文化：古希腊和古罗马的再发现 ⑤ 社会：从以宗教为核心的地方主义向国家主义过渡	强调：气派、规整、几何、装饰的形式美。包括： ① 轴线式的笔直大道 ② 大型礼仪和纪念广场 ③ 纪念性、符号性建筑 ④ 附庸风雅的华丽雕琢 ⑤ 大型展示性公园的建设 ⑥ 水系整治机械化和形式美化 ⑦ 各种临时性的、以礼仪和装饰为目的的街道和公共场所的美化工程	① 权力欲的展示：使人变成了观众，城市居民的工作和生活条件得不到真正的改善 ② 挥霍欲的表现：美化工程耗资巨大，劳民伤财 ③ 唯美的追求：试图通过它来解决社会问题，改变城市面貌，而不直接去解决本质的城市功能和市民生活问题 ④ 空间与社会结构的破坏：机械式的城市手术，伤害城市有机结构和社会网络，而缺乏城市更新的有机性 ⑤ 地方精神湮灭：机械、几何的和模仿的形式，与城市历史文脉和有机结构格格不入 ⑥ 虚势与浮躁的反映：不做长期实在的艰苦努力来根本改变城市面貌，而是求表面化妆的短期行为，只能给后来的城市改造带来更大的困难 ⑦ 生态乌有：在几何与机械美原则下，自然与生态过程受到摧残 ⑧ 人性丧失：刚刚摆脱神与自然力约束的"人"，却在象征权威与财富的构筑物和机械图案前失去自我 ⑨ 不可持续：非生态、无内涵、不经济，实质是不可持续的
美国的城市美化运动（1893—1909）	① 政治：新兴资产阶级民主国家的兴起 ② 经济：暴发户和中产阶级的出现，国家经济实力的增强 ③ 物质环境：急速的城市化和新移民使城市环境恶化 ④ 文化：欧洲的再发现，世博会的巨大形象冲击 ⑤ 社会：从无政府主义向帝国主义过渡		
殖民地的城市美化（20世纪初—20世纪30年代）	① 政治：帝国主义和殖民主义者的专制 ② 经济：对殖民地国家的资源掠夺和市场垄断 ③ 物质环境：落后脏乱的殖民地生活环境 ④ 文化：欧美文化的移植 ⑤ 社会：少数白人为中心的社会		
欧洲独裁者的城市美化（20世纪20—30年代）	① 政治：法西斯和纳粹独裁登上舞台 ② 经济：经济快速发展，国家的经济控制 ③ 物质环境：快速城市化时期，城市环境恶化 ④ 文化：优等民族理论的宣扬 ⑤ 社会：民族主义兴起，新秩序的孕育		
中国的城市美化（20世纪80年代至今）	① 政治：新一代城市管理者登上舞台 ② 经济：改革开放带来的经济实力增强 ③ 物质环境：快速城市化时期，城市环境恶化 ④ 文化：重新发现美欧城市 ⑤ 社会：转型时期		

（一）中国城市美化运动产生的背景

考察城市美化运动在中国产生的背景，可以概括为以下几个方面：

第一，城市环境恶化：解放后，近 30 年的城市控制政策，使城市建设滞后，70 年代末至 80 年代初开始，城市人口的急速膨胀，导致城市环境急剧恶化，城市开放空间、城市公共设施、交通设施都严重不足。城市破烂、肮脏，客观上呼唤城市改造与美化。

第二，经济实力增强：改革开放，使中国的城市经济实力大大提高，有了一定财力来进行城市建设。社会主义的中国，如同当年的美国一样，急于向世界展示其建设成就。

第三，追求统一与秩序：不必讳言，中国城市的社会和经济结构正处于转型时期，在充满活力的社会主流下，潜伏着某些不安和混流。社会安定和秩序便成为所有城市管理者的压倒一切的任务。而"城市美化"再次被认为是一味灵丹妙药。

第四，重新发现西方世界：随着国门的逐渐开放，一批批领导和专业人员出国考察、参观。半月至一月的国内参观团已在欧美的旅行社上有了固定的节目，尽管是走马观花，却看到欧美 100 年来城市建设的成就，印象最深的莫过于法国巴黎的香榭丽舍大道和美国的华盛顿中心纪念性绿带，以及欧美各大城市的中心广场、市政及公共建筑，尤其是巴洛克的城市广场、景观走廊、纪念性建筑，以及其他城市美化的遗物。它们给了参观者非常强烈的视觉冲击，而事实上这些纪念性的城市设计本来就是为了让游客参观。因此，它们就理所当然地成为临摹的样板。

第五，追求政绩：年轻一代的城市管理与决策者，正以充沛的精力和强力的事业心登上新时代的舞台，他们急于通过城市形象的改变来显示自己的政绩，树立新的权威。因此，城市中心地段和最引人注目的关键地段的"破烂摊子"便成为靶子。于是乎便有了城市中心广场、城市"景观大道"。

第六，专业人员的软弱无力：大部分城市的专业设计队伍在强劲的城市美化运动中显得软弱无力，甚至推波助澜。一方面因为规划设计和管理部门在市长们的直接领导之下，许多情况下都迫于压力，而只能成为市长们宏伟城市美化计划的绘图工具；另一方面，由于长期缺乏国际交流，专业人员自身的理论与专业修养也有很大的局限性，往往只能模仿国外的照片，许多情况下还是市长们拍回来的图景，来设计想象中的城市景观。所以，实际上是市长在设计城市。

第七，小农意识和暴发户意识，时代局限性：所有以上的背景之所以最终导致目前风行于中国大小城市的城市"美化"形式——追求气派，追求最大、最宽、最长，攀比之风盛行；强调几何图案、金碧辉煌，等等，其根本原因还在于开发商、决策者、欣赏者甚至于专业人员中的意识的局限性，这是时代留给每个人的烙印。中国广大城市基本上都处在一个疾迅的城市化过程中，这种现象和美国100年前的情况很相似，即大量农民进城，一批暴发户出现，而这批暴发户许多又是地产开发商。暴发户的最大特点是经济实力与品位不相称，这就使得城市美化在小农意识与暴发户意识之下发展。

(二) 中国"城市美化"的种种症状及其问题

与历史上的城市美化运动相似，中国的"城市美化"运动的典型特征是为视觉美而设计，为参观者或观众而美化，唯城市建设决策者或设计者的审美取向为美。具体反映在：

(1) "景观大道"

无论是北方大都市，还是南国小城，无论是三峡库区迁址新建的小城，还是具有数千年历史的古城，许多城市都为建设纪念性和轴线性的"景观大道"而大兴土木，竭尽"城市化妆"之能事，强调宽广、气派和街景立面之装饰。这样的大道往往有以下几个问题（图3）：

第一，大道往往同时是作为车流干道来设计的，因此，对行人来说是一道危险的屏障，隔断道路两侧的交通；

第二，这种轴线性的大道，粗暴地划破了原有城市有机体的交流网络和纤细的节理，从而使城市发生结构性破坏，造成功能性的混乱，已引起国内学者注意（方可、章岩，1998）；

第三，这样的宽广大道，往往需拆迁大量居民，耗资巨大；

第四，由于其纪念性的要求，两侧往往要布局大体量公共和文化性建筑，否则，无论从比例、尺度上还是道路的视觉效果上，都很难达到规划设想，而这些建筑很难在短时间内形成，从而在相当长的时段内，"景观大道"实属乌有。

（2）城市广场

曾几何时，兴建城市广场之风在大江南北广大城市兴起，或"中心广场"，或"文化广场"，或"世纪广场"，或"市民广场"。为市民提供一些活动场所本是好事，然而，许多广场往往不是以市民的休闲和活动为目的，而是相反，把市民当作观众，而广场或广

图3　景观大道的典型：上海世纪大道（俞孔坚摄）。

场上的雕塑，或广场边的市府大楼成为主体，整个广场无非是舞台布景。观众是被置于广场之外的，最好在半空之中，否则，广场优美的几何图案便难以欣赏。如同路易从凡尔赛的舞厅窗户可以看到花园最好的图案一样，市府主楼是最好的观景点。广场以大为美，以空旷为美，以大草坪为美，以花样翻新、繁复的几何图案为美；以大理石和抛光花岗岩铺地为美，全然不考虑人的需要、人的安全（图4）。

因此，以"城市美化"为目的的城市广场的兴建可能带来以下几大问题：

第一，空间和社会结构的破坏：如果在城市中心地带，往往拆迁量巨大，投资动辄上亿，并使成千上万人离开故土，迁往新区，社会结构遭到破坏（倪岳翰，1998；谭英，1988；艾丹，1998；董卫，1998；刘阳，1998）。

第二，土地资源的浪费：与其他同样需要城市中心土地的功能

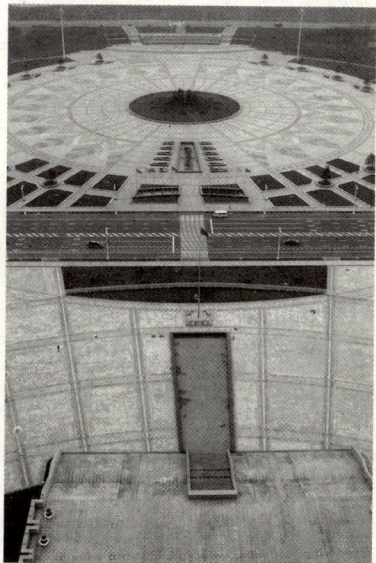

图4　中国北方某城市广场：城市美化运动在中国的体现（俞孔坚摄）。

如商业需要相竞争，造成土地资源的浪费，并使城市的整体有机性受损。

第三，模仿的图案化和形式化的城市广场，往往没有场所性和地方特色，实际上是对城市形象和地方精神的污染，特别在历史文化古城，这一问题尤为突出，并已广泛引起注意（阮仪三，1996；耿宏兵，1996，1999；董明、张琴，1996）。

第四，为广场而广场：由于城市美化的目的是为了展示、纪念及礼仪，而不是功用，因此，在许多城市中，就出现了为广场而广场的现象。也就毫不奇怪在郊外稻田之中会出现一块花岗岩铺地的广场，白天烈日之下是一块连蚂蚁都不敢光顾的"热锅"，夜晚则是华灯下的一片死寂。即使是城市中心的广场，设计者和管理者也往往力图将商业活动、居民的日常生活排斥在外，以追求纯粹的形式美。

第五，金玉堆砌：把材料的价值与广场的质量视为同一，甚至将户外广场当作室内庭堂来做，刨光的花岗岩地面，精雕的汉白玉栏杆，可谓集宫廷之华丽、昂贵之至，却使市民举步维艰，雨雪之后，更成为不敢光顾之地。

（3）城市河道"美化"

在许多城市，河道几乎是一个唯一留存下来的也是最具灵性的自然景观元素了，并且是城市景观与周围景观基质唯一的自然联系通道。然而，遍神州大地，几乎没有一条城市河流是不受污染的，这已是众所周知和关心的问题，因此也是城市美化的一个焦点地段。接下来的问题是，如何治理这些河道？作为一个普遍性的问题，笔者曾以"四乱"概括为：乱填之、乱断之、乱盖之、乱衬之（俞孔坚，1999）。强调不要以单一的美化目的、卫生目的和防洪目的将城市中最具灵气的自然景观元素糟蹋，而应以生态为主线，综合环境保护、休闲、文化及感知需求进行治理

（图 5）。

（4）为美化而兴建公园

城市需要公园和绿地，这本身也是好事。但是，"城市美化"指导思想下的公园建设则是与真正意义上的公园绿地的目标相违背的，这样的公园强调的是纪念性、机械性和形式化、展示性。具体表现在：

第一，为公园而公园：把公园绿地从城市有机体中分割出来，把公园作为有大门、有围墙的城市摆设或"盆景"，不允许其他用地的存在。因此，城市中心地带建公园往往需要动迁居民，拆商铺，封大道，似乎这样，公园才成之为"公园"，才可以做装饰，才可以收门票。而与此同时，在新的居住区和开发区，地产开发商们都在充分利用红线内的每一寸土地，增加建筑面积。于是乎建筑是建筑，广场是广场，公园是公园，居住区是居住区。而事实上，城市绿化的真正意义在于为城市居民提供一种休闲和生活及工作的环境，而不是主题游乐。城市绿地应作为城市所有功能用地的有机组成部分，更确切地说是不同用地功能之间的黏结剂，它是城市景观的生命基质。

第二，人工取代天然：美国园林对世界园林的最大贡献之一是将自然原野地作为公园。而这种先进的思想却往往以"国情"

图 5　典型的城市河道"美化"：缺乏生态与灵性的"美"，北京清河（俞孔坚摄）。

为由，被拒之于千里之外。"玉不琢不成器"的"造园"思想，成为中国"城市美化"中的一大特色。当城市规划将城郊某片山林划为"公园"时，"美化"的灾难便迟早随之降临。随后落叶乔木被代之以"常青树"；乡土"杂灌"被剔除而代之以"四季有花"的异域灌木；"杂草"被代之以国外引进的草坪草种。自然的溪涧被改造成人工的"小桥"流水，自然地形也被人工假山所替代。即所谓公园当作花园用（俞孔坚，1998），把仅有的自然地改造成花园式的公园。更有甚者，为了"美化"，不但将几十年、上百年形成的乡土群落彻底毁掉，还不惜毁掉文化遗产来营造所谓"园林"，最典型的莫过于近年来对圆明园遗址公园的错误整治（图6，图7，图8）。

第三，公园作为展示舞台和旅游点：以造一个旅游点的意识来造公园，已成为许多城市的一个通病。因此，造公园就成了造景，或造娱乐园。似乎没有奇花异木、珍奇古玩就不成其为公园。似乎拍照留影成了建公园的目的。

除此之外，"城市美化"还表现在其他许多方面，包括灯光工程，"雕塑"一条街，"雕塑"公园等等。作为城市艺术，它们在许多方面是有积极意义的，但如果是为追求美化而去"美化"的话，结果会适得其反。

图6　毁掉乡土群落和文化遗产，进行"园林"营造：圆明园遗址公园里轰轰烈烈的造景工程（俞孔坚摄）。

图 7 自然中的乡土野草群落，充满生命与真实的美（南京，俞孔坚摄）。

图 8 自然地变成了"公园"，观赏园艺植物替代原有的乡土群落（南京，俞孔坚摄）。

结语："城市美化"运动，阴魂不散

重蹈历史覆辙，也许是人类的最大悲哀。各国的城市美化运动是如此相似，哪怕是一些细节，如从作为美国城市美化运动之源的芝加哥世博会，到希特勒梦想中的国际博览会，再到中国云南的"世博会"。城市美化阴魂不散。前车之鉴，后者之师。美化城市、改善城市环境和形象本是造福人民功泽后代的事，但如果目的不明，指导思想有偏，结果会适得其反。纵观世界城市"美化运动"之历史，不难看出，中国时下的城市"美化运动"正在走一条发达国家已经走过、并证明弊大于利的老路。而正当发达国家在经历惨痛的教训之后，走上更健康的城市改造和美化之路的时候，我们却在犯同样的历史性错误。本文如能至少在专业人士中唤起注意，站在历史与理论的高度来认识当今中国城市中的"美化运动",并使之能尽快调转船头,少走弯路,则本文的目的也算达到了。城市建设首先应考虑市民和居民的日常生活需要,在功能的目标下去设计美的形式,这才是真的美。

参 考 文 献

Cullingworth, Barry, *Planning in the USA: Policies, Issues and Processes*, Routledge, London, 1997.

Gandelson, Mario, *X-Urbanism: Architecture and the American City*, Princeton Architectural Press, New York, 1999.

Hall, Peter, *Cities of Tomorrow*, Blackwell Publishers, Malden, MA. USA, 1997.

Kostof, Spiro, *A History of Architecture: Settings and Rituals*, Oxford University Press, New York, 1995.

Lai, Richard Tseng-yu, *Law in Urban Design and Planning: the Invisible Web*, Van Nostrand Reinhold Company, New York, 1988.

Mumford, Lewis, *The City in History: Its Origins, Its Transformations and Its Prospects*, A Harvest Book, Harcourt Brace & Company, San Diego, 1961.

Newton, Norman T., *Design on the Land: the Development of Landscape Architecture*, The Belknap Press of Harvard University, Cambridge, MA. USA, 1971.

Pregill, Philip and Volkman, Nancy., *Landscape in History*, Van Nostrand Reinhold, New York, 1993.

Scully, Vicent, *Architecture: the Natural and the Manmade*, St. Martin's Press, New York, 1991.

(美) 艾丹: 居住区改造作为一个文化问题: 从西方的角度看北京的旧城改造,《建筑学报》, 1998, 2: 47—49。

董明、张琴: 对苏州旧城改建的若干认识,《城市规划》, 1996, 3: 13—15。

董卫: 北京危旧房改造中土地使用方面的一些问题研究,《建筑学报》, 1998, 2: 38—40。

方可、章岩: 从"平安大街"改造工程看北京旧城保护与发展中的几个突出问题,《城市问题研究》, 1998, 5: 25—29。

耿宏兵: "旧城更新"学术研讨会综述,《城市规划》, 1996, 1: 10—11。

耿宏兵: 90年代中国大城市旧城更新若干特征浅析,《城市规划》, 1999, 7: 13—17。

刘阳: 北京旧城居住区改造中人工环境与人口迁居的研究,《建筑学报》, 1998, 2: 41—43。

倪岳翰: 当前北京旧城改造中的问题与机遇——丰盛北地区更新改造研究,《城市规划》,

1998，4：42—46。

阮仪三：旧城更新和历史名城保护，《城市规划》，1996，1：8—9。

谭英：由居民搬迁问题引发的对北京危改方式的探讨，《建筑学报》，1998，2：44—46。

吴良镛：关于物质规划的讨论——兼论中国城市规划体系的构成，《吴良镛城市规划设计论文集》，中国建筑工业出版社，1996年，50—59。

俞孔坚：从世界园林专业发展的三个阶段看中国园林专业所面临的挑战和机遇，《中国园林》，Vol. 14，No. 55/1998（1）：17—21。

俞孔坚：谨防城市建设中的"小农意识"和"暴发户意识"，《城市发展研究》，1999，4：52—53。

俞孔坚：城市水系治理之大忌，《城市导报》，1999年7月24日。

张杰：探索城市历史文化保护区的小规模改造与整治——走"有机更新"之路，《城市规划》，1996，4：14—17。

重归人性与故事的地方：
城市公共空间设计*

一、没有设计师的公共场所

没有设计师的公共场所是充满诗意、充满人性和充满故事的。这样的场所出现在 50 万年前山顶洞内的平台上，那时，"北京人"们狩猎回来，在洞内架起篝火，分享着一天的猎获；这样的场所出现在 5000 年前半坡村中心的黄土地上，那时先民们走出各自的草棚，载歌载舞，共庆平安或准备出征捍卫家园；同样，这样的场所出现在克里特岛上的一个不规则楔形平台上，美农王族及大臣们观看来自亚细亚的美女的歌舞；在古罗马的广场上，公民们辩论政治，讨伐不称职的官员。

这样的场所也出现在云南哈尼族村头大树下的磨秋场，在这里少男少女们在竞技嬉戏；在山寨梯田上两条田埂的交会之处，一棵披洒着浓荫的大青树，一脉清流从树下淌过，在那树下的大石头和小石头组成的空间里，在树荫筛下的月光里，青年男女在倾诉衷肠；在村中的水井旁，有一些纵横的条石，一两汪蓄水的石槽，妇女们在提水、洗衣服，男子们抱着竹筒烟枪，在一旁闲坐聊天，偶

---

*　本文核心内容以"城市公共空间设计呼唤人性场所"为题，首次发表于中国建筑学会主编《城市环境艺术》，辽宁科学技术出版社，2002，4—6 页。

尔会给正在从井里提水的漂亮姑娘帮上一把，献一番殷勤。

这样的场所在青藏高原的村头或交叉路旁，围着比村庄更古老的玛尼堆，藏族老人们手摇经桶，在旋转着、祈祷着。那玛尼堆是由一方方刻着经文的石块累就的，那些石块是由路人从远方带来的，都有一段艰辛的经历，同时都带着一个美丽的希望。

这样的场所在江南水乡的石埠头上，小孩们缠着白发老人讲述着关于门前那条河，河上那座桥的动人故事；讲述他少年时的钟爱曾经在此浣纱，红罗裙倒映水中。

这些没有设计师的公共场所却充满着含义。它们是人与人交流的地方，一个供人分享、同欢、看和被看的所在，是寄托希望并以其为归属的地方。离开了人的活动、人的故事和精神，公共场所空间便失去了意义。

现代人文地理学派及现象主义景观学派都强调人在场所中的体验，强调普通人在普通的、日常的环境中的活动，强调场所的物理特征、人的活动以及含义的三位一体性。这里的物理特征包括场所的空间结构和所有具体的现象；这里的人则是一个景中的人而不是一个旁观者；这里的含义是指人在具体做什么。因此，场所或景观不是让人参观的、向人展示的，而是供人使用、让人成为其中的一部分。场所、景观离开了人的使用便失去了意义，成为失落的场所。

我们怀念没有设计师的公共场所，那是浪漫的、自由的、充满诗意的，或是艰辛的、可歌可泣的；那是朴素且具功用的；那是自上而下的，人的活动踩踏和磨炼出来的，根据人的运动轨迹所圈画的；那是民主的，人人都认同，人人参与的物化形态；是人之所以为归属的，刻入人的生命历程和人生记忆的——那随自然高差而铺就的青石板，那暴露着根系的樟树，那深深刻着井绳印记的井圈，还有缺了角的条石座凳。这些场所归纳起来，都有以下几大物质特点：

第一，它们是最实用的，而且能满足多种功用目的。

第二，它们是最经济的，就地取材，应自然地势和气候条件，用最少的劳动和能量投入来构筑和管理。

第三，它们是方便宜人的，人的尺度、人的比例。

第四，它们都是有故事的，而且这些故事都是与这块场所和这块场所的使用者相关的。

所有这些都构成了公共场所的美。美不是形式的，它是体验、是生活、是交流——人与人的交流、人与自然的交流。

二、有了设计师却失去了场所

然而，自从有了设计师之后，那些没有设计师的公共空间的丰富含义似乎便失去了，彻底的或不彻底的。设计师或者为表现自己而设计，或者为他所依附的神权、君权、财权或机器而设计，却忘记了为人——普通人和生活的人而设计。只要简单地回顾一下城市景观的历史，人们实际上很少在为人自己而设计。这里的"人"是指普通的人，具体的人，富有人性的个体，而不是抽象的集体名词"人民"。

（1）唯设计师的设计

以往，建筑及城市设计强调经济、实用、美观，把美与经济和实用割裂甚至对立，而且把美限于"观"。这本身就是个误解。而使设计进一步走入误区的是，当人们把强调美观作为一种社会的进步而位居经济和实用之上时，空洞无味的形式美便日渐风行。于是乎有了小城市里数公顷甚至数十公顷下沉或抬高的广场，有了大小城市中心的轴线式六车道的景观大道；于是有了意大利进口的石材，美国进口的草坪；于是有了巴洛克的图案，欧洲新古典的柱廊和雕塑。设计师，当然是加引号的设计师，总试图将自己心目中的"美"展示给观众，把人当作外在者，而不是内在的生活者和体验者。

（2）为神设计的城市

从5000多年前两河流域最早的城市，到中世纪及文艺复兴之前的欧洲城市，美洲的印加帝国，再到中国的大小城市，城市空间无不围绕教堂庙宇设计，居民屈居于神之脚下。在高耸如云的阿兹特克神坛之上，人是神的牺牲品；无数的庙堂台阶之下，人是神的奴仆。

（3）为君主和权贵而设计的城市

纵观城市发展的整个历史，在大部分时间里，人们都在为君主和权贵设计城市。从北京的紫禁城和各州府衙门，到意大利墨索里尼的罗马再建计划和希特勒的柏林，再到英法殖民主义者在亚、非、拉建设的新城，城市设计无不是权贵们的极权欲、占有欲和炫耀欲的反映。而普通的市民们却在高大的建筑、巨大的广场和景观大道面前，如同不可见的蚂蚁。文艺复兴将人从神权中解放出来，却被带上了君权的桎梏。人同样是祭坛上的牺牲品，或是祭坛下的奴仆。

（4）为机器所设计的城市

工业革命给城市景观带来了深刻的变化。人们似乎征服了自然，挣脱了神的约束，推翻了君主。但人们并没有改变受奴役、被鄙视的地位。人们用自己的双手创造了另一个主宰城市、主宰自己生活的主人——机器。从英国的格拉斯柯，到美国的纽约、底特律、洛杉矶，到中国的上海、北京、沈阳、太原，你会发现似乎所有大城市都曾经或正在为机器而设计，快速和高效是设计的目标，这就是近一个世纪以前，柯布西耶的理想城市模式：快速城市。为了生产的机器，人们设计厂房；围绕厂房，人们布局工人新村。为了汽车的通行，人们拆房破街，并将快速路架过头顶。为了让汽车在"世纪大道"上畅通无阻，人们选择了让人在暴晒或雨雪寒风中漫长地等待，等待机会横穿那危险的屏障。每当看到此景，你会感到人的尊严甚至不如一群横渡溪流的鸭子。

人们生活的全部内容：工作、居住、休闲、娱乐，被解剖成一个个独立功能的零件。城市设计过程中则把这些功能零件加以组合、装配，于是，整个城市本身也成了一个机器。通过交通系统和汽车把这些零件组成一个功能体，而人则再次被忽略了。

所以，纵观城市景观的历史，人们在挣脱了一个旧的枷锁之后，又被套上新的枷锁。直到最近，随着知识经济时代的到来，我们似乎看到人性化时代的曙光。现代城市空间不是为神设计的，不是为君主设计的，也不是为市长们设计的，而是为生活在城市中的男人们、女人们、大人们、儿童们、老人们，还有残疾的人们和病人们，为他们的日常工作、生活、学习、娱乐而设计的。唯设计师的公共场所的设计是富于创造和令人敬佩的；为神圣的或世俗的权威及其代表而设计的城市空间是恢弘的、气派的、令人惊叹的；为机器而设计的空间是快速而高效的。然而，它们离普通人的生活是遥远的、格格不入的。

于是我们感到悲哀，我们为设计师而悲哀，为自己作为设计师而羞耻，为经过设计而呈现在人们面前的"作品"而悲叹：别了，诗意的场所；别了，人性的空间；别了，那故事的地方。然而，我们又不甘心，我们因此呼号。

三、重归人性的场所，找回故事的地方

当设计是为了生活、为了内在人的体验，当设计师成为一个内在者而融入当地人的生活，当设计的对象具有功用和意义时，我们

方可重归人性的场所，找回那故事的地方。为此，设计师应该：

第一，认识人性：人作为一个自然人和社会人，他们到底需要什么。人需要交流，害怕孤独；人需要运动，需要坐下休息；人离不开水，人也爱玩火；人爱采摘和捕获；人需要庇护和阴凉，需要瞭望，看别人而不被别人看到；他需要领地，需要适当尺度的空间；人需要安全，同时人需要挑战；人爱走平坦的道路，有时却爱涉水、踏丁步、穿障碍、过桥梁。同时，人要交流、要恋爱、要被人关注，同时喜欢关注别人……因此需要设计的场所能让人性充分发挥。

第二，阅读大地：大自然的风、水、雨、雪，植物的繁衍和动物的运动过程，灾害的蔓延过程等等，都刻写在大地上，因此大地会告诉你什么地方可以有树木，什么地方可以有水流；大地也会告诉你什么格局和形式是安全与健康的，因而是吉祥的，什么格局是危险和恐怖的，因而是凶煞的。同时，大地景观是一部人文的书：大地上的足迹和道路，门和桥，墙和篱笆，建筑和城市，以及大地上的文理和名字，都讲述着关于人与人、人与自然的爱和恨，人类的过去、现在甚至未来。因此，阅读大地是在认识自然，而更重要的是认识人自己。

第三，体验生活：体验当地人的生活方式和生活习惯，了解当地人的价值观。如果你不到都江堰的江边林下坐上一天，就不明白为什么成都被认为是中国最悠闲的城市；如果你不搭一回北京街上的出租车，就不理解北京作为"政治中心"的含义；如果你不到温州街头走走，你也不知道"全民皆商"的意味；如果你不经历青藏高原的缺氧，也就不能理解为什么这里的人会成为释迦牟尼的选民。只有懂得当地人的生活，才会有符合当地人生活的公共空间的设计。

第四，聆听故事：故事源于当地人的生活和场所的历史，因此要听未来场所使用者讲述关于足下土地的故事，同时要掘地三尺，阅读关于这块场地的自然及人文历史，实物的或是文字的。由此感悟地方精神——一种源于当地的自然过程及人文过程的内在的力量，这是设计形式背后的动力和原因，也是设计所应表达和体现的场所的本质属性。这样的设计是属于当地人的，属于当地人的生活，当然也是属于当地自然与历史过程的。

城市景观是人类欲望和理想在大地上的投影。在近万年的城市发展历程中，人类为摆脱自然力、神权、君权以及自己创造的机器的约束而努力，今天终于走进了一个天地人神和谐的人性化的时代。

回来吧，诗意的场所；回来吧，人性的空间；回来吧，那故事的地方。

论建筑与景观的特色[*]

作为一个建筑或景观设计师，最大的痛苦莫过于甲方或同行的评议专家们要求作品要有特色，更具体地说是所谓民族特色和地方特色。而当我们在苦苦追求这种"特色"或许评判者认为作品已具有这种特色时，实际上特色已同我们擦肩而过。这就是为什么大江南所谓特色的建筑或城市大都不是设计师们的功劳，而那些泛滥成灾的，作为特色来追求的建筑和景观恰恰使我们的城市变得丑陋、杂乱和千篇一律。于是乎追求特色的呼声日益高涨，而设计师们的责任也在日益加重，苦难日渐其深。

在这寻找特色的旅程中，途径之一是在传统中挖掘，似乎从梁思成先生开始就认准了大屋顶的民族特色，直至 20 世纪 80 年代北京城内出现的大量"穿西装"的"瓜皮帽"，并美其名曰"夺回古都风貌"，最近又在许多城市的建筑与景观建设中强调所谓"平改坡"以及给整座城市统一定色调。更有甚者，有人主张将西安古城恢复到明清风格。人们似乎从秦始皇和康熙大帝的城市模式中找到了建筑与景观特色的路子。这不禁使人想起五至八个世纪以前欧洲人从古罗马的废墟中找到了他们认为理想的建筑与城市的模式，

---

   * 本文核心内容以"论建筑与景观的特色"首次发表于杨永生主编《建筑百家言续编——青年建筑师的声音》，中国建筑工业出版社，2003，112—114 页。

也令人想起 19 世纪末美国人又从欧洲腐朽的路易十四等君主们留下的城市中找到了同样的建筑和城市特色：古希腊的柱头和罗马的穹顶，还有白色的石材装饰。尽管这些来自废墟的腐朽不堪的建筑形式并未能在一个民主国家中延续太久，而很快被朝气蓬勃的现代主义风格所抛弃，但他们却如同一个不散的幽灵，时不时在世界各地显形。在 1929 年罗马召开的居住和城市规划联合大会上，墨索里尼号召"在五年时间里，罗马必须向全世界人展现其辉煌与风采——宏伟、规整、强大，如同奥古斯都时代的罗马"（Hall，1997）。墨索里尼同时下令在 Marcellus 剧院和 Capitoline Hill 及万神殿周围创造大片的广场，其他所有围绕它们的、不属于罗马繁荣时代的建筑全部清除。所幸的是，传统的有机和混乱、多方的牵制，加上官员们的腐败，使规划未能付诸实施，罗马得以幸存。同欧美寻求城市与建筑特色路程一样，来自中国农业时代的和充满封建腐朽烙印的建筑与城市设计仍在不断以"传统"的名义和"优秀"的姿态干扰着新一代的设计师们的创造。

当 Rudofsky Bernard 向西方世界公开了"没有建筑师的建筑"（1964）时，实际上已向苦苦追求个性与特色的设计师们提出：特色本来并不需要设计师创造，中国丰富多样的地方建筑也说明了这一点。在没有设计师的时代里，地球的每个角落，每寸土地上都有自己的建筑风格和特色。特色，来源于生活，来源于本来就是不同的土地和那方土地上不同的天空和自然过程。本质上讲，特色的建筑就是人为了生活而对土地及其自然过程的适应方式，而且是此时此地人在现有的技术条件下的一种适应方式。而这种方式一定是最经济的，或者就是最生态的。因为经济和生态本来就是一回事，用 Worster 的话说，生态就是自然的经济（nature's economy）。所以，归结起来，我们可以将建筑的特色在四维时空中加以定义，由它的地域特色和时代特色两部分所构成，具体讲：

建筑的特色=F（此时此地人的生活方式，此时此地的土地及其过程，此时此地的技术条件，生态原则），其中：

生活方式，是在特定价值体系、伦理道德及法律所影响及规范下的人的日常行为模式。显然，随着社会的发展和进步，人们的生活方式是不断变化的。我们不能期望现代人像小农经济时代的人那样四代同堂，日出而作日落而休；也不能指望现代都市人的生活仍然跟从晨钟暮鼓的节奏。那么，我们又怎么能让四合院和胡同来适应现代人的生活方式呢？在对过往生活方式的怀旧情感中沉湎于过去的建筑形式，忘记了现代生活方式的需求，使我们的设计失去了时代的特色。但不管时代如何变迁，人们的生活方式如何改变，人总是离不开土地及土地上的过程，因此，我们必须讨论决定特色的另一个重要因素：

土地格局和自然过程，前者包括山水及自然资源的分布状态，后者则包括生物与非生物的流，诸如风的过程、水的过程及动物的运动和植物的生长。古代人们曾通过占地术，即通过阅读大地的肌理或格局，通过辨析自然过程，甚至跟踪动物的运动轨迹来取得建筑对自然力的适应，在中国甚至直接用两种最主要的自然过程（风与水）来命名这种占地术，最终使建筑认同于所在的土地及其土地上的自然过程。而正是这种认同，才使建筑有了地域的个性，有了地域的特色。现代地理学、水文学、生态学、景观生态学及遥感和地理信息系统技术在城市及景观规划设计中的应用，本可以使设计师对土地的格局及其过程比我们的祖先理解得更加透彻，从而使我们的设计更具有地域的特色。无论古代和现代，土地的格局和过程都是相对稳定的。只要承认土地是有空间分异的，那么，潜在的建筑和景观的地域特色应该是永恒的。只是在不同技术条件下，这种地域特色会有不同的表现，所以，这就必须涉及影响特色的另一个变数：

技术，技术在建筑特色的形成过程中是一把双刃利剑。一方面，技术是社会发展的反映和动力，技术改变了人们的生活方式，技术也决定了人们认识和利用土地及其过程的效率，决定了建筑认同于土地及其过程的方式。所以，从积极的方面来讲，建筑和景观本身是特定技术的体现，技术使建筑和景观具有特色。而另一方面，新的技术有可能使人们摆脱对特定自然过程的依赖和利用。我们往往自恃有现代技术，而不屑于对土地及其过程进行细心阅读，用空调替代对空气的利用，用强壮的地基和墙体来阻抗风与水流的过程，用电灯来取代自然光的利用，用外来的水泥和瓷砖替代当地的土、石和生物材料。从而使建筑失去了在天地中的定位，也失去了对土地的认同，因而失去了设计的地域特色。所以，要使技术对特色有积极的贡献，我们不得不依赖于形成建筑与景观特色的一个本质性的限制条件，那就是：

　　生态性，在技术"万能"的时代，生态性原则是最终决定建筑是否具有时代和地域特色的试金石。为了实现一个同样的目的，是否能用最少的能源和资源的投入来获得同样或更好的效果，同时对环境的负面影响更小，这便是生态原则的精髓。而至于这个"同样"的目的是否合理，则取决于此时此地的人的价值观以及这种价值观下的生活方式。如，为了实现同样的舒适度，设计师可以通过全封闭建筑加上人工的集中空调和照明系统来实现，也可以采用更简单的自然通风和光照来解决，差别就在于前者是不生态的，而后者是生态的。那么，基于后者的设计特色是有意义的，而基于前者的设计特色是空洞和没有意义的。在这里，生态性优先于单纯基于技术而决定的形式的特色。进一步讲，如果设计不仅用直接的途径充分利用了自然过程和能源，同时能用现代技术更高效地利用和转换自然过程和能源，如利用风和水来发电，收集太阳能来加温或制冷等，从而使人类为满足生活需要而对环境带来的冲击减少，那么，技术强化了设计的生态性，由此而形成的特色是有意义的，它会同时具有时代性和地域性。

从这个意义上讲，我们曾经或正在热衷倡导的所谓民族特色，或传统风格，乃是用彼时所能得到的技术条件，来适应和利用彼时的土地与自然过程，来满足彼时人的生活方式的结果，而不是现代技术和现代生活方式的反映，这种特色除了作为历史文化遗产加以保护或开发旅游功能外，并没有现实生活的意义。同样，商家、决策者或者设计师们所趋之若鹜的欧陆风格，以及各种打着高科技名义的豪华建筑，本质上是彼时彼地人，或此时彼地人的生活方式和技术条件下的设计，而非此时此地人的生活方式和此时的土地及其过程的反映。

阅读和尊重地方的土地和自然过程，利用现代技术实现生态化的设计形式，来满足现代中国人的生活方式，这是中国的建筑与景观特色之路。

参 考 文 献

Hall，Peter，*Cities of Tomorrow*，Blackwell Publishers，Malden，MA. USA，1997.

Rudofsky，Bernard，*Architecture without Architects*，University of New Mexico Press，1964.

Worster，Donald，*Nature's Economy*，*a History of Ecological Idea*，Cambridge University Press，1994.

可持续景观*

引言： 可持续环境与发展作为景观设计学的战略主张

1972 年 6 月 16 日，联合国在斯德哥尔摩召开了第一次人类环境会议，并通过了联合国《人类环境宣言》。整整 20 周年后，1992年 6 月 3 日在巴西里约热内卢召开了第二次世界环境与发展会议，会议通过了《里约环境与发展宣言》、《21 世纪议程》等重要文件，并开放签署了联合国《气候变化框架公约》、联合国《生物多样性公约》，充分体现了当今人类社会可持续发展的新思想。随后，可持续的理念便渗透到各个领域。景观设计领域更不例外，1993 年10 月，美国景观设计师协会（ASLA）就发表了《ASLA 环境与发展的宣言》，提出了景观设计学视角下的可持续环境和发展理念（ASLA，1993），呼应了《可持续环境与发展宣言》中提到的一些普遍性原则，包括：人类的健康与富裕，其文化和聚落的健康和繁荣是与其他生命以及全球生态系统的健康相互关联、互为影响的；我们的后代有权利享有与我们相同或更好的环境；长远的经济发展以及环境保护的需要是互为依赖的，环境的完整性和文化的完整性必须同时得到维护；人与自然的和谐是可持续发展的中心目的，意

＊　本文首次发表于《城市环境设计》2007 年 1 期，7—12 页，与李迪华合撰。

味着人类与自然的健康必须同时得到维护；为了达到可持续的发展，环境保护和生态功能必须作为发展过程的有机组成部分，等等。

作为国际景观设计领域最有影响的专业团体，ASLA 提出：景观是各种自然过程的载体，这些过程支持生命的存在和延续，人类需求的满足是建立在健康的景观之上的。因为景观是一个生命的综合体，不断地进行着生长和衰亡的更替，所以，一个健康的景观需要不断再生。没有景观的再生，就没有景观的可持续。培育健康景观的再生和自我更新能力，恢复大量被破坏的景观的再生和自我更新能力，便是可持续景观设计的核心内容，也是景观设计学的根本的专业目标。

《ASLA 环境与发展宣言》还提出了景观设计学和景观设计师关于实现可持续发展的战略，这些战略包括：

（1）有责任通过我们的设计、规划、管理和政策制定来实现健康的自然系统和文化社区，以及两者间的和谐、公平和相互平衡；

（2）在地方、区域和全球尺度上进行的景观规划设计、管理战略和政策制定必须建立在特定景观所在的文化和生态系统的背景之上；

（3）研发和使用满足可持续发展和景观再生要求的产品、材料和技术；

（4）努力在教育、职业实践和组织机构中，不断增强关于有效地实现可持续发展的知识、能力和技术；

（5）积极影响有关支持人类健康、环境保护、景观再生和可持续发展方面的决策制定、价值观和态度的形成。

ASLA 强调，这些战略应体现在专业工作中的每一个环节，体现在职业道德、专业修养、专业咨询和志愿者的活动中。

作为全球性的专业组织，国际景观设计师联盟（IFLA）和联合国教科文组织于 2005 年 8 月发表了最新的《国际景观设计教育宪章》（IFLA，2005），其中声明：面对这个快速世界，我们景观设计师必须对未来的景观负责，我们相信，任何影响户外环境的创造、使用和管理的行为和事物都将对人类的可持续发展和利益带来重要影响。我们有责任通过改进教育，培养未来景观设计师，使他们在自然和文化遗产背景下，创造可持续的环境。

可以说，面对一个危机四伏的环境，景观设计学比其他任何一个时代，也比其他任何一个学科都更有责任来通过我们对户外空间的规划设计、保护和管理，回归一个可持续的地球；面对人类的生存危机，景观设计更是一门生存的艺术（Yu，2006；俞孔坚，2006）。

一、理解可持续景观及可持续景观设计

从 ASLA 的可持续景观概念出发，我们可以分解为以下几个层面来理解可持续景观：

（1）生命的支持系统：景观是生态系统的载体，是生命的支持系统，是各种自然非生物与生物过程发生和相互作用的界面，生物和人类自身的存在和发展有赖于景观中的各种过程的健康状态。如果把人与其他自然过程统一来考虑，那么景观就是一个生态系统，一个人类生态系统。

（2）生态服务功能：如果从生命和人的需求来认识景观，那么景观的上述生命支持功能，就可以理解为生态系统的服务功能，诸如提供丰富多样的栖息地，食物生产，调节局部小气候，减缓旱涝灾害，净化环境，满足感知需求并成为精神文化的源泉和教育场所，等等（Costanza，1997；Daily，1997）。

（3）可再生性与可持续性：无论对自然生命过程还是人类来说，景观能否持续地提供上述生态服务功能，取决于景观能否自我更新和具有持续的再生能力。

（4）可持续景观设计：基于以上几点，可以说，景观设计就是人类生态系统的设计（design for human ecosystem，Lyle，1985）；可持续景观的设计本质上是一种基于自然系统自我更新能力的再生设计（regenerative design，Lyle，1994），包括如何尽可能少地干扰和破坏自然系统的自我再生能力，如何尽可能多地使被破坏的景观恢复其自然的再生能力，如何最大限度地借助于自然再生能力而进行最少设计（minimum design）。这样设计所实现的景观便是可持续的景观（sustainable landscape，Thayer，1989，1993）。

尽管我们目前没法定量地断定什么样的景观是可持续景观（也正是因为"可持续"概念的这种含糊性，许多人反对使用这个词），但我们至少可以说某种"可持续性的景观"应该具备的某些基本特征，如：

在对非生物的自然过程的影响上，可持续景观有助于维持地上和地下水的平衡，能调节和利用雨洪；能充分利用自然的风、阳光；能保持土壤不受侵蚀，保留地表有机质；避免有害的或有毒材料进入水、空气和土壤；优先使用当地可再生和可循环的材料，包括石材、植物材料、木材等，尽量减少"生态足迹"和"生命周期耗费"。

在对生物过程的影响上，可持续景观有助于维持乡土生物的多样性，包括维持乡土栖息地生境的多样性，维护动物、植物和微生物的多样性，使之构成一个健康完整的生物群落；避免外来生物种类对本土物种的危害。

在对人文过程的影响上，可持续景观体现出对文化遗产的珍重，维护人类历史文化的传承和延续；体现出对人类社会资产的节约和珍惜；创造出具有归属感和认同感的场所；提供关于可持续景观的教育和解释系统，改进人类关于土地和环境的伦理。

所以，一个可持续的景观是生态上健康、经济上节约、有益于人类的文化体验和人类自身发展的景观（包括教育启智、审美、场所感、公平性、人在自然系统中的自我意识）。

二、可持续景观之路

尽管现代科学意义上的可持续景观设计的思想是最近几十年发展起来的，但明智地利用景观格局和过程来获得人类自身永续生存与发展的认识，至少在中国已有数千年的历史。早在先秦时代，基于生存的经验，我们的祖先很早就懂得"斧斤以时入山林，材木不可胜用也"（《孟子·梁惠王上》）；"竭泽而渔，岂不获得？而明年无鱼；焚薮而田，岂不获得？而明年无兽"（《吕氏春秋·义赏》）。这种"天地人和"的"三才"思想是建立在对广义农业生产的"时宜"、"地宜"、"物宜"的经验认识之上的，在此基础上再进行"人力"的调配或干预。体现这些可持续思想的技术和实践，正是中国先民实现世泽绵延的生存艺术。

我们看到先民是如何在海拔 2000 多米的高山上开辟起梯田，并涵养水源，形成延续千年的梯田景观；我们看到先民是如何农林间种，作物套种，稻田养鱼，以充分利用有限的土地和阳光及水资源，来获得最大的收益；我们看到，先民是如何用最简单的技术，低作石堰，在利用人所需要的水利的同时，对自然和生物过程施以最少的干预，才有了像灵渠和都江堰这样的持续两千年不衰的水利景观；我们看到先民是如何收集起房顶的每一滴雨水，四水归堂，在干旱的山区，世代繁衍；我们也看到，先民如何保留和利用城市中的坑塘养鱼蓄水，减避洪涝之灾，而得以在旱涝频繁的黄河流域安然持续成百上千年。

上述这些生存艺术都是我们当代景观设计师应该总结和继承的。现代生态学的思想和理论及实践研究成果，新技术和新材料的层出不穷，为我们设计可持续的景观提供了前所未有的机会。景观与城市的生态设计原理和技术，无疑是实现可持续景观的必要、也是有效的途径，关于这方面，笔者已有过较为系统的论述（俞孔坚等，2001），提出了景观及城市生态设计的几条基本原理，包括设计必须遵循地方性，保护与节约自然资本，让自然做功和显露自然等，在此不再赘述。更多的参考资料包括：Van der Ryn 和 Cowan（1996）、da Cunha（1997）等提出的生态设计原理；Lyle 等提出的人类生态系统设计和再生设计原理（1985，1994），Thayer 等提出的可持续景观和视觉生态原理以及生态城市的原理（1989，1993）；以及最近国内已翻译出版的 Melby 和 Cathcart 的《可持续性：景观设计技术》（2005）。

在上述基本原理和方法、技术的基础上，本文从景观设计学的核心对象和专业内容以及景观设计从业范围出发，从景观的规划、设计、工程实施及管理各个层面来讨论可持续景观实现的途径：

（1）可持续的景观格局：从整体空间格局和过程意义上来讨论景观作为生态系统综合体的可持续——通过判别和设计对景观过程具有关键意义的格局，建立可持续的生态基础设施；

（2）可持续的生态系统：把景观作为一个生态系统，通过生物与环境关系的保护和设计以及生态系统的能量与物质的循环再生的调理，来实现景观的可持续——利用生态适应性原理，利用自然做功，维护和完善高效的能源与资源循环和再生系统；

（3）可持续的景观材料和工程技术：从构成景观的基本元素、材料、工程技术等方面来实现景观的可持续——包括材料和能源的减量、再利用和再生。

（4）可持续的景观使用：从经济和社会学意义上来说，景观的使用应该是可持续的；同时，通过景观的使用和体验，教育公众，倡导可持续的环境伦理，推动社会走一条可持续发展的道路。

关于最后一点，限于篇幅，不在此展开讨论，本文只就上述前三个层面进行讨论。

（一）可持续的大地景观格局：生态基础设施

景观是一系列生态系统的综合体，需要从空间格局和水平过程来认识，这些水平过程包括风的过程、水的过程、生物迁徙、人的空间运动等等。这些过程的健康和可持续性，直接受到景观格局的影响。

在大地景观这样一个生命的有机体中，有些空间位置、景观元素以及局部要素对景观中的各种过程，包括生物过程和非生物过程以及人文过程具有至关重要的战略意义，它们维护着这些过程的景观安全格局（Yu，1995，1996）。多个过程的景观安全格局构成了景观的生态基础设施（ecological infrastructure，简称 EI），他是维护生命土地的安全和健康的空间格局，是景观能持续地提供自然服务（生态服务）的基本保障。它不仅包括习惯的城市绿地系统的概念，而是更广泛地包含一切能提供上述自然服务的城市绿地系统、林业及农业系统、自然保护地系统。生态基础设施建设的一个核心理念是通过维护整体自然系统的结构和功能的完整和健康，以保障景观能提供全面的、持续的生态服务功能（俞孔坚、李迪华，2001，2003）。

城市和区域的 EI 建设可以通过缜密的过程分析和模拟，来获得景观安全格局，进而整合为具有综合功能的景观空间格局（即 EI）。景观安全格局途径试图在理论和方法上解决一般性的、对景观过程具有战略意义的空间格局的判别问题，以维护景观过程特别是生态过程的健康和安全。大量以往的科学研究成果特别是景观生态学的研究成果，已经为我们提供了许多直接可以信赖的知识，有助于我们从土地现状中，判别对景观过程有重要意义的景观元素、空间位置、格局和状态。这些景观元素和格局同样成为构建区域和城市生态基础设施的重要元素。基于此，我们曾提出生态基础设施建设的一些关键战略（俞孔坚、李迪华，2001，2003），它们包括：

（1）维护和强化整体山水格局的连续性和完整性；

（2）保护和建立多样化的乡土生境系统；

（3）维护和恢复河流和海岸的自然形态；

（4）保护和恢复湿地系统；

（5）将城郊防护林体系与城市绿地系统相结合；

（6）建立无机动车绿道；

（7）建立绿色文化遗产廊道；

（8）开放专用绿地，完善城市绿地系统；

（9）溶解公园，使其成为城市的生命基质；

（10）溶解城市，保护和利用高产农田作为城市的有机组成部分。

这是景观战略，是维护土地上的自然和生命过程的基本需要，也是人类可以获得可持续的生态服务的需要。在中国快速的城市扩张，以及当前如火如荼的新农村建设中，上述这些对土地生命过程具有战略意义的景观元素和空间结构正在迅速消失，从而对大地景观的可持续性带来不可挽回的损害，因此，笔者及合作者提出"反规划"途径，优先规划和建设生态基础设施，并将其作为城市空间扩张的框限（图1，俞孔坚等，2005）。

（二）可持续的生态系统：保护和恢复景观的再生能力

一片森林，一条溪流，一个池塘，一块湿地，一个庭院，一片草地，甚至一个广场，都是一个生态系统。在这样的生态系统中，生存着自然和生物元素，它们之间发生着物质、能量和信息的联系。在人缺席的情况下，一个可持续的自然生态系统以太阳能作为动力源，通过生物链以及生物与环境间的物质和能量的利用、循环和转化，维持着系统的平衡，并不断进化。人的介入，对自然系统产生干扰，使自然系统的可持续性受到影响。

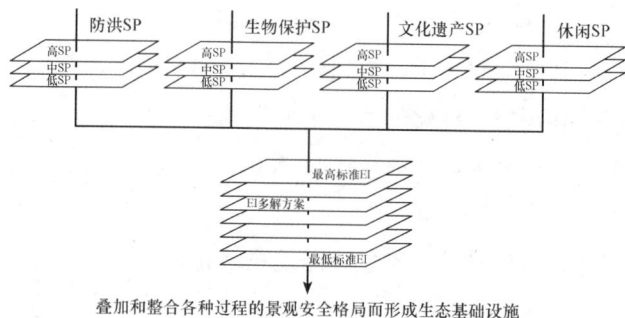

防洪SP　　　生物保护SP　　　文化遗产SP　　　休闲SP

高SP　　　　高SP　　　　高SP　　　　高SP
中SP　　　　中SP　　　　中SP　　　　中SP
低SP　　　　低SP　　　　低SP　　　　低SP

最高标准EI

EI多解方案

最低标准EI

叠加和整合各种过程的景观安全格局而形成生态基础设施

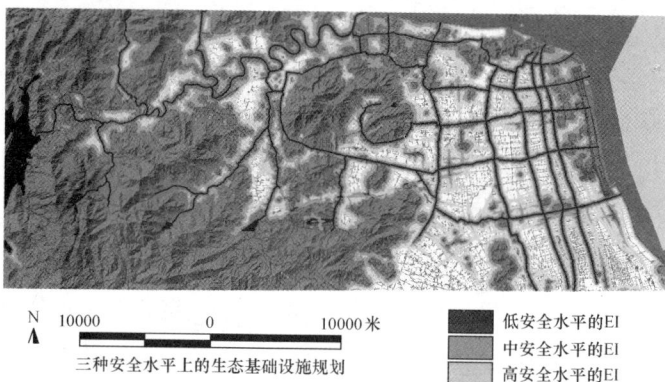

N　10000　　　　0　　　　10000 米

三种安全水平上的生态基础设施规划

低安全水平的EI
中安全水平的EI
高安全水平的EI

图1 通过"反规划"建立生态基础设施（EI），实现大地景观的可持续：台州案例。EI是通过将洪水安全格局、生物保护安全格局、文化遗产保护安全格局以及游憩景观安全格局整合而成的。根据安全水平的不同，形成低、中、高三种EI方案。它们将指导城市空间扩展并成为城市空间形态的基本框限（俞孔坚等，2005）。

景观作为生态系统，其可持续性受以下几个方面的影响：

（1）生物物种和生态过程的多样性和复杂性：一个由复杂动植物和微生物所构成的生物群落和复杂的物质和能量转化及循环过程所构成的生态系统，比只有单一物种和简单的生态过程构成的系统更具有可持续性。在目前城市建设过程中，人们经常看到以美化的名义，将丰富的山林和河流生态廊道"整治"，并代之以鲜花和观赏树木，用简单的人工群落代替原生的、复杂的自然群落，导致景观的可持续性降低。

（2）生物与环境的适宜性：简单讲就是保护和运用乡土物种。由于长期与当地环境相适应和同步进化，使乡土物种更能适应环境并发挥生态功能。就物种本身来说，由于良好的水热、土壤条件和天敌的缺席，使许多外来物种可能非常适宜于在异地生长繁衍，如来自澳洲的桉树在中国南方到处繁衍，但必须认识到，这些物种的入侵对生态系统的再生能力是具有破坏作用的，如桉树的大面积繁衍，形成桉树的单一种群，导致本地植物消失，并且使土壤肥力迅速下降，使土地的再生能力遭到严重破坏。

（3）人的干扰和人工物质的可同化和降解的程度：在景观的建设和维护过程中，在满足人的使用目的时，尽量使人的干扰范围和强度达到最小，这是景观设计师所必须具备的基本职业伦理。所使用的材料和工程技术应该尽量不对自然系统中的其他物种和生态过程带来损害和毒害。如在河北汤河公园的设计中，设计者和建造师们用最少的人为干扰，在完全保留自然河流生态廊道的基底上，引入了一条"红飘带"，将所有城市设施包括步道、座椅、灯光和环境解说系统整合其中，在最大限度地保留自然生态系统的同时，获得了最大程度的"城市化"（图2）。

如果我们的景观设计和建设及管理过程都能关照景观作为一个生态系统的自我再生能力，我们的景观就有望离可持续性更近些。

图2 最少的人工干预获得最大的城市化效果：秦皇岛汤河公园，绿茵中的红飘带（土人设计，曹阳摄）。

在以下三种情况下，人类干扰下的生态系统可以被认为是可持续的：

第一，人的干扰在自然系统的可承受范围内，不足以导致系统的再生能力衰退的情况。典型的例子是广西灵渠和四川的都江堰，它们都是2000多年前中国可持续水利工程景观的典范，使用至今。它们都是用最简单的技术，低做堰，而不是高做坝，既满足了人对水利的利用，又没有阻碍水的流动，也没有切断鱼的洄游通道，没有破坏河流下游的生态系统，并且是美的景观。相反，横跨于中国和世界大江大河上数万座的拦水大坝则是典型的不可持续的景观，因为，它们是杀鸡取卵式的获取水利，而大量鱼类因此绝种，并给整个河流生态系统带来破坏。

第二，通过人类的干扰使生产力大大提高，同时不破坏自然生态系统的再生能力。有机农业便可以被认为是这样的可持续景观。云南的元阳梯田、珠江三角洲的桑基鱼塘都是这样的典型。大量使用化肥、除草剂和杀虫剂则导致生态系统的可持续性下降。

第三，通过人的干扰，使被破坏的自然系统的再生能力得以恢复。典型的例子包括棕地（brow field）和采矿区的恢复，通过景观设计，使过去备受污染和破坏的产业基地的自然生态系统得以恢复。德国的鲁尔钢铁厂，中国的岐江公园都是这样的典型（图3）。景观设计正在和已经成为这个领域的主力军，大量专业知识正在迅速得到积累（Brown，2001；俞孔坚、庞伟，2002，2003；Kirk-wood，2006）。裁弯取直和硬化的河流、被围垦的湿地湖泊，也是最常见的自然系统受到破坏的景观，景观设计通过重建和恢复自然河流和湿地系统，开启和加速自然系统的再生能力，实现可持续景观。浙江台州永宁公园便是这样的案例，它把一个以防洪为单一目的的硬化河道，用最经济的途径，恢复重建为充满生机的现代生态与文化游憩地（图4，俞孔坚等，2005）。

图3 中山岐江公园：棕地的生态恢复和再生（土人设计，李津逵摄）。

图4 浙江永宁公园对被硬化的河道的生态恢复（土人设计，俞孔坚摄）。

（三）可持续的物质和能源使用和工程技术：节约的景观

景观建造和管理过程中的所有材料最终都源自地球上的自然资源，这些资源分为可再生资源（如水、森林、动物等）和不可再生资源（如石油、煤等）。要实现人类生存环境的可持续，必须对不可再生资源加以保护和节约使用。但即使是可再生资源，其再生能力也是有限的，因此对它们的使用也需要采用保本取息的方式而不是杀鸡取卵的方式。景观建造和管理过程中所使用的能源也是如此。

最近，建设部组织召开了全国节约型园林绿化现场会，反思过去城市园林绿化中的浪费之风，大力倡导节约型园林绿化模式。会上仇保兴副部长发表了"开展节约型园林绿化，促进城市可持续发展"的讲话，提出节约型城市园林绿化就是"以最少的用地、最少的用水、最少的财政拨款，选择对周围生态环境最少干扰的绿化模式"。强调必须从科学发展观、建设节约型社会的政治高度，从中国国情特别是目前面临的严峻的人地关系的客观事实和危机意识，以及从建设和谐社会和城市居民的切身利益出发，来认识和开展节约型园林绿化（仇保兴，2006）。所谓节约，最终体现为"3R"原则，即：

（1）减量（reduce），尽可能减少包括能源、土地、水、生物资源的使用，提高使用效率。景观设计中如果合理地利用自然的过程如光、风、水等，则可以大大减少能源的使用。新技术的采用往往可以数以倍计地减少能源和资源的消耗。城市绿化中即使是物种和植物配植方式的不同，如林地取代草坪，地带性树种取代外来园艺品种，也可大大节约能源和资源的耗费，包括减少灌溉用水、少用或不用化肥和除草剂，并使植物能自行繁衍。不考虑维护问题的城市绿化，无论其多么美丽动人，也只能是一项非生态的工程。

（2）再用（reuse），利用废弃的土地、原有材料，包括植被、土壤、砖石等服务于新的功能，可以大大节约资源和能源的耗费。

（3）再生（recycle）。在自然系统中，物质和能量流动是一个由"源—消费中心—汇"构成的、头尾相接的闭合环流，因此，大自然没有废物。而在现代城市生态系统中，这一流动是单向不闭合的。因此在人们消费和生产的同时，产生了垃圾和废物，造成了对水、大气和土壤的污染。

在所有关于物质和能量的可持续利用中，水资源的节约是景观设计当前所必须关注的关键问题之一，也是景观设计师最能发挥其独特作用的一个方面。面对中国城市普遍存在的水资源短缺，洪涝灾害频繁，水污染严重，水生栖息地遭到严重破坏的现实，景观设计师可以通过对景观的设计，从减量、再用和再生各个方面，来缓解中国的水危机。具体内容包括通过大量使用乡土和耐旱植被，减少灌溉用水；通过将景观设计与雨洪管理相结合，来实现雨水的收集和再用，减少旱涝灾害；通过利用生物和土壤的自净能力，减轻水体污染，恢复水生栖息地，恢复水系统的再生能力，等等。

中国巨大的人口压力和有限的土地资源，意味着土地资源的节约、再利用和再生将是中国实现可持续发展的关键战略，对此，景观设计学这门关于土地及土地上的物体的分析、规划设计、保护、恢复和管理的学科，有责任对中国的土地危机作出应对，并将土地的可持续利用作为学科的重要内容。从 1998 年到 2003 年，由于城市扩张，特别是大量的大学城、科技园和开发区的建设，使全国的耕地面积减少 1 亿多亩，粮食的播种面积减少 2 亿亩。截至 2003 年12 月的统计，全国已建和在建大学城有 54 座，它们小则几平方公里，大则几十平方公里。土地的挥霍和粮食安全问题已成为国家的头等大事。我们看到多少崭新的校舍在原有的高产农田中拔地而起，鲜花和修剪整齐的草坪替代了稻作和麦苗，宽广的马路和光洁的广场铺装替代了田埂水渠。在这个有史以来最大规模和最快速的土地和人口的"非农"化过程中，我们不但抛弃了农人对土地的珍惜情结，甚至连士大夫对田园的审美意识也没有，有的只是暴发户式的挥霍和铺张。也只有在这个背景上来认识沈阳建筑大学校园的稻田景观，才具有真正的意义。在这个新校园里，设计者用东北稻作为景观素材，设计了一片校园稻田。在四时变化的稻田景观中，分布着一个个读书台，让稻香融入书声。用最普通、最经济而高产的材料，在一个当代校园里，演绎了关于土地、人民、农耕文化的耕读故事，诠释了可持续景观的理念，也表明了设计师在面对诸如土地生态危机和粮食安全危机时所持的态度（图 5）。

"节约"反映了一种新的土地伦理、新的景观审美观和价值观，是实现可持续景观的一条根本出路。

图 5 丰产的景观：沈阳建筑大学校园稻田（土人设计，曹扬摄）。

结语

可持续的景观可以定义为具有再生能力的景观，作为一个生态系统它应该是持续进化的，并能为人类提供持续的生态服务。人们常说，可持续的环境和发展必须"放眼世界，行于足下"（think globally，act locally），而景观正是"行于足下"的立足点，是实现可持续地球环境的一个可操作界面。在这个界面上，各种自然过程和生物过程产生并相互作用，从区域景观中的风、水和生物迁徙、城市扩张、灾害蔓延等水平过程，到一个具体景观斑块（生态系统）如森林、湖泊、公园中的生物群落和生物与环境的相互作用关系，都会因为景观格局和结构的改变而发生变化。所以，从区域景观的规划，到场地尺度的景观设计，直到景观中材料的使用和人类活动方式的设计，都将影响不同尺度上景观系统的状态。通过保护、设计和管理可持续的景观，实现地球环境的可持续和人类的可持续发展，是景观设计学的核心，也是每个景观设计师不可推卸的责任。

参 考 文 献

ASLA, *ASLA Declaration on Environment and Development*, adopted unanimously by the ASLA Board of Trustees in Chicago, Illinois, October 2, 1993. www. ASLA. org.

Brown B. J. , Reconstructing the Ruhrgebiet, *Landscape Architecture*, 2001, April: 66—75.

Costanza, R. and H. E. Daily, Natural Capital and Sustainable Development, *Conservation Biology*, 1992 (6): 37—46.

da Cunha, D. , Ecological Design, *Landscape and Urban Planning*, 1997 (37): 269—271.

Daily, Gretchen. C. , Introduction: What are Ecosystem Services? *Nature's Services*, Island Press, Washington, D. C. , 1997.

IFLA, *IFLA/UNESCO Charter For Landscape Architectural Education*, Final Draft, August 15, 2005.

Lyle, J. T. , *Regenerative Design for Sustainable Development*, John Wiley & Sons, Inc, 1994.

Lyle, John, *Design for Human Ecosystem*, Van Nostrand Reinhold, 1985.

Thayer, Jr. R. , The Experience of Sustainable Landscapes, *Landscape Journal*, 1989, Fall: 101—111.

Thayer, R. L. , Jr. , *Gray World, Green Heart: Technology, Nature, and the Sustainable Landscape*, John Wiley & Sons, Inc, 1993.

van der Ryn, S. and Cowan, S. , *Ecological Design*, Island Press, Washington D. C. , 1996.

Yu, K. J, The Art of Survival: Recovering Landscape Architecture, 43rd IFLA World Congress and 2006 ASLA Annual Conference, Yu and Poduar (editors), *The Art of Survival*, 2006.

Yu, K. J. , Security Patterns and Surface Model and in Landscape Planning, *Landscape and Urban Plan*. 1996, 36 (5): 1—17.

仇保兴：开展节约型园林绿化 促进城市可持续发展——在全国节约型园林绿化现场会上的讲话，2006 年 8 月 17 日。

俞孔坚、李迪华、潮洛蒙：城市生态基础设施建设的十大景观战略，《规划师》，2001，6：9—13。

俞孔坚、李迪华、韩西丽：论"反规划"，《城市规划》，2005，9：64—69。

俞孔坚、李迪华：景观与城市的生态设计：概念与原理，《中国园林》，2001，6：3—10。

俞孔坚、李迪华：《城市景观之路——与市长们交流》，中国建筑工业出版社，2003。

俞孔坚、庞伟：理解设计：中山岐江公园工业旧址再利用，《建筑学报》，2002，8：47—53。

俞孔坚：生存的艺术：定位当代景观设计学，《建筑学报》，2006，10：39—43。

俞孔坚、刘玉杰、刘东云：河流再生设计——浙江黄岩永宁公园生态设计，《中国园林》，2005，5：1—7。

城市的生态与人文理想*

    非常荣幸有机会把这几年来我的一些思考，特别是实践中得出的一些认识，与各位部长交流一下。大家手头的那本书叫做《城市景观之路——与市长们交流》。下面讲完以后，我恐怕还须写一本书叫《与部长交流》。就是说，我特别愿意跟在座的各位交流，因为你们的一个观念，你们的一个决策可能会改变中国。你们的观念在中国社会发展的这个阶段，尤其重要。

    我要谈两个方面的理想，一个是人文的，即到底我们需要有什么样的人的城市？第二个是生态的，即怎样建设一个生态健康的城市？我的报告有一个副标题：续唱新文化运动之歌。这个副标题取自我发给大家的一篇文章，刚刚在《建筑学报》（2004 年 8 期）上发表，叫《续唱新文化运动之歌：白话的城市与白话的景观》，目的是希望从思想文化方面能够解决我们城市建设中出现的一些问题。

    今天讲五个部分的内容。

---

  *   本文据 2003 年 8 月 2 日国家图书馆《文津讲坛》，即第十一期部级领导干部历史文化讲座"城市景观之路——通向生态与人文理想：续唱新文化运动之歌"录音整理。讲座由中央国家机关工委、文化部、中国社会科学院主办，国家图书馆承办。原文发表于国家图书馆主编《部级领导干部历史文化讲座》，北京图书馆出版社，2005，271—313 页。此次收入时增加了部分插图。

第一部分内容讲的是边缘上的中国所面临的危机及其与中国复兴的关系。这是中国当代城市发展和建设的大视野和大背景。现在，大家都在谈中国的复兴、中国的强盛和中国的和平崛起，但我今天要谈的是危机，任何一个民族的复兴如果没有危机意识，这个复兴肯定是不可能发生的，也是不能持久的。

第二部分是关于边缘上的中国所面临的两大危机，第一是民族身份危机，第二是人地关系危机。然后要讲讲危机背后的主观根源是哪些，即为什么会产生这两大危机，它有客观的因素，那是很难改变的，但主观因素是我们可以克服和改变的。

第三部分，面对危机，面对主观根源，路在何方？出路就在思想上要有一次深刻的革命，深刻的认识。从思想文化角度来说，八十五年前的"五四"并没能进行到底，所以我们今天要续唱这支开启中国现代化进程的新文化运动之歌。

第四部分要讲的是如何在城市建设中来续唱新文化运动之歌，这个歌就叫《白话的景观与寻常的城市》，"足下文化与野草之美"，也就是新的生态与人文理想之歌。

最后一部分，关于方法论，这首新文化运动之歌是这么唱了，理念有了，那么在方法论上我们应该如何解决城市的问题？这个方法论叫"反规划"，我提的这个"反规划"是针对现在我们做的城市建设规划——"正规划"方法论的反思，提出首先应该进行不建设规划，通过不建设规划来建立区域和城市生态基础设施，来实现一个生态与人文的城市的理想。下面就进入正题。

一、危机意识与复兴

解放前有一本漫画叫做《三毛流浪记》，在座各位都很清楚。当年三毛离开农村，向往大城市上海，远远看到城市，过了河到对岸。向往城市里什么呢？有高楼大厦，有白米饭吃，有好生活过。但他真正到了上海以后，发现这个城市原来是这么乱，对他这么不公平，比他想象的要差得多：警察到处抓人，不但吃不饱肚子，还经常有皮肉和精神之苦。这是《三毛流浪记》所描绘的当时对城市的憧憬，以及城市的现实。而我们现在正是大量的人经历了类似三毛的经历。大量的农民离开农村，涌入城市，但他们所向往的这个城市会是什么样子，你可以看到。我去年到杭州去讲课，在飞机下降时，从 1000 米左右高空看到的杭州湾，整个杭州湾的景象。你可以看到这块土地几乎没有一寸是完整的。杭州湾是这样，长江三角洲是这样，珠江三角洲是这样。然后再下降，进入杭州城，谁能相信这是传说中的天堂。我为什么特别举这个例子？因为传说"上有天堂，下有苏杭"，可是连"天堂"都地狱般，何况其他城市。进入城市以后，住进酒店。进入酒店以后，看到一个告示，首先告诉你，随时可能停电。然后再进入房间，房间里也有这么一个倡导绿色消费的告示。但又看见在床头柜上放了一张条子，上面写着"20 分钟的中药泡澡，10 分钟的背部按摩，78 块钱"。我讲这个是什么意思呢？原来我们只满足"20 分钟的中药泡澡，10 分钟的背部按摩"，我们都在做小决策和追求片刻的快乐。谁都没有顾及、谁都不去管大地上发生了什么，谁也不从 10000 米、1000 米高空看看大视野里到底发生了什么。每个城市的市长都在做眼前的 5 分钟的快乐、5 分钟的城市建设这一小决策，他不知道应该站在更大的视野去看看，在高空去看看，这个土地已经发生了什么样的变化。我们的理想甚至和当年三毛没有太多的差别——一个农村小孩所憧憬的高楼大厦的城市理想。那么这个理想存在什么问题？

我今天讲复兴与危机边缘上的中国，中国当代城市的大视野。我们要离开 5 分钟泡脚，站在高空去看看，我们的视野里是什么？这个边缘指的是传统与现代化的边缘，经济与社会转型的边缘，是一个蓬勃发展而又充满危机的时代。"危机"两个字在中文里意味着危险和机遇同在。没有危机意识，就不可能有复兴。处在这样的时代，处在这样的中国，在这样剧烈变化的边缘，我们如果不是愚昧无知，看不见眼前的前景和机会的话，无疑是悲观主义的；装着看不见危险，则是不道德的。我们要看到危机的存在，然后认识怎么来复兴。复兴来源于危机，这是总结历史而得来的。关于危机和复兴的关系有一种说法，世界上到目前为止，有过两次文艺复兴，一个是本来意义上的欧洲的文艺复兴，发生在15世纪到17世纪，来源于当时的黑死病的危机和恐怖。当时欧洲有三分之一的人死于黑死病。由于这个危机从而使人类摆脱了宗教的蒙昧，开始走向科学，开始寻找人性。也正是由于这种生命个体的生存危机和全社会劳动力缺乏的发展危机意识，最终成为工业革命和后来西方现代化进程的一个原动力。

第二次"文艺复兴"是发生在20世纪上半叶的美国，同样来源于危机意识。美国当时受到的危机是来自德国战争武器的威胁，来自纳粹和法西斯的战争威胁，以及后来苏联的冷战威胁，包括核威胁，唤起了那种国家面临毁灭、地球面临毁灭、人类面临毁灭的危机意识。由于这样的危机意识，导致美国人发明了这么多高科技，包括从雷达开始，一直到后面的电脑和网络技术，导致信息时代的到来。这个复兴最大的特点是把人的创造力和创业精神发挥到了极致。所以你现在看到硅谷，沿着美国西部101公路，两边都是高科技的企业，拉动了整个美国的经济。要知道，最初，这些高科技企业的最大订单都曾经来自美国军方。所以这第二次文艺复兴也源于危机，这种危机是国家和人类生命的安全危机。

中国的复兴可以认为是第三次文艺复兴，好多人有这种说法，包括胡适当年就说中国的文艺复兴要到来了，等同于当时的新文化运动。现在我认为是真正的要到来了，但它必须有的前提是中国人意识到了中国当代面临的两大危机。这两大危机如果认识到了，它就可以产生具有世界意义的第三次文艺复兴，真正的中国的文艺复兴。意味着中国的大国时代、平民时代和自由时代的到来。那么，这两大危机是什么呢？

二、两大危机：民族身份与人地关系

与中国城市有关的第一大危机是当代中国民族身份的危机，我们到底是谁？第二个就是人地关系的危机，就是我们能不能在这个地球上继续待下去。

（一）民族身份危机

首先我讲一下民族身份问题。所谓的民族身份，就是梁启超所说的中华民族与文化"以界他国而自立于大地"的个性与特性。当代中国我们要重新回答这个问题。一百五十年前我们没有这个问题，我们民族的身份很明确，我们是黄种人，我们有康熙大帝，有乾隆大帝，有故宫，有长城，这都象征着这个民族是中华民族，是个封建帝国，身份是很清楚的。从政治学意义上说，民族身份是形成国家、现代化民主政治过程的政治资源，表现在国家的核心情感和象征上。从文化景观和人文地理学意义上说，它是指一个地方有别于其他地方的地理特征，即认定自己属于某一个地方。那我们是不是认定我们自己属于某一个地方呢？有没有物理特征来表明中华民族这群人有其个性？我们的景观、城市是我们社会意识形态的反映。有什么样的意识形态，就会出现什么样的建筑；有什么样的意识形态，就会出现什么样的城市。所以，我们有理由说，城市和景观是一个民族及其文化的身份证，也就是说，我们盖的每一栋楼实际上就象征了、代表了我们是一个什么样的民族。现在恰恰在这一点上我们出现了身份危机。

我是谁？这是街道上到处可以看到的一张广告（图1），打造韩国美女的广告，用韩国人的技术来造中国的美女。人造美女之争最近已经很多了，包括人造美女参加选美、选模特之争。这个时代连美女都是假的了。所以说身份没有了，人失去了真实，也就失去了身份。好在人的基因还没有作假。

那么我们日夜与之为伍的城市也是这样。象征我们自己和民族身份的城市被化妆了，看看我们的城市，我们的身份到底是什么？如果说景观能够代表我们身份的话，那么，我们是如何在滥用"景观化妆品"来伪装我们的城市，以至于让我们失去身份的呢（图2）？

图1 我是谁？用韩国人的美容技术造中国的美女（俞孔坚摄）。

图2 我是谁？当代中国城市如同人造美女一样，在追求异常和化妆中失去了自我。上海浦东，中国城市"化妆运动"的典型，造型之奇特多样，堪比牙科大夫的工具箱（俞孔坚摄）。

第一种城市景观的化妆品：古典的西方帝国。

罗马统治整个地中海盆地时期，建造了辉煌的罗马柱、浴池和斗兽场。它的城市确实宏伟壮丽，但它的背后是什么呢？背后就是充满血腥的战争和财富掠夺。然而，当年辉煌的罗马而今已成废墟。文艺复兴以后，欧洲人重新发现罗马的城市之辉煌和壮丽以后就开始仿造罗马，就有了像圣彼得广场和圣彼得教堂这样的景观。这个圣彼得广场就是最早的一个巴洛克广场，君主和教皇的巴洛克风格。因为当年的罗马教皇被古罗马帝国宏伟的城市景观所折服，感叹恺撒大帝的权力之无敌，因而想再造罗马的辉煌，再享罗马至高无上的权力。但是殊不知当时古罗马是靠掠夺邻国的财产来维持很小一帮罗马公民的无度挥霍和消费的。后来的罗马教皇们于是从罗马废墟里找到了展示自己权力和财富的语言——罗马的柱廊，罗马的广场，请来文艺复兴时的艺术大师们，来营造教堂和教堂前的广场，即圣彼得广场。

斗转星移，现在该轮到中国人展示权力和财富了。富起来的中国人开始周游世界上宏伟的建筑和壮丽的城市，相信领导们到欧洲、到意大利肯定是要去参观圣彼得广场的。但是不知道它背后是什么，我要告诉大家背后的故事：当年（16 世纪上半叶开始）是罗马教皇西克斯图斯五世以及后来的几个教皇靠卖赎罪券来掠夺信徒的财富而建造的。所谓赎罪券就是信徒付钱，教廷给你盖个章，就给你免去一切在世罪过，你的下辈子就不再下地狱了。以此欺骗、搜刮了大量的财富。用这些财富干什么呢？就修建了这个圣彼得广场和圣彼得教堂。结果由于对这个不义之财和挥霍行为的不满，以德国人马丁·路德为代表的新教人士，发起了宗教革命。他们质疑教皇卖赎罪券欺骗信徒，亵渎神灵，导致了新教与天主教的分庭抗礼，出现了战乱，以及整个罗马教皇权力的削弱，最后只剩下梵蒂冈一个小地方了。这就是历史，就是宏伟巨大的广场和建筑背后的危机。

　　同样，后来法国国王路易十四也想再造古罗马的辉煌。他也是被古罗马的宏伟与气派所倾倒，所以他仿造了罗马。于是，"太阳王"路易十四大敛不义之财，花巨资修建凡尔赛宫，路易十四用同样的巴洛克语言，建了这个最完整无缺的巴洛克式的宫殿和园林。然而，这个辉煌宫殿同样是路易十四靠侵略和掠夺欧洲邻国财富建立的。同时还让他的后任君王背上了沉重的经济和政治及社会债务，以至于最终使后来的路易十六走向断头台。

　　这就是我说的古典帝国，古典西方帝国城市景观的历史。它留给我们的形式确实是宏伟的、巨大的，让人激动的、震撼人心的，让有权力欲望和财富欲望的参观者都会憧憬，有朝一日必须要把自己的城市和宫殿建得跟它们一样。但是它的背后，我刚才说了，是社会、政治和经济危机的根源。而恰恰是这个来自古罗马废墟的幽灵，在附体于一个又一个君主帝王、毁灭了一代又一代的帝国之后，在当代开始潜入中国。

　　且看一下这个来自罗马废墟的幽灵在中国是如何显形的！比如上海的世纪大道，一条典型的巴洛克式的景观大道，模仿法国巴黎的香榭丽舍大道，也是请法国人设计的，两年前我就批评过。这显然是一大错误，一个城市中间一条100米宽的大路，对解决城市交通问题有什么用处呢？实际上没什么好处。第一，城市两侧这么多人需要横跨这条大道，走100米的路，要穿越高速来往的滚滚车流，你可以想象有多么的危险，有多么的不方便。这个城市里原来有非常致密的肌理，有像人体的血脉一样的道路系统，像毛细血管一样的交通结构，结果横拉一条伤疤，相当于把所有毛细血管都切断了。这实际上对整个城市的功能是有很大影响的。所以说它是为了展示和纪念而修建的一条景观大道，实际上，它解决不了城市的基本功能问题。

还有广东某地的一个广场，它就是圣彼得广场的翻版：高大的罗马柱廊，围合成一个巨大尺度的城市广场。但人呢，一座每平方公里一万人的高密度城市，何以在这近半个平方公里的广场上空无一人？因为这个广场不是为人民修建的，尽管它叫"人民广场"。它是一种政绩与权力的展示和摆设。再看看那些被标榜为最好的中国的城市景观，这几年出现的城市明星，差不多都在用这种腐朽的巴洛克语言，都在试图展示政绩、权力和财富。我在这里声明，这不是某个市长或城市领导的问题，这是这个时代留给我们的烙印。我们用同样的古罗马和巴洛克概念来建我们的城市广场，城市景观。大家不知道背后要用多大的代价才能造这样的景观。而这样的城市能给我们彰显一个什么样的身份呢？这是以古典西方帝国的身份来营造我们的城市，结果把我们自己变成了西方古典的帝国、西方君主的帝国（图3）。

　　第二种城市景观化妆品：封建的中国古典。

　　我现在批了半天西方的古典君主式的城市，那么是不是我们就应该用中国的古典？是不是中国古典就能代表当代中国人的身份呢？前几年，北京曾经兴起"夺回古都风貌"的运动，结果所有的房子都要盖上大屋顶，所以你看到长安街上好多房子都有大屋顶，

图3　中国"城市美化"的第一种化妆品：古典的西方帝国（广东某城市广场，俞孔坚摄）。

认为这便是代表中国的。那实际上是认同于封建的中国的古典。它的源头就是我们的紫禁城，似乎紫禁城就象征中国。但是我要说，那是中国的过去，那是封建的中国古典。似乎苏州园林就象征中国的园林，但那也是过去，那也是古典的过去，是封建士大夫的。它们都不是当代的中国人和中国文化的身份证。但我们恰恰现在犯了一个错误，就是把古典的、封建的中国拿来装点我们的城市。这是你们可以看到的，我们把华表和龙柱、宝鼎当成广场上的装饰（图4）。实际上我们是在类同于康熙，类同于乾隆，甚至类同于秦始皇了。我要说的是，封建古典的中国，那是过去不是当代。

第三种城市景观化妆品：现代西方帝国。

好，我批判了半天，批判了西方的古典，又批判中国的古典，那有人就说我们来个现代的。现代长安街上，马上要完成的国家大剧院，是法国设计师保罗·安德鲁设计的，他是法国最时髦的建筑师。但是我要说，那是当代西方的帝国。它们看上去很现代，但如果我们用民主的、科学的精神去衡量，它未必具有现代性。也就是说，它只模仿了西方的形式，并没有西方的现代精神。

图4 中国"城市美化"的第二种景观化妆品：封建的中国古典（杂交以古典西方帝国的巴洛克，北京某城市广场，俞孔坚摄）。

你再看看，这是央视大楼。在传媒时代，央视大楼就是一个民族的身份证。央视大楼一盖起来，这个民族基本上就以它为身份证了。大剧院当然也算，也是一个民族身份证。所以你拿这个看，人家就觉得这是中国的象征。这房子盖起来以后，你可以想想看，这是什么样的姿态。这是典型的帝国形态，西方帝国的入侵，一种文化的入侵。这样用公共资源建造的公共建筑在一个倡导民主科学的西方是不可能盖起来的。它悬挑 70 多米，整个楼的造价估计花费 100 亿元人民币。可以说，如果我们用十分之一的造价来盖这样的房子，完全可以盖出同样功能、而且更美丽漂亮的大楼。但是，为了一种欲望的满足，一种极度的帝国心态的满足——超越城市，凌驾于城市与大众之上，有人却愿意为之挥霍十倍的代价。你可以看，这个在悬挑出的最顶端的办公室可能将来就是央视总裁的办公室，它可以俯瞰全城，仿佛君临天下。所以这种心态，恰恰就是西方帝国建筑师所理解并迎合此时的中国甲方的。我为什么把这样的建筑师叫西方帝国建筑师呢？因为他希望他的建筑凌驾整个城市之上，成为永世的纪念物。这是一种帝国建筑师的心态。像当年英国殖民主义建筑师、帝国建筑师到印度去建英帝国的城市和建筑一样。他们想在印度盖一个英帝国的形象，所以有了新德里的国王大道。当时他们就高呼："帝国主义万岁！"为什么？它实现了建筑师的一个理想，建筑师本身心中就有一个帝国的理想，他希望他的建筑是统治一切的，但是这样的理想在民主与科学的欧洲和美国肯定实现不了。在美国，用如此挥霍的方式来建造一个本来可以用十分之一的花费就实现的建筑，美国全民都会来反对你盖这个楼。纳税人的钱，凭什么由你来挥霍？或有人说，央视的钱不来自纳税人，那它的广告垄断又来源于何处？

现在中央和北京市政府提出了节俭办奥运的指示，正在调查奥林匹克场馆，这个完全正确。只是早该这样做，现在当然也不是特别晚。奥林匹克的精神就是和平的精神、人人参与的精神、强身健体的精神，但我们恰恰把它变成一种展示的精神。所以你可以看到奥林匹克有好多场馆，不光是一个，都把形式看得过于重要，功能反而弱化了，形式至上，我们花的代价是非常巨大的。所以现在国务院和北京市开始调整，我认为它开始走上正确的道路了。

我们盲目地把所谓现代西方的形式当作现代，我们恰恰只展现了西方帝国的那部分内容和现代西方的形式，并没有学到西方现代民主和科学的精神实质。所以只有形式，没有内容，这个内容是腐败的、腐朽的，是与中国正在为之奋斗的目标背道而驰的。不管它们的形式看上去是多么现代，与实际和内容是不能统一的。刻薄地讲，这样的建筑和景观是现代外衣包裹着的封建帝国的腐尸，是我们应该坚决摈弃的。

第四种城市景观化妆品：异域的景观，奇花异卉，被当作美化我们城市的灵丹妙药。

看看那些没有创意、巨大花哨的花坛，到处都是这样，南方的、北方的，一搞"大庆"，一搞"十一"、"五一"，北京尤其如此。北京天安门广场，"五一"搞一次大花坛，"十一"搞一次大花坛，展示一两个星期就撤掉了。每一次要千万元的代价，只为了装

图5 中国"城市美化"的第三种景观化妆品：西方帝国的现代（北京，央视大楼）。

点一下，但看它又装点出什么样的东西呢？是这样一些所谓代表中国特色的东西：龙、凤、长城、亭台楼阁。有些花坛一年比一年大，品位之低可想而知。各大媒体也年年如此大肆渲染，鼓动全国各大城市争相模仿、攀比。你可以看看，用巨大花费来造布景式的城市景观，把我们自己打扮得花枝招展，但城市身份并不明确。

所以说身份问题是中国城市面临的一大危机，实际上它背后都是有根源的，我一会儿再讲这个根源是什么。上面讲的这些都是现象。有人问我长安街上哪些建筑好，哪些建筑坏，实际上那都是身份问题没有解决。我们都是在追求某种奇异的东西，在标榜某种向往的身份，结果失去了我们真实的身份。

（二）人地关系危机

我们面临的第二大危机，就是人地关系的危机。民族身份是从文化层面上讲这个民族是不是能独立存在的问题，而人地关系的问题是关于中华民族的球籍问题，是你能不能在这个地球上继续待下去的问题，这是中国当代面临的最大危机。所以这两个问题都非常

图6 中国"城市美化"的第四种城市景观化妆品：花枝招展、庸俗的、奇异的人造景观（北京天安门广场上的花坛，俞孔坚摄）。

重要，我们必须认真对待。2003 年我们的神舟 5 号上天，当然这是非常荣耀的事情，我们的宇航员上天了，五千年的飞天梦想实现了，这是值得举国欢庆和全球华人自豪的事。但是欢庆之后我们必须冷静下来，在中国大地的航拍影像上，我们看到了什么？黄色的祖国大地，绿色的地方很小很小。而再看看我们的邻国，北面的俄罗斯，南面的东南亚各国，都是充满绿色，生机勃勃的绿色。所以说，五千年了，中国这块土地已经不堪重负，经不起再折腾了。只要你到高空去看看就知道了，土地的生态危机是何等的严重。认识这个危机是非常重要的。如果我把这个航拍景象在某一点放大，你就可以看到，在我们的土地上正在发生怎样的变化：

第一个景象，放弃祖宗的庇荫。

在湖南乡下的一个村寨前面，几个老农正在从他们的祖坟上面挖掉一棵古树。因为村头有商人正在等着，他要出 60 块钱买这棵树，倒卖到城里去。于是，村民便连祖坟都不要了。这是风水树啊，连风水都不要了，连祖宗的庇荫都不要了。挖掉这棵树的同时，他们挖掉了整个生态系统，树上的乌鸦窝没了，树上的喜鹊窝没了，树底下的蚯蚓没了，黄鼠狼没有了栖息之地。同时，水土流失又染黄了村边本来清澈的河流。我跟踪了这棵树好久，从挖出来开始，然后被运走，倒卖商把 60 块钱交到老农的手里，然后运到城边，可以看到倒卖商又把它囤积在一个专门用来倒买倒卖大树的苗圃地里。到苗圃地里的时候，上百年的一棵老樟树只剩个光杆。最多也是个“断臂的维纳斯”，所有的枝叶都没有了。然后房地产开发商要花两万块钱将它买去，种到高档的住宅区，那是被他破坏了的山林，砍掉了山上的树木建起来的一个地产项目，他想拿它来装点。他打出广告说，我这个小区里头有两万块钱买的古樟树。市长也愿意出两万元把它种到市府广场，种到新建的大学城里去，他要在任期的最后一年内见效。所有这些都是一个畸形的城市美化过程（图 7，图 8）。

图 7a，图 7b　放弃祖宗的庇荫，因为城里人的"美化工程"需要这棵风水树（俞孔坚摄）。

a

b

图 8　被异地移栽的大树，用于城市化妆，它们中的 70% 都死于非命，生态与文化灾难在绿化美化的幌子下，盛行于中国大小城市（广州大学城，俞孔坚摄）。

城市正在掠夺我们的农村。这种掠夺方式是以美化和发展的名义进行的，是正当的，法律上是很健全的，完全是一种商业交易形成的。但是它带来的灾难也是史无前例的。所以你可以看到北京、上海、苏州、杭州，城市里头好像一夜之间绿化美化起来了，好像都种上了大树。但是它背后的山川河流都变黄了，它们的郊野乡村再也没有了诗意。

第二个景象，哭泣的母亲河。

不知道在座的是否有水利部的领导，我相信，水利局长或部长们只要认识到这个问题，并能有效地利用中国目前的行政手段，下面的问题就可以很快解决。

这是我几年前写的《哭泣的母亲河》："南方的河和北方的河都是我们的母亲河，可是他们都在哭泣。哭泣什么？我那残酷的儿女们，你们为什么用钢筋水泥捆绑我柔弱的躯体啊？将我肢解，令我断流？你可知，流动是我的天性，连续是我的生命。从雪山高原，到林莽峡谷，从平原阡陌，到湖沼海滩……我之于生命的地球，正如血脉之于人类。也因为我的流动和连续，才使你有一个美丽的童年、美丽的梦。但是这个美丽童年、美丽梦……"以后，我们的后代恐怕再也不会有这样美丽的梦了。大家看到，可以说大江南北没有一条河流是完整的了，没有一条河流是自然的了。我跑遍了北京大大小小的河流，河流整治运动之前绿树掩映，整治的过程惨不忍睹：两岸林灌被彻底铲除，河堤被砌上水泥砖和花岗岩，被铺上水泥。再看整治之后，它的水质改善了没有？没有任何改善，反而恶化了，整个恶化了。原来的绿柳夹岸、灌草丛生的生机勃勃荡然无存。"所以我那无知的儿女们，你们残忍地将我裁弯取直，摧残我本来自然而优美的躯体，令我窒息，如同僵尸。我曾经有浅滩深潭，如琴弦响着动人的乐曲；春汛到时，我让洪水缓缓流过，秋旱来临，我释放不尽的涌泉。我曾经有鲜嫩的水草在丰腴的肌肤上舞动，幽凹处，青蛙和鲇鱼唱着黎明与日暮的歌；我曾经有磐石兀立，向灌足的路人诉说春天的丰润与秋天的萧瑟。好大的浓荫啊，那是身边的乌桕与河柳的投影，阴凉中有成群鲫鱼共享自由与欢乐。但这都没了，都变成花岗岩水泥护岸，甚至拿水泥衬底。所以我那卑俗的儿女们啊，你们嫌我草灌丛生，包容泥土与生命万物，可那何尝不是我的美德？你们嫌我曲折蜿蜒，自然朴素，可那何尝不是诗的源泉？你们认贼为父，让生硬的水泥和花岗岩奸淫我纯洁的躯体；你们浮华虚伪，让意大利的瓷砖、荷兰的花卉和美利坚的草坪装饰我的玉体，令我面目全非（看看，连形式都是意大利的）。所以南方的人啊北方的人，你们曾经向我排泄着污秽和浊流（本来我们把河流污染了，这当然已经很坏了），而今却拿我开刀整治，举着'泄洪'的利刃，开着'清污'的铲车，多想问你们，还记得吗？我是你们的母亲河啊！"（摘自《哭泣的母亲河》）

原来植被茂密的、充满诗情画意的河流现在变成了虚假、枯燥、危险的河道。原来杂草杂灌丛生的、真正美的、生态的自然河道，现在都消失了。这是个非常悲惨的改变，我们的后代因此出不了浪漫的诗人，出不了风景画家，为什么？他没有诗的源流，没有画的源流。这河流怎么都变成水泥渠道了？我们到长江去看看，到钱塘江去看看，20米高的水泥防洪堤岸，哪有诗情画意啊？好端端的钱塘江、汉江、松花江、长江甚至海南省的大小江河，做了拦水坝，已是大错特错，为什么两岸还非得要用水泥把它们捆绑起来？防洪堤做得比城市还要高好多。这是早期工业时代的做法，源于农业时代对洪水的恐惧，我们这个时代不应该这么去做了。应该用新的生态的方式、新的土地伦理和生态系统的理念来对待我们的河流。必须认识到高堤防洪不是好的做法；必须认识到，在全国普遍缺水的情况下，雨洪是资源。洪水之所以变得如猛兽豺狼，只因我们没有善待河流水系。防洪之道绝不在高筑河堤，而在建立一个滞洪的湿地系统，从区域尺度上解决水资源的蓄留。100年一遇、500年一遇的水泥堤岸可以休矣，无论从短期经济利益还是长远国土生态考虑，都要求我们必须走生态之路来协调旱涝之灾的问题。关于河道问题我一会儿还要讲，它有多种的功能，不仅仅是防洪的功能，我们现在仅仅把它变成排洪渠道来做了，变成抽水马桶似的了，洪水一来，马桶里的水全跑光了，全抽走了。剩下的是上游更严重的干旱，下游更厉害的洪涝。所以整个观念，整个理念都要改变（图9）。

第三个景象，离开土地的中国。

当代中国城市的扩展过程就像一块石头抛在水里，水浪不断扩开，波及整个水面。当代城市化使千百年被拴在土地上的人们开始不断离开土地，不断涌入城市。但我们城市给了他们什么呢？有时连个座位都没有。可以到天安门广场和各地广场去看看，有多少个座位是留给我们老百姓去坐的，没有，席地而坐（图10）。这就是离开土地的时代，城市里的人在离土地越来越远，农村的人在匆忙地放弃土地，反正大家都在离开土地，我们的理想似乎恰恰是想离开土地。在北京1984年的遥感卫星影像上，红色的都是植被，是绿色的田野和森林。但可以比较一下2002年同时段的卫星影像，白色都是硬地铺装、开发区或建成区。可以看到整个城市在无序地蔓延、扩张。我们的理想是纽约，是香港，是新加坡。我们去参

图9 哭泣的母亲河：单一的防洪目的和工程措施，使大江小河失去美丽和生态功能（北京通惠河，俞孔坚摄）。

图 10 离开土地的中国，缺少"座位"的城市，呼唤人性化的城市（北京，俞孔坚摄）。

观、模仿的对象恰恰就是这些。但是我们不知道纽约已经没办法了，纽约人留给我们多少教训，而我们不去吸取，恰恰看到它表面辉煌的高楼大厦，这是我们现在正在追赶的。我们就像三毛当年想象的城市那样去追求城市，我们是在用农业时代的城市理想去追求一个工业化和后工业时代的城市，而不是站在更高的城市时代或者后工业时代来想象未来的城市应该是什么样子。所以我们所建造的城市是落后的。

第四个景象，土地的挥霍。

这是一个挥霍土地的时代，你可以看到大量的土地撂荒。这幅画是法国人画的著名油画：罗马的堕落，背景就是罗马柱，辉煌的城市景观，前面则是一些挥霍无度的人群。这是一幅非常有讽刺意义的油画，作者通过罗马帝国的败落影射 1830 年的法国七月王朝，一个以国王路易·菲利普为代表的由银行和金融贵族组成的新贵政权。我用它来警示大家：我们在挥霍，包括挥霍土地，同时在建造一个不属于我们自己的城市，一个化妆起来的城市。

第五个景象，我们在鄙视土地。

这是个鄙视土地的时代。一旦这块土地划为开发区以后，推土机就来了，毫不顾及这土地上有没有其他的生命存在，毫不顾及土地上有没有其历史和文化遗产存在。然后把房子安上去，遇山破山，逢湖填湖。场地的生态没了，历史没了，故事也没了，一夜之间造了一个崭新的城市。这是鄙视土地，鄙视土地上的历史以及它的文化、它的自然过程。但我们曾经的土地是什么样的？这是《史记》里头记载的一个故事：晋文公重耳为逃避夺得了王位的弟弟之迫害，落难荒野，走到乡下，饥饿难忍，向乡下人讨吃的。乡下人说我这个土地已经好长时间没下雨了，不打粮食，没什么能给你充饥，我只有这块土地。所以老农就把一块黄土放在一个土钵中，送给重耳。重耳大怒，我向你要吃的，怎么你给我一块土啊？他的大臣赵衰就告诉他："土者，有土也，君其拜受之。"有了这块土，你就有了社稷，就有了国家，你就有了你的王位和财富了。重耳就跪下来，把这块土捧在手里。这就是我们祖先曾经的土地伦理，对待土地的敬畏：土地就是社稷，土地就是财富，土地就是权力，土地就是一切。我们现在不是这样，我们现在对待土地是因为土地仅仅是金钱，没有任何其他的含义（图11a，图11b）。

a

b

图11a，图11b　对土地的挥霍和鄙视：推掉城市中的自然山丘，填掉大地上的湿地，等于切去生命地球的肺和肾（广东、江苏，俞孔坚摄）。

所以说我们必须重新认识土地，回到土地的完全价值，到底是什么？我本人信仰土地，所以我自己叫"土人"，我把自己的研究所叫土人景观规划设计研究所。我考上大学的时候，我就在村前风水林里头挖了一块土，带到北京来，这块土后来一直跟着我到美国，到欧洲，后来又回来，回到北京来，现在我还是珍藏在箱里头。土就是一切，是你的寄托，是一个民族的寄托。它的意义不光是实用的，还有更多的意义，包括其象征意义。而我们现在正在践踏它，所以加剧了人地关系的危机。

除了刚才讲的这个土地危机，除了我们不恰当地、不科学地在使用它以外，主要是我们失去了对待土地的敬畏的态度，土地的伦理堕落了，这是最可怕、最危险的。它是人地关系危机的根源。

三、危机产生的主观根源

上面部分我讲了两大危机，认为关于这两大危机的意识是中国未来振兴和崛起的最根本的动力源。在认识危机的同时，我们必须认识危机背后主观根源是什么？客观原因很多，比如说中国五千年的历史，中国的人口多，这都可以归结为客观的东西，当然最初也是由于主观原因造成的，但它们的存在已是当代人所难以回避的、不可克服的、难以改变的事实。但是主观的根源是可以改变的，我把它归纳为三种根本的意识。应该说如果通过学习，通过认识的提高，就可以克服，这就是封建集权意识、暴发户意识和小农意识，这三种意识综合作用，构成中国这两大危机的最根本的主观根源。

第一种意识：文化积垢——封建专制意识。

关于封建专制意识，马克思很早就批判过。新中国成立后，从毛泽东到邓小平、江泽民都批判过我们社会中的这种封建专制意识，号召应该把它彻底铲除。尽管从上世纪初开始，中国整个封建体制已经没有了，但是在我们文化的潜层里，根深蒂固地存在着这种意识，这是文化的积垢。这不是任何某一个人的事，而是在这个社会发展阶段必然存在的。因为中国过去两千多年的封建帝王制度培育了这种意识。这种封建专制文化积垢反映在两个方面：一个是长官意志，谁官大，谁说了算，唯官是从。长官意识下的一切的衡量标准就是权力；第二个方面是草民意识。这是一个硬币的两个方面，是同一个根源的。在封建专制时代，君主和官僚治理民众就如同放牧一样，把管理民众当成牧羊，当官的就是牧羊人，人民都是羊。所以古代把官称作"牧"。《淮南子》说："夫牧民者，犹畜禽兽也！"事实上汉、魏、六朝所设的州郡长官就称为"牧"。所以中国封建时代历来就把长官作为牧羊人，而把平民当作无知和不足为道的草民来对待。关于这一点，马克思一语道破："专制制度的唯一原则就是轻视人类，使人不成其为人。"

法国当年的"太阳王"路易十四是独裁君王，他肯定可以用他的想象来建他的城市，所以他建凡尔赛时是为了在平民的、混乱而贫穷的汪洋大海中建一个壮丽的天堂之岛。康熙乾隆大帝当然也是牧羊人，所以他有了紫禁城的恢弘和圆明园的壮丽，让人参观朝拜。但我们是人民的政府，而不是牧羊人的政府啊，我们就不能搞这样的东西了，这个时代早已把封建制度推翻。但是恰恰我们还存在这样的意识，可以看到，我们的广场是为谁建？没有一个人在这个广场上，你是为人民建的吗？不是，只是为了自己坐在办公室里看到一个壮丽的景象，为参观的领导而建，为展示政绩而建。而大量的人到哪里去了呢？看，在这个广场的背后就隔一条街，你就可以看到拥挤的人群，挤在肮脏不堪的道路上、四合院里头，这是极强烈的对比，这种强烈的对比很好地注解了这种封建文化积垢的两个方面。

第二种意识，时代的局限：暴发户意识。

在暴发户意识下，一切的价值衡量标准就是金钱。你可以看到暴发户意识的具体体现，如，房地产开发商为什么能够用两万块钱买一个光秃的树桩去美化其高档居住区呢？你可以看到这棵树，原来是一个茂密的百年大樟树，后来就变成一个"断臂的维纳斯"，但也值两万块钱呢。因为它的价值衡量标准在暴发户意识下已经变了，已经不是它的生态价值，不是它能带来多少绿荫和生产多少氧气，而是用金钱来衡量的。这棵被几经倒买、没有枝叶的大树如果用生态价值、用生命的价值来衡量，已经远远不如它原来枝叶茂密时的价值了。但是因为它本身买来时就是两万块钱，所以它很值钱，这个价值标准是暴发户的价值标准。我们的好多公共建筑、广场甚至好多政府办公楼都是用这种价值标准来建造的。

美国的拉斯维加斯是典型的、马克思主义者所批判过的、资本主义的最腐朽的地方。恺撒大帝这位肆意掠夺他国财宝，然后尽情挥霍，甚至用酒来洗澡，用奶来洗身的极度的挥霍者，在这里被奉为楷模，引导着人们的挥霍欲望！人们甚至把老虎放在一个辉煌的宫殿里供人参观，这是何等华丽的宫殿啊，它是仿照热带地区国王的规格造就的，这种价值观是暴发户的价值观。但是，老虎不需要这个，老虎更需要一片林子，更需要一片野草，更需要一些自然的山水。你为什么要给它造一个金碧辉煌的宫殿呢？这就是价值观的问题，我们是用暴发户的价值观来衡量一切，所以我们的广场是金碧辉煌的，我们的大楼是金碧辉煌的，却把本来的功能、把人的本来需要忘却了。

为什么会这样？大家都知道，当土地从农用地经规划被划为建设用地后，土地的价值便可以几十倍地增长。我们的市政府用5万块钱甚至3万块钱便可以把土地从农民那儿收购过来，最后以50万甚至500万倒手卖给开发商。我们市政府有多少是靠这个暴富的啊！这个价值的巨大差额原来是国家或全民所有，而今却变成城市和开发商所有了。所以市政府暴富了，开发商也暴富了。不信你看看《财富》杂志给中国评出的所谓首富，前100名中，竟有50%以上是房地产开发商。这在任何一个西方国家都是不可想象的。暴富后，这个钱干什么？只能干这些他认为有价值的东西。认为有价值的是什么呢？同样是金钱。所以才会做类似给老虎盖一个宫殿，类似买一棵两万块钱的树干这样的东西，类似花100亿盖一座本来花十分之一便可建成的央视大楼，等等。所以我们这个时代关于城市建设的价值标准是一个暴发户的价值标准。

第三种意识，时代的局限：小农意识。

小农意识也是这个时代打在每个人身上的烙印。因为我是农民出身，我很理解，我知道，我有时候觉得自己也有一些小农意识。为什么存在小农意识，中国整个社会正在从小农时代过来。中国社会从整体上讲几乎没有经过大工业的洗礼，所以到现在为止，主要都是从小农经济、小农时代过来的。而城市化的脚步又如此迅捷，农民一夜之间变成了城里人，我们世代耕种的田地也一夜之间变成了开发区，变成了城市建设用地了。但这并不意味着我们的意识也一夜之间有了现代城市的意识。相反，农业时代的价值观和审美观根深蒂固地存在于这个社会的潜层中，我们是带着农业时代的观念来改造建设我们的城市的。时代在我们每个人身上打下了小农经济的烙印，这是不可避免的，谁能摆脱这个时代的烙印，谁就能站得更高一些，城市也因此会建得更好一些。我把小农意识归纳为五个方面：庄稼意识，好农人意识，庆宴意识，离土意识和领地意识。

所谓庄稼意识，就是只种庄稼，不种杂，谁害我庄稼，谁就是敌人、害虫。这是农业时代留给我们的意识。农业时代的价值观要求我们把生物种类都按其对农业生产的价值把它们分成好和坏两类，从小学的课文里，从文学作品的字里行间，这种意识被深入地灌输给我们的每一个人。你看七星瓢虫和五星瓢虫，就差两个星点。我们说七星瓢虫是好的，五星瓢虫是坏的。为什么？七星瓢虫是吃蚜虫的,因而是益虫;而五星瓢虫是吃稻子的,因而是害虫,差别就在这里。我们把麻雀说成是坏的,把燕子定义为好的,所以要保护燕子,延请它们到家中做窝,把麻雀除掉。我记得小时候在农村就鼓励打麻雀,经常掏麻雀的窝,长辈们会给以鼓励。对于农业来说,也许可以如此。但如果用同样的价值观来进行城市建设,那就错了。用现代生态观念来说,这二者都是生物,都是好的,都应该保护,但是我们恰恰用农业时代的观念来对待我们的环境。所以在今天的城市里,你可以看到大街两侧经常有那些拔野草的园林工人,公园里也是,拔杂草是园林管理的重要工作。我们似乎一定要把美国引进的那种草当作庄稼来种,把种的鲜花当成庄稼,然后把乡土的野草全拔掉,这就是以种庄稼的意识来进行现代城市的建设。你不知道本地的野草、本地的狼尾草、本地的二月兰是多么美丽而富有生机啊。今天早上我还听到承办方的孙老师跟我讲这个,本地的野草、本地的二月兰、本地的紫花地丁本来很漂亮啊,本来长得很茂盛啊,但因为把它们当作杂草,一定要拔掉或者用除草剂把它除干净,这就是小农意识。只种鲜花不种杂草,或者只种美国的草不留中国的草,这是农业时代留给我们的一种思维定式。我经常看到在公园里,这么多人在除野草,所谓的野草就是本地的那些草。圆明园也干这事,两年前我就反对把圆明园遗址公园变成一个园艺化的花园,现在,我的担心正在变为现实。我们所要维护和栽培的那些东西恰恰不适合当地的气候,维护成本非常高。你要给它灌溉,给它施肥,给它打药。最近北京争议比较厉害的就是公园里到处种冷季型的外来草,结果松树死掉了。冷季型的草需要灌溉,而松树不需要灌溉,北方的松树本来干旱就可以长得非常好,结果因为你给草灌溉了,松树就被淹死了,或者由于灌溉促进了其浅层根系的发育,而阻碍其深层根系的发育,结果导致其抗旱能力的下降而最终死亡。所以我们不能用小农时代留给我们的意识来搞城市绿化，搞城市美化。

关于好农人意识，就体现在精雕细作。你可以看天安门广场上的花坛，这样的装扮作为国之首都的形象，这种奇怪的、蛋糕式的花坛摆在一个国家首都的广场上，说实在的这是非常令人感到不好意思的。我们乐此不疲地把花搞得整整齐齐，把灌木修剪成各种形状。好农人意识就体现在这里。你庄稼种得不整齐，隔壁邻居会说你农活做得不好，你的稻田荒废了而隔壁的稻子长得好，你就是个不合格的农人。这是小农经济时代留给我们的价值观。

关于庆宴意识，类似剪彩、摆花坛、搞隆重的仪式之类，都属庆宴意识。庆宴意识也是典型的农业时代留给我们的烙印。为什么呢？农业时代的剩余价值非常有限，但人的挥霍欲望是无限的。为什么人有挥霍欲望，有一个理论，说人是在非洲大草原上进化而来的。非洲大草原上物种很丰富啊，各种食草动物很多，有成群的羊啊，有成群的鹿啊，成群的野兔啊，对当时的原始人类来说你可以随便打猎，是杀不完的。人类在进化过程中就没有进化那种克制自己不去挥霍资源的基因，可以说挥霍无度是人的天性。当年的欧洲人去美洲开辟殖民地的时候，在往美洲西部发展的过程中，看到大草原上成群的野牛，便大开杀戒，结果本来是几千万头野牛，本来印第安人在那里生活，后来都被欧洲人在很短时间内杀得几乎灭绝，野牛只剩几百头，现在关在国家公园里。而他们打野牛并不是为了吃野牛的肉，只是为了吃野牛的舌头，把其他的肉都烂在地里。他们本来如果吃肉，那可能也够吃几十年的，但他们恰恰就吃那点舌头，这就是说人的挥霍欲望是无度的。为了满足挥霍欲望，农业时代的人要选择几个节日来尽兴。中国的春节是一个挥霍的时刻，农村里过年，一连挥霍十五天，从正月初一，一直吃到正月十五，那真是要攀比地挥霍。你家吃完，到他家去吃，互相吃。但是除了这几天外，一年到头的日子里都干什么呢？一年到头就吃粗茶淡饭，剩余的三百五十天里是脸朝黄土背朝天，过得非常艰苦而凑合。但就在这十五天把一年的辛苦所得挥霍得所剩无几。一辈子也只有两次挥霍。一次叫红喜，一次叫白喜。红喜就是结婚，给儿子办喜事，这两天大喜庆的时候，全村的人都来吃，结果把一辈子的积蓄全花掉了，可以说是挥霍得一干二净，还欠了一屁股债；白喜是借着老人死去，再来挥霍一次，结果把后辈子的、后代人的积蓄也全花光了，剩下的时间又是凑合。这种庆宴意识在当代中国的城市里头非常普遍，它在节庆的时候要大闹狂欢一通，挥霍干净，然后平时就是凑合。平时你可以看到地面砖破了，下水管的井盖丢了也没人修。大庆的时候，这路一定要用花岗岩铺起来，彩灯高挂，根本没必要的东西一定要做到底，这就是庆宴意识。"五一"、"十一"你可以看到，摆大花坛同样也是这个意识反映，把"蛋糕"做得越来越大。

关于离土意识，即离开泥土越远越好，所有都搞得光光的。为什么前几年瓷砖盛行啊？因为瓷砖是经过精加工的，离泥土最远。所以厕所是瓷砖，走廊是瓷砖，大街铺地都是瓷砖，连花坛也是瓷砖的。离土意识，反映了农业时代的人们向往城里，渴望成为城里人，离泥土越远越洋气。这实际上恰恰反映了根深蒂固的一种小农意识。当代中国城市中的许多方面都反映了这种离土意识。

关于领地意识。井田制可谓中国所独有，五千年的小农经济培育了根深蒂固的田块意识和领地意识。这种农业时代的领地意识随着我们每一个人进入城市而被带到城市中来，就连我们规划部门批地都是这么批的。画的红线范围是你的，红线范围以外就是他的了。然后这个大院是我的，那个大院是他的。最后到我们的办公桌，在我们的办公室，不管你的官当得多大，这个领地意识还是存在的，还是不希望任何人干扰我这块地方，不相信你把你的茶杯放到同桌的部长那边，对方心里肯定不太愉快。小学生就更明显了，经常为争课桌上的领地而打架。领地意识当然也有更久远的生物遗传的根源，但我觉得很大程度上是我们的农业时代留给我们的。种一亩三分地，这个一亩三分地的概念不是社会化、大工业化留给我们的，是农业时代留给我们的。所以要进行现代城市的建设，必须克服这种农业时代的领地意识。

路在何方？我们讲了这么多危机，危机背后有这么多原因，这三个原因，封建帝王意识、暴发户意识和小农意识，要解决这个，就要续唱新文化运动之歌，就需要在思想上有一次比较深刻的革命，只有这样，我们才能真正走向现代化。实际上从"五四"算起，中国的现代化之路已经走了八十五年了，但思想文化领域的现代化仍然仅仅处在黎明之时。而在城市建设领域，尤其如此。因此，我觉得要续唱新文化运动之歌。

"五四"新文化运动是一场深刻的思想革命，它是由知识界发起的，是知识分子意识到国家面临着生死存亡的危机，而试图从根本上进行现代化的一场运动。此前的洋务运动是想用洋人的刀、洋人的枪、洋人的炮来搞所谓的"以夷制夷"。但是知识分子当时认识到了，这个不够，所以才有了那场思想文化运动。所以从陈独秀1915 年开始创办《新青年》，到后来由北京大学的学生于 1918 年开始创办《新潮》，这个《新潮》的名字就叫文艺复兴，Renaissance。所以说中国的文艺复兴或者说新文化运动就在当时的知识界浓重的危机意识下拉开了序幕。八十五年过去了，我们的社会有了很大的进步，我们的科技有了很大的进步。但面对上述城市建设的种种弊病，我则愈加感到新文化运动需要继续，因为我们的思想文化的现代化进程仍然需要推进。现在看来，我们的电脑和软件可以一夜之间赶上美国硅谷的东西，办公楼一夜之间可以现代化起来，城市几年之内可以盖得高楼林立。但是，我们盖的房子再高大雄伟，我们的国家大剧院所用的技术再高明，我们的 CCTV 大楼盖得再奇特，如果我们的思想并没有根本上现代化，那么中国的复兴和现代化也只是表面的。没有思想上的现代化，再现代的东西也没用，这个民族照样不可能复兴。与八十五年前相比，我们这个时代更有条件进行思想文化的现代化了。

八十五年前的新文化运动，包括白话文的革命，给当代中国城市建设许多的启迪。中国当代城市要实现现代化，必须继续接受"五四"精神的洗礼，必须怀抱两大危机意识，也就是民族身份危机和人地关系危机。"新文化运动之歌"的口号"德先生"和"赛先生"，就是民主和科学，反帝反封建。我刚才批了半天城市建设中的封建和帝国主义，主要是从思想上批判，不是说批哪个建筑。如果思想上不能根本地解决，你这个批下去了，第二天他会盖起，另外一个同样不讲科学和没有现代精神的建筑也在设计之中。

回到新文化运动，它最伟大的成果是什么？它最伟大的成果是倡导了白话文。在新文化运动之前我要是在这里讲话，都用之乎者也，大家都很难听懂，你要想听懂，必须学会同样的之乎者也文言文，所以交流只能限制在极少数人之间。信息的传播、理念的传播、知识的传播只限制在极少数人之中，被封建帝王和士大夫垄断了。胡适就说了：我国的文学大病有三：第一就是无病呻吟；第二是模仿古人；第三是言之无物。胡适还说，他曾经仔细研究过，中国这两千年来，何以没有真正有价值的、有生命的文言的文学，都是因为这两千年的文人所做的文章都是死的，都是用已经死了的语言在做，死文字绝不能产生活文学，所以中国这两千年只有死文学，只有没有价值的死文学。当然他说话有些偏激了，有人批评他这话。但是死语言绝不可能产生活文学，这是对的。我们如果还是之乎者也来营造一个我们现代的社会，肯定是不行的。

借用胡适关于文言文的批判，再来看当代中国的城市，我也可以这样说：中国的城市若要有活的城市，就必须用活的语言，就必须用"白话文",而不能用死的语言。用胡适关于文言文的三大病来看中国城市死语言的三大病同样适合：盖了一栋楼却不遵循功能原则，这叫无病呻吟；你非要在一座现代建筑上盖个大屋顶，那叫模仿古人，没有任何意义；你盖了个大广场，上面空空荡荡，没有人去使用，那就是言之无物。我前面讲到的城市化妆运动，都是用死语言来化妆我们的城市。城市化妆的四种死的语言，包括欧罗巴的古典西方帝国语言，古典的封建的中国帝王语言，现代的西方帝国语言，异域的奇花异卉。这些死语言不可能产生活的城市。中国要有活的城市就必须用活的文字，就是白话文。中国古典的帝王城市语言是我们应该避免的，不宜用的；它只能作为文物、作为遗产保留下来，但绝对不能再用它来建设我们的城市；西方君主的古典也只能是遗产，它不可能再用来建我们的城市；西方现代的帝国，我们也不能用，因为它离平民太远了，也不应该成为我们城市建设的语言；异域的奇异景观、奇花异卉，也应该扫除，因为它们在加剧中国城市的身份危机和人地关系危机。那这个活的城市是什么？那就是寻常的景观与白话的城市，这是我要讲的第四部分内容。

四、"白话"的城市，活的城市

我们要提倡用一种新的语言创造活的城市，这种新的、白话的城市是什么呢？叫"足下的文化与野草之美"，也就是回到科学与理性，回到人性与公民性，回到土地与地方性。这就是白话文，这就是我们城市的白话文和方言，就是我关于当代生态与人文城市建设的基本理念。

（一）足下的文化

所谓的"足下的文化"，就是回到平常，尊重平常的人和平常的事，平常中国人的生活，当代中国人的生活。从平常和当代生活中找回属于当代中华民族自己的身份，不是过去的民族身份，是当代中国人的，以界它国而自立于大地，以界它时而自立于当代。它的对立面就是封建帝国，或者士大夫的古典的中国，巴洛克式的西方的古典和帝国主义及殖民主义的西方的现代，那些强调形式主义和纪念性的无病呻吟的城市化妆，是白话和平常景观的敌人。

比如说寻常北京应该是什么样子？可以说从公元 1153 年金王朝在北京建立中都开始，850 多年来，北京便一直笼罩在金碧辉煌的宫殿庙宇所构成的非常景观之中。对这种非常的帝王景观的纪念，几乎充斥了我们的所有城市设计，以至于让我们的世人忘记了寻常的北京——那更真实和平民的北京。寻常北京的景观根植于千万年的古老北京土地上：无垠而平坦的华北平原，曾经肆虐的风沙侵害，春夏秋冬的四季分明，勤劳智慧的平民百姓在土地上写下了独特的景观，这独特的景观是什么样？高高的白杨林网，系统的灌区河塘，方正的旱地水田，多彩而慷慨的五谷，还有那四合的院落，这便是寻常而真实的北京大地。我们要找回真实的北京，不能再老是这个帝王宫殿了。我们时代要创造新的形式，但这个形式必须是本地的。漂亮的白杨林北京郊区到处都是，而许多人包括我们的许多官员恰恰反对白杨林。我因为经常搞设计，一汇报方案，这个领导就说杨树太普遍了，太差了，给换成银杏，给换成常绿柏树。后来我们说服了一个开发商，在他的一个小区里头，大量用这种杨树，你可以看到白杨林多么地漂亮，重新带回寻常的景观，结果他的房子卖得很好。所以说，我们的城市不要打扮得花枝招展、富丽堂皇，平常照样是富有诗意的，老百姓照样能欣赏平常的美。

（二）野草之美

所谓"野草之美"，就是回到土地，回到真实。尊重和善待适应土地和土地上的自然及人文过程，回到完全意义上的土地，而不是片面意义上的、经济意义上的土地。重新认识土地是美的，土地是人类的栖息地，土地是需要科学地解读和规划设计的生命系统，土地是符号，土地是神。重新回到土地的伦理，认识和善待土地。

"为什么我的眼常含满泪水，因为我对这片土地爱得深沉。"这是艾青的诗，这很平实，是白话文写的，这个诗的感染力是超过任何一首用文言文写的诗，就是因为这么平常。

所谓回到完整土地的意义是什么呢？土地至少有五种含义，我们必须回到土地的五种含义上来认识：

第一个含义，土地是美，土地本身就是美。你看，这是哈尼族村寨的梯田，正在准备申报世界遗产。这个梯田是多么的美。为什么？因为它尊重土地，它的稻田是按照土地的肌理去设计的，自然就形成了美的景观。所以只要尊重土地了，它肯定能产生美。这是西藏的梯田，也是美的。西藏的青稞地也是美的。哪怕是收割完的稻子它也是很美的。田地是美的，我们需要重新树立起关于土地的审美意识。不能像三毛那样用急于离开农田的态度来看待土地。这个时代是大城市的时代，需要我们重新用审美的态度来认识和对待我们的田地，这样就不至于这么去糟蹋土地了。

第二个含义，土地是人的栖居地，是我们的家园。人总想离开土地，但最终是要回到土地。人跟土地的关系是自从有了人就建立起来的，你必须是以它为家的。如此，我们才可以去理解，在干旱缺水的黄土高原，那些人为什么还世世代代住在那里；我们也才能理解三峡移民是多么艰难，要哭着离开这块土地。因为土地就是他们的家。所以不是说赔偿给他们几万块钱就能解决问题，他们对土地的这种精神依托是永远不能用金钱来衡量的。

第三，我们必须认识到土地是个系统，是活的。土地不是一头死猪，任人随便切卖，这是五花肉，那是蹄髈肉，不能那么去切割。我们现在对土地的利用，恰恰就用分肉的方式来分块切割这块有机的土地。土地作为一个完整的系统，是有血脉的。所以规划土地的时候，利用土地的时候，一定要把土地生命系统的完整性保留下来。你可以享用他的服务，没关系，但不能把血脉给断了，不能把它给切死了。所以需要用一个系统的方法和生命的伦理来对待土地。

第四，土地是符号，它是历史与人文的书。它是世世代代人留下的遗产，它的一树一石都是符号，需要人去读、去理解。在皖南棠樾牌坊群，你可以看到，每一个牌坊、每一块石头都有故事。纪念孝子的牌坊，讲的是"父母在，不远游"，讲的是一种伦理观，当时的价值观；那个贞节牌坊，讲的是丈夫死了，不再嫁人了，这又是一种价值观。所以说，任何一个留在土地上的，哪怕是一块砖，一块石头，都是符号，就像我们的语言一样，它们都在讲这地方和人民的故事，土地是充满着意味的符号。

河北的邯郸，地处平原，一望无际，好像平原上没有什么符号，没有历史遗产，看不出来什么。有一次我去做设计，在邯郸，我也苦恼，土地这么平坦，好像没什么东西嘛。后来我就搬出宾馆，晚上露宿在赵武灵王的丛台上，荒郊野岭。露宿一个晚上以后，第二天我五点钟起来，眼前就大不一样了。我看到了朦朦胧胧中一个个起伏的土堆，土堆是当年赵国王城的城墙；一个原来是城门的土堆还在，土城隐约可辨；一条古道本来是赵武灵王率千军万马出兵去打仗的大道，现在变成了一条下陷的河沟：三千年的古道走成了河了。填掉它行不行，当然很容易，但是填掉了它就填掉了这段历史在大地上的印记。这么简简单单的坑坑洼洼，实际上是土地在讲故事。不久，看到朦朦胧胧的有一群人来耕作了，前面是大人拉着犁，后面是小孩在播种。这个景象，使我突然想到两千七百年之前，甚至七千年以前，人们也许就用同样的方式在耕种这块土地。邯郸一带是粟的发源地，种粟的方式似乎一直都没有变过，五千年、七千年、也许一万年都没变过，还是这种方式。一万年的粟垄连着天。这是历史的延续在土地上的一种符号，一种记忆。所以土地是符号，需要我们去读、去理解。如果推土机开来了，这全都没了。我一下子有了灵感。

土地的第五个含义，神。任何一个人需要有一种信仰。信仰天主教也好，信仰基督教也好，信仰佛教也好，但土地是谁都必须要信的。土地是神，我把它作为我们每个人需要寄托的对象。什么是神呢？神就是人以之为寄托、为依赖的东西。我们曾经、今后还需要用对待神的方式来对待土地，敬畏它、善待它。在西藏，我曾遇到两个喇嘛，他们要五体投地、爬六个月甚至爬一年从西藏的边缘爬到拉萨的大昭寺去朝拜。每走一步，都将五体投地，贴近土地，沿路的一个个玛尼堆在标识着路途的远近和方向。再看这幅画，这是个在西藏民族中流传了一千多年的关于青藏高原大地魔女的故事，每个寺庙都在她的关节上，这就是人跟土地的关系，与土地之神的关系。

中国汉民族的风水观念更反映了人与土地之神的关系，千百年来这风水的模式：左青龙，右白虎，前朱雀，后玄武，都是神啊，神化了的山水。朱雀是个神，南方的神，玄武是北方的神，青龙是东边的神，白虎是西边的神。所有的寺庙，所有的县衙，甚至首都的选址都跟国家的龙、州府的龙、大地的龙脉、大地的血脉连在一起啊。这时候才会有国家和州府衙门的所谓法定地位啊。为什么古代皇帝尽管有无上的权力，但还是只称天子啊？他是天地的儿子，他必须跟天地建立一种联系，建立一种关系，否则就没有法定的位置，人家是不承认你的。所以说人跟土地的关系应该重新建立起来，建立人地关系的和谐。你看一个村庄，这是广东的一个普通的村庄，背靠的是一个山崖，是一个风水林。前面是一个平原和一个案山。这是北京十三陵，每一个明皇帝陵都是靠着山啊。它的背后就是人必须依赖于土地的信仰，必须依赖土地来建立自我，没有土地，没有跟土地的这种关系，我们的地位，人的位置是不存在的，身份是不确定的。所以说我们的先人要想方设法把土地神化，并建立人跟土地的这种依赖关系。

在我自己的老家，我父亲每年春节一定要祭拜土地，从小我就跟他祭拜土地。我到太行山考察看到，太行山很贫穷啊。房子都是石头垒的，屋顶也是石板的，但是娘儿俩日子过得非常愉快。你看他们充满着喜乐的笑容，我看比我们城市人笑得还灿烂。为什么？她背后有一个土地爷，她知道她春天种下的一颗玉米秋天会长出玉米穗来。种下一粒，它可以长出一百、一千粒，所谓"春种一粒粟，秋收万颗籽"，土地会报答她的艰辛。所以说她充满着喜悦，这喜悦来自精神的寄托，来自对土地的信赖。

因此土地需要人去读、去品味、去体验。正如读一首诗，品一幅画，体验过去与现在的生活。因此土地需要人去关爱去呵护，就像关爱自己和爱人，这就是关于土地的态度。当然土地也需要去设计、去改造、去管理以实现人和自然的和谐，这是关于土地的设计。

关于土地的设计，国际上专门有一门学科，叫景观设计学（Landscape Architecture），更确切地说是"土地设计学"。景观设计学就是土地的分析、规划、设计、改造、保护、管理和恢复的科学和艺术。我们国家连这个学科现在都还没有正式在教育部门设立。我们这几年来一直在争取设立这个学科，但现行的教育体系，很难突破，要去新设这么一个学科太困难了。目前我们的教育体制中尚只有建筑学和城市规划，国际上，人居环境的设计学科由建筑学、景观设计学和城市规划学三个相对独立的学科所构成，而我们是三缺一的，所以，我们城市和环境建设的问题很多，关键在于缺乏对土地的设计。因为没有这个学科体系，我们就没有系统地培养这样的人才来科学地建立人跟土地的和谐关系。我们培养了许多工程师，都是只知道工程的处理，只知道防洪用防洪工程、发电用水利电力的工程师，只知道盖房子的土木工程师，但就是不知道这房子应该盖在什么地方，不知道防洪可以用土地上的整个湿地系统来解决，不知道土地系统的生态服务需要一个健康的生命系统来保障。因为缺乏这么一个土地设计的学科体系，我们直到现在都还没有完整的这么一套人马能担当我刚才所描述的人地关系的协调重任。所以在座的部长如果谁是教育部的，我是衷心希望能推动这个学科的尽快建立，否则我们国家还处在这样一种不知道综合、科学地处理土地问题的状态。我们所要培养的人才叫做景观设计师，或土地设计师。他的终身目标就是实现人—建筑—城市以及人的一切活动和生命的地球和谐相处，使我们的生活具有意义，这个意义就是"天地—人—神"的和谐。

五、"反规划"与生态基础设施建设

前面我讲的是理念的问题和学科的问题，最后第五部分我来讲一下方法的问题。反了这么多、破了这么多，怎么来确立一套理论和方法把问题解决呢？这个方法我把它称之为"反规划"与生态基础设施建设。我们现在都懂得建设高速公路和市政基础设施的重要性，但是我们就没有考虑去建设一套生态基础设施来永远地保障我们的城市和居民能够安全健康地生存，也没有一套国土生态基础设施来保障国土生态安全。"反规划"做出来是个什么东西呢？就是一个区域和城市的生态的基础设施。我们先把高速公路和市政基础设施修好，然后城市才可以生长，才可以建设，但是它的对立面，它的另一个方面，它还有一套基础设施，就是维护整个城市生态健康的基础设施。本质上讲，生态基础设施是城市所依赖的自然系统，它是城市及居民能持续地获得自然服务的基础。这个生态服务包括提供新鲜空气、食物、体育、康体休闲、美育，不仅仅是城市绿地系统的概念，而更广泛地包含一切能够提供自然服务的城市绿地系统、林业系统、农业系统、自然保护地系统，以及文化遗产系统，它是个完整的概念，而不能按行政归属来划分土地。

一个很好的例子是波士顿蓝宝石项链，一百多年了还保留着，当时还是一片沼泽地和河流廊道。当时景观设计师就告诉波士顿的市长，把这片地给买下来，当时很便宜，保留成绿色的廊道，有文化遗产，有历史，有自然地。将近150年了，现在变成城市中心的一条"蓝宝石项链"。

但是，要建立生态基础设施，必须首先改革中国现行城市规划方法和法规。下面我就讲一下关于这方面的问题。

（一）反思传统规划方法

中国传统的城市规划总是先预测近中远期的城市人口规模，然后根据国家人均用地指标确定用地规模，再依此编制土地利用规划和不同功能区的空间布局，这一传统途径有许多弊端，包括：

弊端之一，城市与区域的整体的有机性没有得到尊重。从本质上讲，传统的城市规划是一个城市建设用地规划，首先它就把土地画了红线。城市100万人口，就给你100平方公里的土地。法定的"红线"明确划定了城市建设边界和各个功能区及地块的边界，剩下的才是自然的地方，才是农业，才是林业，甚至连绿地系统也是在一个划定了城市用地红线之后的专项规划。它从根本上忽视了大地景观是一个有机的系统，缺乏区域、城市及单元地块之间应有的连续性和整体性。就像文革中划分"五类分子"似的，用同样的理念来划分我们这块土地。土地被切割了。所以，传统方法忽略了大地是一个有机整体。它认为大地是没有生命的，所以它可以划出一块地来，说是"城市建设用地"。

弊端之二，城市是一个多变的复杂的巨系统，城市用地规模和功能布局所依赖的自变量（如人口）往往难以预测，从而规划总趋于滞后和被动，当然，也有"超前"的规划使大量土地撂荒。实际上都导致了城市扩张的无法和无序以及土地资源的浪费。中国五十年来做了五十年的规划了，差不多没有一个城市能够通过科学预测人口来科学地建城市的。深圳当时预测 2000 年的人口是 100 多万，并按此来规划，结果到 2000 年达到了 700 万，差距多大！北京更是这样，谁都没有预测准过，如果用统计学上的精确性来衡量的话，简直是荒唐的。所以，用传统预测人口的方法来预测城市和以此为依据来规划城市，是不行的。中国 50 年来，影响城市人口的主要是政策，政策变了，整个城市人口就变了。开始是反对城市化，上山下乡都是把城市人口疏解到农村。后来又鼓励城市化，现在又开始加快城市化，想尽各种方法推动城市化，城市人口迅速膨胀。所以说任何数学方法都不适用，那你这个根据人口的城市规划怎么可能是合适的呢？方法论是错的。我们过去的城市规划大多数是滞后于城市发展的，当然也有做得很超前的。比如北海曾经是很超前的，珠海当时也是超前的。结果你现在到北海去看看，到珠海去看看，宽广的马路上长了野草，机场跑道上长了野草，负债累累，整个是所谓的超前的规划。所以说方法不对，在中国快速城市化进程中，人口是没法预测的。基于人口来确定城市的规划，来搞所谓的量体裁衣的话，你这个衣服永远做不好，要么是穿紧身衣，要么是穿睡衣。

弊端之三，城市与土地的关系是颠倒的。也就是从本质上讲，传统的城市规划是一个城市的建设用地规划，城市规划做了半天，做什么？它就是为了批地，建设用地规划，就是为了盖房子。城市的绿地系统和城市生态环境保护实际上是被动的点缀，是后续的和候补的。而且在现行规定里头，其他的规划是在城市整体规划框架下进行的，这本身就是错了。从而使自然过程的连续性和完整性得不到保障，城市与土地的关系颠倒了。我刚才讲，城市本来是一个生命有机体，土地是母亲，城市是一个胎儿。古代中国"风水"就说，城市是个胎儿，城市的所在地是"胎息"。但是我们恰恰是先造胎儿再造母亲，大地好像是不存在的。所以你可以看到，一划到建设区以后，全部就是建设用地，自然和农田就不存在了。哪怕是画着公园，这个公园也是要重新推倒旧有的植被和田地，种上花卉，种上所谓的园林观赏植被，把它做成号称为公园的人工景观。自然植被的概念、自然地的概念是不存在的，自然系统的概念是不存在的。

弊端之四，不能适应城市开发与建设主体的转变。从上世纪80年代末开始，城市建设主体已经从政府和国家，逐渐转变为开发商，到今天，我们的城市建设主体已不再是政府了。计划经济时代是政府自己做规划，自己搞建设，但现在可不是这样。现行的城市规划方法却仍然保留前苏联人传给我们的计划经济体制下形成的方法。现在是政府做规划，房地产开发商来建城市。但是开发商可比我们懂得土地的价值，开发商懂得如何去建，我们规划师根本不明白市场，结果我们非要做规划，让开发商去建，非要给他规定这个盖什么，那个盖什么。规划师对市场不甚了解，却想着要控制市场，从而导致规划的失灵。这显然是我们在做不该做的事情，该做的事情没做。该做的事情是什么呢？该做的事情就是不建设用地的规划和控制，所以需要"反规划"。就是首先我们应该确定不建设的区域和土地系统，该建设的东西让开发商去建设，不该建设的东西是政府要做的，由市长和规划局长代表公众去做，确定我们建设部门真正应该控制、应该保护的东西。所以说规划必须反过来做，就是说在做一个建设规划之前，首先应该做一个不建设规划，种一棵生命之树，让城市建筑和市政功能体成为这棵生命之树上的果实。先把母亲的健康保证好，城市自然就在上面生长了。这就是这个理念的核心。"反规划"的思考方法就是排除法，记得我们考托福，答不出题的时候，就把那些明显有错误的答案先排除掉，剩下可能就是对的了。"反规划"告诉土地使用者不准做什么，而不是告诉他做什么。而现行的城市规划和管理法规恰恰在告诉人们去开发、去建设什么，而不是告诉人们首先应不做什么。城市的规模和建设用地的功能是在不断变化的，而由国土上的河流水系、绿地走廊、林地、湿地和文化遗产构成的生态基础设施，则永远为城市所必需的，是需要恒常不变的。因此，面对变革时代的城市扩张，需要逆向思维的国土和城市规划方法论，以不变应万变。即，在区域尺度上首先规划和完善非建设用地，设计生态基础设施，形成高效地维护城市居民生态服务质量、维护土地生态过程安全的大地景观安全格局。

（二）城市生态基础设施建设的关键战略

应用"反规划"理念，通过对未来区域和城市生态安全具有战略意义的景观元素和结构的规划控制，建立生态基础设施。为此提出十一大战略，以下只是其中的一些关键战略：

第一大战略：维护和强化整体山水格局的连续性。

城市之于区域自然山水格局，犹如果实之于生命之树。维护区域山水格局和大地机体的连续性和完整性，是维护城市生态安全的一大关键。古代堪舆把城市穴场喻为"胎息"，意即大地母亲的胎座，城市及人居在这里通过水系、山体及风道等，吮吸着大地母亲的乳汁。破坏山水格局的连续性，就切断了自然的过程，包括风、水、物种、营养等的流动，必然会使城市这一人文之胎发育不良，以致失去生命。历史上许多文明的消失也被归因于此。

古代"风水说"称，断山断水是要断子绝孙的。现代生态学和景观生态学告诉我们，连续的山水和自然栖息地系统有重要的意义。我们吃的三文鱼就是在林子里头的小溪里产卵，在海里头生长，如果这条河流给断了，那三文鱼也没有了；长江里头好多鱼也是这样的，我们爱吃的武昌鱼是在武昌上游的湖泊里产卵繁殖，然后到长江下游生长。河流廊道是大自然唯一的连续体，水是唯一的连续体。来自喜马拉雅山山顶的一滴雪水，可以流到太平洋去，所以上游山谷和湖泊的鱼卵和幼体能够在太平洋中生长，因而有了生命的连续。所以，这国土只有维护它的自然过程和格局的连续性，才能有它生命的可持续性。否则这块土地是死的，生命是要断绝的。

当年明永乐大帝在北京建都的时候，他就开始在十三陵开辟陵园。他的保护范围一直到西山，在西山脚下要伐一棵树，都是要坐牢的，要开矿，是要坐牢的，这是明文规定的。为什么？他为了维护整个连续的风水。这是明王朝的风水观念，当然，他那是直觉的、前科学的，完全是一种风水理念。但是现代生态学、现代景观生态学已经告诉我们连续的生态学意义。一只黄鼠狼从山上下来，它要沿着绿色道走，它绝不能横穿马路，横穿马路就被轧死了。美国的研究表明，高速公路是动物的第一大杀手，所以说，维护自然绿色廊道系统的连续性和完整性是何等重要。

这是我们在浙江台州做的一个规划，这是个"反规划"的例子。核心内容就是研究如何首先维护土地的完整性、水系整体网络的连续性，如果把这个维护好了，我们的防洪就简单多了，旱涝就不会这么严重了。这是我们对北京西山水脉的研究，北京西山地区和整个北京地区的水脉应该得到完整的保留。

第二大战略：维护和恢复河道和海岸的自然形态。

河流水系是大地生命的血脉，是大地景观生态的主要基础设施，污染、干旱断流和洪水是目前中国城市河流水系所面临的三大严重问题。于是以防洪、蓄水和治理污染为口号的河流治理往往被当作城市建设的重点工程、"民心工程"和政绩工程来对待。然而，人们往往把治理的对象瞄准河道本身，殊不知造成上述三大问题的原因实际上与河道本身无干。于是乎，耗巨资进行河道整治，而结果却使欲解决的问题更加严重，犹如一个吃错了药的人体，使大地生命遭受严重损害。这些"错药"包括：

大错之一：高堤防洪。必须认识到，在全国普遍缺水的情况下，洪水是资源。洪水之所以变得如猛兽豺狼，只因我们没有善待河流水系。防洪之道绝不在高筑河堤，而在建立一个滞洪的湿地系统，从区域尺度上解决水资源的蓄留。100年一遇、500年一遇的水泥堤岸可以休矣，无论从短期经济利益还是长远国土生态考虑，都告诉我们必须走国土生态之路来协调旱涝之灾的问题。

大错之二：水泥护堤衬底。大江南北各大城市水系治理中能幸免此道者，几乎没有。曾经是水草丛生、白鹭低飞、青蛙缠脚、游鱼翔底，而今已是寸草不生，光洁的水泥护岸。水的自净能力消失殆尽，水—土—植物—生物之间形成的物质和能量循环系统被彻底破坏。

大错之三：裁弯取直。古代"风水"最忌水流直泻僵硬，强调水流应弯曲有情。只有蜿蜒曲折的水流才有生气，有灵气。现代景观生态学的研究也证实了弯曲的水流更有利于生物多样性的保护，有利于消减洪水的灾害性和突发性。

大错之四：高坝蓄水。至少从战国时代开始，我国祖先就已十分普遍地采用做堰的方式引导水流用于农业灌溉和生活，秦汉时期，李冰父子的都江堰工程是其中的杰出代表作。但这种低堰只作调节水位，以引导水流，而且利用自然地势，因势利导，既保全了河流的连续性，又充分利用了水资源。大江、大河上的拦腰水坝已经给这一连续体带来了很大的损害，而当所剩无几的水流穿过城市的时候，人们往往不惜工本拦河筑坝，"美化"城市，从表面上看是一大善举，但实际上有许多弊端，包括：变流水为死水，富营养化加剧，水质下降，如不治污，则往往臭水一潭；破坏了河流的连续性，使鱼类及其他生物的迁徙和繁衍过程受阻；影响下游河道景观，生境破坏；丧失水的自然形态，水之美在于其丰富而多变的形态。城市河流中用以休闲与美化的水不在其多，而在其动人之态，其动人之处就在于自然。

第三大战略：保护和恢复湿地系统。

湿地是地球表层上由水、土和水生或湿生植物相互作用构成的生态系统。湿地是人类最重要的生存环境，生物多样性极为丰富，被誉为"自然之肾"，对城市及居民具有多种生态服务功能和社会经济价值。包括：提供丰富多样的栖息地，调节局部小气候，减缓旱涝灾害，净化环境，满足感知需求并成为精神文化的源泉，教育场所，等等。在城市化过程中因建筑用地的日益扩张，不同类型的湿地的面积逐渐变小，趋于消失，或富营养化，对其周围环境造成污染。所以在城市化过程中要保护、恢复湿地，避免其生态服务功能退化，对城市可持续发展具有非常重要的战略意义。

我们在填埋湿地，我们没有一个完整的湿地概念来对待国土。湿地是决定国土健康与否的最主要因素之一。为什么美国很早就出现湿地保护法？湿地是维持土地水分平衡、防止洪涝灾害的关键。中国为什么这么多洪涝灾害？湿地系统被破坏了。很简单，我们的水利部门只管河流廊道，湿地不是水利部门管的，而环保部门又管不了河流廊道，所以水系统被切割了，没有一个完整的概念。我们的研究表明，如果不做防洪堤，实际上你也可以解决防洪问题，靠什么？靠湿地系统和水系统，变成一个连续的网络。湿地就是海绵啊，下雨时，它能够吸收大量的水，旱季就可以渗出水。

第四大战略：建立无机动车绿色通道。

国际城市发展的经验告诉我们，以汽车为中心的城市是缺乏人性、不适于人居住的，从发展的角度来讲，也是不可持续的。"步行社区"、"自行车城市"已成为国际城市发展追求的一个理想。

然而，快速发展中的中国城市，似乎并没有从发达国家的经验和教训中获得启示，而是在以惊人的速度和规模效仿西方工业化初期的做法，"快速城市"的理念占据了城市大规模改造的核心。非人尺度的景观大道，环路工程和高架快速路工程，特别是"滨江大道"，已把有机的城市结构和中国长期以来形成的"单位制"社会结构严重摧毁，把城市与自然的关系割裂，把人与水的关系切断。步行者和自行车使用者的空间在很大程度上被汽车所排挤和阻断（图12）。

还在几年前，80%的北京人是靠骑自行车或乘公交车上下班，那时候很少有堵车和上班迟到的事。再看现在的北京，我们放弃了以前骑车的出行方式，以开车为时尚。不久会发现，对许多人来说开车将变成是被迫的了。现在的美国和欧洲，正在以骑车为时尚。

图12　宽广的"滨河景观大道"阻隔了城市与水、人与水的联系，过分园艺化的滨江绿地缺乏生态效益（广州，俞孔坚摄）。

但是再过五年，或者最多也就 10 年 20 年，我们也会以骑车为时尚，可以看到我们的时间差。但是等到我们再缓过劲来时，再想骑车的时候，我们已经没有可以骑车的路了，我们的路全被汽车占了。中国城市正在扩张，未来中国的城市至少比现在大三倍，所有的城市可能要比现在至少大三倍，所以这个时候要建立一个城市格局，是非常非常重要的。现在关键的战略性的规划在开始的时候，国土部门和建设部门就应该制定绿色通道，城市中要将绿色通道留出来。沿河流也好，沿社区间的绿地也好，建立起社区间的绿色通道。上下班将来靠骑车，中国将来一定要靠自行车和公交来解决交通问题，绝不能靠小汽车。北京现在已经出现严重的交通堵塞现象。更何况中东问题，更何况我们的石油危机问题，中国要和平崛起啊，希望寄托在自行车上和轨道交通上。中国如果寄托在汽车上，世界的和平和安全就会受到威胁，这是免不了的。国家间的能源竞争，跟美国的竞争，跟日本的能源的竞争，你不能不跟他们在中东、中亚发生竞争，一定是要发生摩擦的。所以真正解决的对策是解决绿色交通，而绿色交通的关键是在规划城市的时候就要留出非机动车的绿色通道和沿轨道交通线的城市布局。你想想看，如果从北京的核心区能一直骑车到西山的话，那该多畅快！一个或半小时我就骑到西山去了，上班既解决锻炼问题，又节能。

所以西方人早就开始认识到这个，从上世纪 80 年代开始就强调建立非机动车道，但是他们是要付出代价的。因为他们城市已经定型了，需要拆掉城市的部分，需要拆掉道路。最近几年，美国波士顿一个叫大开挖的工程花了近 200 亿美元，把穿越城市的快速车道埋到地下去，重新在地面上恢复绿色廊道和步行、自行车空间。我有幸参与了其中一段的设计。人家花了近 200 个亿，而我们现在是不需要花太多的钱就可以实现。为什么？我们的城郊的土地还有余地，还是农田，所以你把这个系统保留下来，留给后代，留给十年以后，一定是会有很好的结果。这也是和平崛起的战略性规划。

大家现在都在向往汽车，所以根本不考虑自行车问题。加拿大有一条横贯整个国家的绿色的自行车道，整个畅通无阻。在中国完全可以建立这样的绿色自行车通道，大运河就是其中一条，大运河将来一定是这样一条绿色廊道。现在不去规划建设，将来也要建，但将来要建可能要花上几个亿，几百个亿来建，现在来建可能是不需要花多少钱。所以说差别就在这里，我们必须站在战略高度来认识。

所以，作为城市发展的长远战略，利用目前城市空间扩展的契机，建立方便生活和工作及休闲的绿色步道及非自行车道网络，具有非常重要的意义。这一绿道网络不是附属于现有车行道路的便道，而是完全脱离机动车道的安静、安全的绿色通道，它与城市的绿地系统、学校、居住区及步行商业街相结合。它将是应对未来全球性能源和石油危机的关键性战略，必须从现在开始建立。

第五大战略：建立绿色文化遗产廊道。

绿色文化遗产廊道是集生态、休闲与教育及文化遗产保护等功能为一体的线性景观元素，包括河流峡谷、运河、道路以及铁路沿线。它们代表了早期人类的运动路线，并将人类驻停与活动的中心和节点联系起来，体现着文化的发展历程，是一个国家或一个民族发展历史在大地上的烙印。从早期山区先民用于交通的古栈道和河边的纤道，到秦始皇修建辐射在中华大地上的驰道，以及隋炀帝开凿横贯南北的京杭大运河，众多具有数千年或数百年历史的文化遗迹如明珠闪烁般被线性景观串联起来。要注意，关于遗产的概念，不光是5000年、3000年的遗产或几百年的遗产才有价值，脚下的好多文化遗产都可能有重要的价值，50年、30年的遗产也有价值，我们把中山市的粤中造船厂改造成了一个城市公园，就是将其作为社会主义工业化遗产来对待的，获得了多项国际奖和国内大奖（图13）。

图13 广东中山岐江公园：利用造船厂旧址和乡土野草，成为独具特色的公园（土人设计，俞孔坚摄）。

在中原大地，在河南、河北走一下就知道了，到处都是战国时代留下的土城啊，现在都在消失过程中。我们的城市规划，我们的土地规划首先应该把它们圈成一个个不建设区域，建立起绿色廊道。你要搞绿地系统建设就沿着这个来搞。它们将是我们后代的爱国主义教育的最好基础设施。

然而，随着城市的持续扩张，以及交通方式的改变，特别是现代高速路网的横行，这些线性历史景观被无情地切割、毁弃。即便许多节点被列为地方、国家、甚至世界级的保护文物，但它们早已成为一些与原有环境和脉络相脱离的零落的散珠，失去其应有的美丽与含意。将这些散落的明珠串联起来，与同样重要的线性自然与人文景观元素一起，构成城市与区域尺度上价值无限的宝石项链。这同时又是无机动车穿行的漫步道和自行车走廊，它将是未来市民的生态休闲与文化教育及环境教育的最佳场所。

可以预见，融历史文化、自然生态及旅游休闲和文化教育为一体的绿色遗产廊道将在未来中国大地景观上构筑起一个迷人的网络。

我特别赞成单霁翔局长最近提的一些关于大运河遗产、大运河保护的观点。今年暑假，我们从文物局申请到一个课题，就是专门研究大运河遗产廊道整体保护的。今年暑假我们组织了30个研究生骑车考察大运河。沿途考察，目前情况非常严重。存在的问题很多，污染不用说了，断流不用说了，河道也成了垃圾场。文物遗产正在被毁，有的已经消失了，再也找不到了。运河廊道是世界上独一无二的，这样的廊道不应该再搞水泥，再把它变成单一的输水功能或者以单一的防洪功能，或者以单一的航运功能来考虑，大运河必须整体地设计，整体地规划。必须把水利部门、国土部门、农业部门、当然还包括环保部门和文物部门统一起来做一个整体的大运河保护规划和利用战略。绝对不能用单一的工程方法来对待大运河。把它变成输水管道或变成航运管道都将是不幸的。这个大运河是中国的民族身份，它的价值、它的意义远远地高于长城的价值，它是真正促进中华民族发展、交流和融合的因素。对未来中国将继续发挥重要作用。所以说，大运河输水应该是一个契机，但是如果做得不好，可能是灾难性的。如果做得好，会给未来留下非常重要的、战略性的、多功能的廊道。

这个廊道有三大功能。第一，它是一条生态廊道，它串联了从南到北一系列湿地系统，像南四湖，骆马湖、太湖等，它把中国东部的五大水系都串联在一起。这是中国唯一的一条横贯南北的河流，而且是人工的河流。从北温带到北亚热带，从北京骑车可以看到北方的杨树和柳树，一直看到南方的水杉和樟树，所以是一个中国自然和文化景观的南北大剖面。刚才我讲了杭州湾地区的一张照片，房子都盖满了，没有空隙了。但是如果沿着这条运河来建立一个生态廊道的话，那将给大地留下一口生气。所以，这是中国东部的一条非常重要的有战略意义的生态廊道。

第二，当然更重要的是，它是条遗产廊道。2400多年前的春秋战国时代就有一条邗沟了，后来被陆陆续续连在一起了，变成了世界上最长、最古老的一条运河，好多水工技术都是具有世界级遗产价值的，现在都在消失之中，应该用遗产廊道和文化线路的方式来把一些孤立的文化遗产串联在一起。真正是中华民族的脊梁，这是非常重要的。但是因为目前还没有一个统一的管理体系，所以遗产面临着消亡，我们走完以后才感觉到非常令人心痛。

这条遗产廊道的第三个战略性的资源，是它作为未来中国东部的一条休闲廊道。为什么这么重要，休闲也是战略性资源？美国东部有一条阿巴拉契亚山步道。每一个美国人，以走过这条阿巴拉契亚山的休闲道为自豪，它需要花一个暑假的时间才能走完这条廊道（图14）。中国的这条大运河，未来中国的年轻学生肯定以走完大运河为自豪，所有的青年、所有的大学生一辈子要走一次，从北京骑车一直到杭州，这是任何国家都没有的。走的过程中，你不光是体验到自然的美，阿巴拉契亚山只是自然的美啊，我们还有遗产呢，你可以一路领略中国的悠久历史，2000多年的历史都在这遗产当中。你还可以沿途看到不同地方的风俗，不同地方的宗教信仰，甚至烙饼都不一样。北方烙饼到南方都变了样了，都可以沿着这条运河廊道看到。沿途的清真寺，沿途的诗词歌赋，沿途的故事，等等。所以说，三种重要的战略性的资源必须要部委级以上领导统一作出决策，统一规划，制定战略性的保护措施，然后你才能给后代留下一条国土上的绿色遗产廊道。所以要赶紧出台政策，制定国家战略，这太重要了（图15）。

第六大战略：溶解城市，保护和利用高产农田作为城市的有机组成部分。

保护高产农田是未来中国可

图14　作者行走美国东部的阿巴拉契亚山步道。

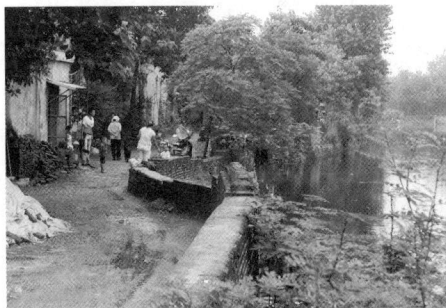

図 15　有待规划建设的大运河国家生态与遗产廊道（俞孔坚摄）。

持续发展的重大战略，霍华德的田园城市模式也将乡村农田作为城市系统的有机组成部分。随着网络技术、现代交通及随之而来的生活及工作方式的改变，城市形态也将改变，城乡差别缩小，城市在溶解。而大面积的乡村农田将成为城市功能体的溶液，高产农田渗透入市区，而城市机体延伸入农田之中，农田将与城市的绿地系统相结合，成为城市景观的绿色基质。这不但改善城市的生态环境，为城市居民提供可以消费的农副产品，同时，提供了一个良好的休闲和教育场所，日本筑波科学城就保留了大片的农田，产生了良好的效果。英国在 1979 年时就有 20 多个社区引入城市农田，还有相应的机构提供技术和资金支持。法国在建设新城时引入农业景观，把农田作为绿地引入城内及城市周围，使城区的绿地、水面达到 40%，并用农田作为城市与城市之间的隔离带，他们称之为"建设没有郊区的新城"。

高产农田应该保留在城市中，城市中可以有农田。沈阳有一所建筑大学，新校园刚刚建成，校长说没有多少钱来美化和绿化校园，于是，我就给他们设计了一片东北稻子，结果效果很好，因为原来这地方就曾经是稻田（图 16）。但很遗憾，在绝大多数情况下，农田一旦划为城市建设用地，我们的农田就被排斥在城市之外去了。像北京城市建设区，农田都不让存在了，甚至北京郊区不准种水稻了，都变成园林绿化了，种花种草了。实际上与种花种草相比，水稻更好啊，它既是湿地，又可以生产粮食，而且国外的调查表明，愿意到农田去休闲的人远远多于到公园去休闲的人。

早在 20 年前，生态学家 Odum 就指出人类的行为常常被小决策所主导，而不做大决策，这是导致生态与环境危机的重要原因。中国古人也云：人无远虑必有近忧。而对异常快速的中国城市化进程，规划师和城市建设的决策者不应只忙于应付房前屋后的环境恶化问题、街头巷尾的交通拥堵问题，而更应把眼光放在区域和大地尺度来研究长远的大决策、大战略，哪怕是牺牲眼前的或局部的利益来换取更持久和全局性的主动。从这个角度来讲，眼下轰轰烈烈的城市美化和建设生态城市的运动，至少过于短视和急功近利，与建设可持续的、生态安全与健康的、人文的城市，往往南辕北辙。同时，必须认识到，在一个既定的城市规模和用地范围内，要实现一个完善的生态基础设施，势必会遇到法规与管理上的困难。所以，决策者非凡的眼光和胸怀，以及对现行城市规划及管理法规的改进，是实现战略性城市生态基础设施的基础。初步的实践已经表明，只要地方长官有科学的发展观，这种生态基础设施的基础是可以实现的，一个生态与人文的城市才有可能实现。

图 16　稻田进入城市：沈阳建筑大学校园（土人设计，曹扬摄）。

白话的城市与白话的景观*

引言

关于设计学科（建筑、景观设计、城市规划）的现代化问题，建筑学方面的讨论已经有不少了。但在景观或者说风景园林方面，还远远没有引起重视。也难怪，生在今日的中国，做一名景观设计师是幸运又痛苦的：幸运的是，我们可以有以往几代人都没有的实践机会；痛苦的是，这个时代的变化是如此的剧烈，在混乱的学科定位面前，在如过江之鲫的流派、风格、理论面前，我们又很难把握。思考的高度、时间和深度都局限着理论的总结。"不畏浮云遮望眼，只缘身在最高层"。笔者深信，立足本土，扩大视野，站在历史与社会发展的高度进行反思，有助于我们把握时代的脉搏和潮流，早日实现设计学科的现代化。

中国的现代化进程自"五四"开始，八十五年过去了，华夏大地上发生了翻天覆地的变化。"在中国，20世纪一切具有现代化意义的新的事物和新的人，都自'五四'始"（张静如，1999）。"五四"精神，关于新的文化、新的语言，关于民主与科学的精神永远

* 本文根据作者 2004 年 4 月 9 日在"中国建筑艺术与文化发展论坛"上的讲演整理完成，并以"续唱新文化运动之歌：白话的城市与白话的景观"为题，发表在《建筑学报》，2008 年 5—8 期，第二作者李伟。收入本书时图和文字都有所补充。

值得追怀。正如有学者指出："'五四运动'是活的历史。因为它的精神还活着，它所提出的目标还没有完全达到，还有更年轻的人自愿为它而推动。自由、民主、人道、科学，都是永远不完的事业"（周策纵，1999）。在某种意义上说，这个现代化的目标只在白话文里得到最完全的体现，我们的小说，我们的散文，我们的诗歌是最早实现现代化的模范。

以"五四"为标志的新文化运动实际上是一场思想运动，它起初试图通过中国的现代化来实现民族独立，个人个性的解放和社会的公平。广义上讲，是一场知识分子领导的思想革命，倡导全方位现代化（周策纵，1999）。既然如此，我们当然期望它也推动了设计学科的现代化。八十多年前的1910—1920年代，中国的设计学还在痛苦的草创之中，在现代建筑被动输入的情况下，一切还处于一片蒙昧。只是在"五四"这"铁屋中的呐喊"过后，中国现代设计的先驱者们才浮出海面，不能说他们没有受到新文化运动的冲击。但时间的阴差阳错、建筑文化的特殊性使他们选择了多种不同的道路，一些人探索继承传统建筑，一些人探索中国的现代建筑，还有一些人则开创性地整理和保护中国的传统建筑文化遗产（邹德侬，2003，1—40）。无疑这些工作都是当时迫切需要进行的，正是先辈们的不懈努力，才得以形成今天设计学科的成就和发展。回顾历史，先辈们的伟岸身影仿佛在召唤我们去完成他们未竟的事业。

八十五年过去了，从新文化运动的宏伟目标来看，我们所关心的设计学科成就巨大，但是，也应该有更多的期待。特别是中国的园林，几乎没有受到新文化运动的冲击，而成为封建帝王和士大夫文化及精神的最后避难所（在此声明，绝不是要砸烂这些园林，珍惜和保护文化遗产本身是现代设计学的重要精神）。有理由相信，真正实现全面"文艺复兴"的机会是在当代中国，而在设计学中尤其如此。我们有理由继续高唱新文化运动之歌，因为我们正处在一个充满挑战与机遇的边缘时代。

一、认识危机是复兴的起始，当代中国面临两大危机：民族身份与人地关系

传统上，设计行业是不喜欢有人谈时代背景、谈理论的。我们习惯的是一上来就画，就展示一点徒手能力，"一张白纸，可以画最美好的图画"，但面对中国这样一张饱经沧桑的纸张，我们仅仅有一点工程师的知识、有一点美术功底恐怕是不够的。如果说五十年代陈占祥先生提出不要让建筑师变成描图机器（陈占祥，1957），是呼吁回到设计学科本身的话，在设计人员的自由度大大增加的今天，恐怕更需要一种大的、不局限于设计学科本身的视野。

那么，对于设计学科来说，这样的大视野是什么？首先，我们必须明白我们所处的时代。从文化的意义上来说，首要的认识是中国是正处在一个边缘上的大国，在传统与现代化的边缘，在经济与社会转型的边缘。正是一个蓬勃发展而又充满危机的时代。"危机"二字在中文中意味着危险与机遇同在。没有危机意识就不可能有复兴。处在这样的时代，处在这样的中国，在这样的剧烈变化的边缘，如果不是愚昧无知的话，看不见前景和机会无疑是悲观主义的，而装着看不见危险则显然是不道德的。

基于"危机"与复兴的关系，有一种说法认为，世界上曾经有两大文艺复兴，一个是在欧洲的原本意义上的文艺复兴（1350—1600），来源于包括黑死病在内的危机和恐惧，它促使人类摆脱了宗教的蒙昧，开始走向科学理性与人性的时代，最终成为工业革命和西方现代化进程的原动力。第二大类似意义上的"文艺复兴"是在 20 世纪初的美国，来自与欧洲独裁主义者的战争、冷战和核武

器的恐惧和危机，从而有了现代高科技的迅猛发展，将人的创造力与创业精神体现到了极致，是信息时代社会发展的原动力（Winslow，1995）。就"五四"和与之几成同义词的新文化运动而言，当年中国知识界的危机意识是根本的基础。可以说文化的落后、社会的黑暗、民族的危亡、国家的积弱造就了那一代人的危机意识。正是在这样的危机意识的驱使下，陈独秀才追求脱离羁绊的"解放"，李大钊才要求冲破历史的网罗，创造青春之中华。鲁迅才弃医从文，胡适才倡导《建设的文学革命论》。

从 1915 年 9 月陈独秀创办的《青年杂志》（一年后改为《新青年》），到 1918 年由北京大学青年学生创办的《新潮》（*The Renaissance*），中国的"文艺复兴"，或者说新文化运动，便在知识界浓重的危机意识下拉开了序幕。

与当年相比，当代中国也面临两大危机，认识这两大危机足以产生具有世界意义的第三次文艺复兴，真正的中国的文艺复兴，而设计学的领导和推动作用是其他学科和文化领域所不能替代的。

（一）第一大危机，中华民族身份和文化认同的危机

所谓民族身份或文化认同（identity）即是梁启超所谓的"以界他国而自立于大地"的个性和特性（1995）。从社会学的意义上说，identity 被视同为共有的信仰和情感，是维持社会秩序的社会角色和身份。从政治学上讲，它是形成国家、建立国家和现代化、民主政治过程的政治资源，体现在国家的核心情感和象征（张汝伦，2001）。作为现象学的主要研究对象之一，identity 在文化景观与人文地理学中的含义是一个地方有别于其他地方的地理特性，是对场所精神的适应，即认定自己属于某一地方，这个地方由自然的和文化的一切现象所构成，是一个环境的总体。通过认同该地方，人类拥有其外部世界，感到自己与更大的世界相联系，并成为这个世界

的一部分（Seamon，1980；Relph，1976；Norberg-Schulg，1979，1988）。如果说景观是社会意识形态的体现和符号的话（Cosgrove，1984），那么，我们有理由说景观是一个民族及其文化的身份证。

虽然在经济全球化的今天，民族身份和文化认同仍是一个普遍性的问题。而在当今中国尤其令人担忧。在 200 年以前或者 150 年前，我们可以说中国有一种鲜明的民族身份，或者说不存在文化认同问题。传统中华民族五千年了，大家都认同这个民族，黄种人、黄皮肤，认同于我们的祖先黄帝；地理空间上，我们认同于"天处乎上，地处乎下，居天地之中者曰中国"的整体环境；无论夷夏，我们认同于华夏文化，这个民族的身份鲜明地表现在封建帝王的大一统下，我们认同于乾隆大帝，认同于康熙大帝，认同于唐太宗，甚至认同于秦始皇；我们的身份证便是帝王们的紫禁城甚至他们挥霍民脂民膏建设的离宫别苑、士大夫们的山水园林、无数同胞血汗构筑的长城，无数劳役开凿的大运河。古典的、封建的帝王的中国，这种民族身份是很鲜明的，所以世界的其他民族会把中国人称作唐人或者宋人，或者叫汉人，正因为认同了一种独特的民族特征，独特的建筑和独特的文化。翻开到 2004 年为止的世界遗产目录，被认为代表中国的世界遗产有 29 项，除了其中的 4 项为自然遗产外，绝大多数是封建帝王和士大夫们的宫苑和死后的坟墓，及其为维护其统治而建造的宗教庙宇建筑和军事设施。我们当然要万分珍惜历史遗产，保护和善待它们是文明程度的标志。但作为现代中国人，难道还要继续这种古典的认同吗？我们当代的文化认同是什么呢？用什么来作为现代中国人的身份证？

综观近百年的中国现代化进程，可以看出中华民族身份和文化认同危机的发生有其历史性，是从中国现代化进程的一开始就有了。文化认同的危机是新文化运动的一个最重要的动因。两次鸦片战争的失败，使得洋务派在面对"三千年未有之变局"中有了"器不如人"、"技不如人"的反思；辛亥革命的胜利和军阀混战、民生凋敝的事实反差，使得"五四"先贤们意识到中华民族和中国文化本身所存在的问题，使得他们从"器"与"技"的局部思考转而向海外寻求民族解放和中国现代化的思想文化资源，因此在极端的情况下，"全盘西化"、"打倒孔家店"成了"五四"的标志性口号，以至于一些学者对于"五四"彻底颠覆传统文化长期以来耿耿于怀。但即便如此，"五四"仍然是中国现代化进程中高高飘扬的旗帜。

时代发展到今天，在封闭多年打开国门之后，西方世界和我们自身的落差再一次凸显在中国知识界面前，加之市场经济的冲击，文化认同的危机，包括对新的由"五四"和建国以来形成的对传统文化的认同危机，在知识界再次发生。关于"人文精神"的讨论，"新国学热"，"后现代热"，"新市民文化热"，以及各种知识分子话题的讨论，多少都表现了寻找文化认同和民族身份的焦灼心理（陈思和，1996）。

与此同时，作为民族身份证的中国建筑文化在今天正面临着多方面的危机，包括欣欣向荣的建筑市场下地域文化的失落，城市大建设高潮中对传统文化的大破坏，全球化对地域文化的撞击等等（吴良镛，2003a）。这种建筑文化危机正是又一次文化认同危机的结果，城市景观建设中的贪大求洋、欧陆风的兴起无不是这种危机的表现。

如果说殖民建筑、"华人与狗不得入内"式的公园，以及对传统中国建筑的模仿，是"五四"时代第一次文化认同危机在设计学领域的反映的话，"城市化妆运动"正是当代第二次文化认同危机给城市景观建设带来的恶果（俞孔坚，2003）。当代中国设计师在于努力推动中国的现代化进程和文化的进步，而绝不应让"城市化妆运动"背后的落后思想遮挡设计学的现代化，特别是城市和景观设计领域民主和科学的现代化之路。

在全球化背景下，当代中国人的民族身份到底何在？又是什么？

是每一个设计师所应该回答的问题。法国路易十四的凡尔赛宫非常宏伟巨大,它跟圆明园是同时代的,这是西方巴洛克的民族身份;中国的紫禁城,是中国封建帝国的经典,同样令人叹为观止;当年西克斯图斯五世(Sixtus V)和相继的多位罗马教皇,通过向信徒们卖"赎罪券",营造了一个圣彼得广场,而我们的教科书一遍又一遍地把它当作宝典,顶礼膜拜。从古希腊和罗马帝国,再到法兰西帝国和形形色色的帝国主义和殖民主义者,都曾用同样的语言、同样的形式、甚至同样的精神在造城市和景观,它们如同一个不散的幽灵,最终来到了中国的城市,成为当代许多中国人主动或被动的认同。几乎每一个城市至少有一个大广场,几乎所有这些广场的模范就是凡尔赛宫前的广场和模纹花坛,或是罗马圣彼得广场,或者是北京太和殿前的广场:我们在认同古典欧洲的君主和教皇,或者认同于古典中国的帝王和士大夫。

而与此同时,我们也开始认同于所谓"最现代"的建筑和景观,杰出的例证是国家大剧院,它是法国建筑师在中国首都的"杰作",它将迫使未来的中国人去认同。另一个例证是中国央视大楼,在传媒时代央视大楼相当于一个民族最权威的象征,一张不可误认的民族身份证,这是中国人正在准备要认同的。我本人不试图从建筑学本身的角度来评论它们,它们可能都是了不起的建筑。但是这种建筑的背后,作为接受了这种建筑的人们,实际上是用一种"暴富"的心态来接受一种"帝国"的建筑。当今,任何一个经历过现代化发展的国家都不可能再盖这种建筑,因为,它们违背了基本的现代精神——理性、科学与民主、功能服从形式:而是在用十倍、甚至更昂贵的花费,造一个具有同样功能的展示建筑。正是在当代的中国,那些"帝国"建筑师们实现了他们的"帝国"梦想。我似乎重新听到了100年前美国城市美化运动中建筑师 Daniel Burnham 的一句名言:"不做小的规划,因为小规划没有激奋人们血液的魔力……要做大规划,……一旦实

图 1　秦始皇穿上西装，中国身份认同的危机：是封建帝王的过去还是今天的西方帝国？什么才是当代中国的身份（俞孔坚、吕晋磊图）？

现，便永不消亡"（Pregill and Volkman，1993）；我也回想起英帝国主义建筑师 Edwin Lutyens 和 Herbert Baker，当他们在新德里的宏伟设计被采用时兴高采烈和手舞足蹈，高呼：帝国主义万岁，专制万岁（Hall，1997）。所幸的是，一场突如其来的 SARS 大大加速了中国真正走向一个理性、科学、民主和平民化时代的进程，"帝国"建筑的短命是可以预见的。作为当代中国设计师，我们更应当深刻领会中央的改革与创新精神，推动中国的现代化进程和文化的进步。而绝不应让"帝国"建筑，遮挡民主和科学道路的前景（图 1）。

边缘上的中国使我们的文化与民族面临身份的危机：是古典的西方帝国？封建的中国古典？还是帝国的现代西方？

（二）第二大危机，中国的人地关系危机

回忆新文化运动当年的危机，当时是民族生死存亡的危机，还没有生态危机，人地关系危机还没有今天严重，广大的乡村还被西方人士描写成"诗情画意般的"（Boerschmann，1906）。而我们这个时代又多了一层危机，就是人地关系的危机。

去年中国人实现了千年的飞天梦想，神舟 5 号遨游太空，这是了不起的，值得全体炎黄子孙欢呼。中国人得以亲眼看到中国大地

的全貌。我则希望这张祖国母亲的影像能唤起一个期待复兴的民族的忧患意识：那是一幅何等辽阔而又如此枯黄的土地！与她的邻国相比，她的绿色是何等稀缺。我似乎看到年迈多病的母亲在向贪婪的儿女们挤尽最后的乳汁。而如果我们将这影像在某一点放大，就可以看到湖南山中的一座吊脚楼前，三五位老乡正用被几代人使用过的锄头，将一株百龄老樟树，从祖先的坟旁连根挖起，砍掉茂密的枝叶，从早已等候在那里的大树收购商手里接过 60 元人民币，眼巴巴地望着拖拉机将那断了枝叶的祖先亲手植的树拉往城里……当它们再次出现在城市景观大道旁边或高档别墅区里时，已是身价万计，而留给土地的不仅仅是那个黄土坑，还有那黄色的溪流；失去的也不仅仅是茂密的枝叶，还有包括那棵树上的喜鹊和地下的蚯蚓在内的整个生态系统，以及那庇护家园的"风水"。这就是所谓的城市美化和绿化，在搞所谓的房地产建设和城市建设。而整个过程中，设计师多半是个帮凶。

关于中国高速的城市化进程，许多学者都有论述（如周一星、曹广忠，1999，2000；胡序威，2000；吴良镛，2002，2003b；鲍世行，2002；汪宇明，2002；赵新平、周一星，2002；缪军，2003；朱宝树，2003；王骏，2003；顾朝林，2003，等等）。据研究，在未来近十多年时间内，中国的城市化水平将从目前的 37% 达到 65%。同时，伴随网络时代的到来，中国大城市的郊区化也已经开始，并日益严重。以北京 1984 年和 2003 年的影像对比为例，可以发现城市无节制的蔓延是多么地快速，大地景观的变化是多么地剧烈和让人生畏。我们在远离土地。再看未来北京 CBD 的电脑模拟图，以及国际大都市的另一位竞争者——上海的电脑模拟图，它们对纽约与香港的认同程度昭示了未来中国居民的身份和处境。

过去几年，中国每年消耗的水泥是世界总消耗的 50% 以上，煤炭和钢材都在30%以上。但这些水泥和钢材都被用到哪里了呢？它们大量地被用到了不该用的地方，它们被挥霍了：看那带有70米悬挑的CCTV大楼，预计将消耗每平方米250公斤共计12万吨钢材，此数量为中国普通办公大楼用量的10倍以上。北京2008奥运会主馆"鸟巢"，预计消耗5万吨钢材，达到每平方米约500公斤，这个用量是当时被认为极其昂贵的悉尼奥林匹克体育馆的17倍。大量的钢材水泥被用于铺设超尺度的大广场，被用于渠化工程和建坝，流经中国的河流鲜有未被截流渠化和拦河建坝的。中国有近25000多座大坝，约占全世界大坝总数的50%，仅一个三峡大坝就消耗掉1600万立方米混凝土。而所有这些耗费，不但不能改善中国的城市环境，还将直接或间接破坏中国国土生态基础设施，给中国大地背上沉重的生态包袱，给城市背上沉重的环境包袱……中国人地关系面临空前的危机（图2，图3）。

人地关系包括人对土地的依赖性和人所具有的主动地位。在人类社会的发展中，由于技术的进步和人类作用的加强，存在着过分强调人的主观能动性的思想，片面地按照人类需求来改造环境，往往违背自然规律，酿成资源枯竭、环境恶化的苦果（郑度，1994）。当代中国的人地关系危机主要表现为人口负重与土地资源紧缺的矛盾，高速的城市化进程加剧了这一矛盾。

图2 无度的挥霍：北京2008奥运会主馆"鸟巢"，预计消耗5万吨钢材，达到每平方米约500公斤，这个用量是当时被认为极其昂贵的悉尼奥林匹克体育馆的17倍，而这仅仅是一个没有顶盖的体育场而已。

图3 挥霍的代价：数不清的自然和人为灾害破坏，使中国国土和生态环境背上沉重的包袱，如同一匹负载过重的老马。我们不禁要问：我们能可持续吗？（刘雁峰绘图）

　　高速城市化扩张包括原有城市建成区的扩大，包括新的城市地域、城市景观的涌现和城市基础设施的建设。原来的农田、自然林地、草地等多种多样的土地镶嵌体都变成了单一的城市建成区。大地景观正在发生着"五千年未有"之变化，其影响无疑是根本性的。这种变化所带来的民族生存空间的危机、国土生态安全危机是史无前例的。而尤其不能原谅的是没有善待土地，在无知与无畏的态度下，虐待、糟蹋有限的土地（俞孔坚等，2000，2003）。

二、续唱新文化运动之歌：白话的城市与白话的景观

　　在一个实现了民族独立、开始走向国家强盛的时代，面对严峻的民族身份和人地关系这两大危机，继续新文化运动，重新认识"五四"运动提倡的德先生和赛先生，即民主与科学和反帝反封建，完成八十五年前没有完全实现的文艺复兴的使命，对设计学科的现代化具有极其重要的意义。

　　文学革命和白话文，是新文化运动最大的成果。回顾和对照一下当年对文言文的批判，再来认识我们现在城市和景观建设领域的某些思想意识，令人感慨无限。

　　在当时，由于历史造成的分离，作为书面语的文言早已脱离普通民众，脱离日常生活，仅仅作为一种上层身份的标识存在于正式

的通电、文告之中。因此，白话文倡导者们提出要打倒和废除这些"死文字"，因为"死文字"绝不能产生活文学（胡适，1981）。而许多旧派人士，却一定要维护文言文这"天下至美"的文字，维护士大夫与"引车卖浆之徒"相区别的一种身份。所以，鲁迅曾讲，"我们中国的文字，对于大众，除了身份、经济这些限制之外，却还要加上一条高门槛：难。跨过了的，就是士大夫，而这些士大夫，又竭力要使文字更加难起来，因为这样可以使他特别的尊严（鲁迅，1982）。"在《建设的文学革命论》中，胡适当年尖锐地批判道："我曾仔细研究：中国这二千年何以没有真正有价值真正有生命的'文言的文学'？我自己回答道：'这都因为这二千年的文人所做的文学都是死的，都是用已经死了的语言文字做的。死文字绝不能产生活文学。所以中国这二千年只有些死文学，只有些没有价值的死文学'。"所以他宣告："死文言绝不能产出活文学。中国若想要有活文学，必须用白话。"也许他是偏激了，但他关于白话文的奋力呼唤难道不值得当代中国设计学的聆听吗？

作为开启中国现代化进程标志的"五四"运动已经过去近八十五年了，而中国的城市，特别是中国的园林，除了"拆"旧建新外，却似乎并没有受到新文化运动的真正洗礼，相反，只要认真考察，便不难发现，这种"拆旧建新"恰恰是"五四"运动所要批判的封建大一统、非理性、非科学、非民主的反映。暴发户加封建帝王式的城市景观成为当今城市化妆运动的主角（俞孔坚等，2000，2003）。一向被奉为国粹的封建士大夫园林却成为中国五千年封建意识形态的最终庇护所，挥之不去的亭台楼阁，小桥流水，曲径通幽，与横行于中国城市的化妆运动相杂交，再配以西方巴洛克的腐朽基因，附会以古罗马废墟和圆明园废墟的亡灵，生出了一个个中国当代城市景观的怪胎。这是作者对中国目前城市景观、城市的建筑、特别是城市景观建设的危机感。

为什么中国设计学，特别是景观设计会落后呢？简单讲有以下几大原因：

第一，"五四"之后，从思想文化本身来讲，新文化运动没能继续走向深层，几千年来形成的根深蒂固的封建意识形态仍然存在于社会深处；

第二，时代的阴差阳错，很多杰出的设计师没有机会、没有时间去开展现代景观设计研究和实践，而层出不穷的政治动荡，以及对西方意识形态的批判，最终都使中国设计界在国际现代设计思潮最活跃的时代，失去了参与和交流的机会。一部《城记》，生动地反映了那一代杰出设计学家所经历的可歌可泣的遭遇。

第三，改革开放后，在已经全方位落后于西方的情况下，文化认同上的混乱导致了两种反差极大的设计思潮，一方面是崇洋运动，误解现代设计的精神，而把西方设计的形式当作现代；另一方面是国粹运动，所谓夺回古城风貌运动，这两者实际上都是现代化的敌人。而所有这些方面，最根本的是体现在景观设计教育上的落后，其中包括全民设计美育上的空白。

必须强调的是，白话的建筑、白话的景观和白话城市，绝不等于西方现代设计的形式，而是理性与科学、民主和平民化的精神。陈志华先生说得好："我们中国，不论在大陆还是台湾，都有大量看上去很'现代'的作品，但是，如果我们用民主性和科学性去衡量，它们未必有很高的现代性。这就是说，它们仿了西方现代建筑的外形，却并没有获得现代建筑的本质"。我们在城市街头看到很多现代建筑，甚至我们看到的央视大楼也是极其现代的，我们看到的大剧院也是现代形式的，但是它们绝不是现代建筑的本质，它们没有现代建筑精神，它们只有形式。哪怕是最现代的形式，如同旧传统和古典的形式一样，如果没有现代精神，实际上都只能是封建士大夫意识、封建帝王意识，以及帝国意识的体现。一百个国家大剧院或一千个央视大楼这样看似"现代西方"的建筑,一万条"世纪大道",十万个巴洛克式的"市政广场",以及百万个以展示政绩为目的和移植堆积大树而形成的"中央公园",都只能使我们的城市和景观离平民越来越远,离科学与民主越来越远,离现代化愈来愈远,离和谐的人地关系愈来愈远。因为,它们是古典西方君主意识和暴发户意识以及古典中国封建士大夫意识的幽灵附体。最多是幼稚的城市或景观现代化的体现。特别是园林,我们还在摇头晃脑陶醉于我们的国粹园林,当然我绝不是质疑它们作为文化遗产的价值,但如果还是用它的原则、用它的理念来造现代中国广大城市居民日常需要的城市景观,重拾士大夫的精神,那显然是大错特错。

经过 20 多年,或者说在改革开放后经过了整整一代人的经验和教训积累,而更重要的是,现代精神日益在中国社会中被领悟,我们终于有了实践和实现现代设计的土壤。所以说,我们有条件来继续新文化运动没能完成的使命,将新文化运动进行到设计领域,呼唤城市和景观设计的白话运动,来建造属于这个时代的、中国的、日常的白话的城市和白话的景观。这个"白话文"是什么?简单地讲,就是"足下文化与野草之美"(俞孔坚,2001)。它是对中国面临的民族身份和人地关系两大危机的应对:

(1)所谓足下文化,就是回到平常:尊重平常的人和平常的事。平常中国人的生活,当代中国人的生活。从平常和当代生活中找回属于当代中华民族自己的身份,"以界他国而自立于大地",以界他时而自立于当代。它的对立面就是封建帝王和士大夫的中国古典、巴洛克式的西方古典、帝国主义和殖民主义的西方现代。那些强调形式主义和纪念性的、无病呻吟的城市化妆,是白话和平常景观的敌人。

(2)所谓野草之美,就是回到土地:尊重、善待和适应土地和土地上的自然过程;回到完全意义上的土地而不是片面的经济或其他意义上的土地。重新认识土地是美的，土地是人类的栖居地，土地是需要科学地解读和规划设计的生命系统，土地是充满意味的符号，土地是人人所以为之归属和寄托的"神"——土地之神。只有如此，才能重建人地关系的和谐。

结语

早在四十多年前，清华大学建筑系的两个学生就发出了《我们要现代建筑》（蒋维泓，金志强，1956）的呼吁，可惜时代的错误却让他们怀璧其罪。几十年过去了，历史已经还他们以公正。"能够表达我们时代的建筑"曾是他们的出发点，景观何尝又不是如此呢？能够表达我们时代的景观，提倡城市景观的"白话文"，回到人性与公民性，回到土地与地方性，让城市平民化、地方化，生态化，正是科学与理性、自由与民主、反帝反封建的新文化运动的真正体现。这是一种现代设计学必须抱有的新的社会和土地的伦理。正是平民的、日常的、适宜技术的景观，正是尊重和适应土地及土地上过程的设计，构成城市景观的"白话文"，也是景观和城市特色的源泉。设计白话的城市和白话的景观无疑是中国现代设计学、特别是景观设计学所面临的艰巨而令人激动的任务。

参 考 文 献

Boerschmann，Ernst（Transated by Louis Hamilton），*Picturesque China，Architecture and Landscape：a Journey through Twelve Provinces*，London：T. Fisher Unwin Ltd. ，1923.

Cosgrove，Denis，E.，*Social Formation and Symbolic Landscape.* The University of Wisconsin Press，Madison，Wisconsin，USA，1998.

Hall，P.，*Cities of Tomorrow*，Blackwell Publishers，Malden，MA. USA，1997.

Norberg-Schulz，C.，*Architecture：Meaning and Place.* New York：Rizzoli，1988.

Norberg-Shulz，C.，*Gehius Loci：Toward a Phenomenology of Architecture*，New York：Rizzoli，1979.

Pregill，P. and Volkman，N.，*Landscape in History*，Van Nostrand Reinhold，New York，1993.

Relph，E. *Place and Placeless*，London：Pion，1976.

Seamon，D.，*A Geography of the Lifeworld*，London，England：Croom/Helm，1980.

Winslow，Ward，Editor，*The Making of Silicon Valley*，Published by the Santa Clara Valleg Historical Association，1995.

鲍世行：山水城市——21 世纪中国的人居环境，《中国工程科学》，2002，（4）9：19—23。

陈思和：我往何处去——新文化传统与当代知识分子的文化认同，《文艺理论研究》，1996，3：8—16。

陈占祥：建筑师还是描图机器？见杨永生主编：《1955—1957 建筑百家争鸣史料》，中国建筑工业出版社，2003。

陈志华：《北窗杂记》，河南科学技术出版社，1999。

冯健：1990 年代北京市人口空间分布的最新变化，《城市规划》，2003，5：55—62。

顾朝林：城市化的国际研究，《城市规划》，2003，（27）6：19—24。

胡适：《中国新文学大系·理论建设集·导言》，上海文艺出版社，1981。

胡序威：有关城市化与城镇体系规划的若干思考，《城市规划》，2000，1：16—21。

蒋维泓、金志强：我们要现代建筑，见杨永生主编：《1955—1957 建筑百家争鸣史料》，中国建筑工业出版社，2003。

梁启超：中国道德之大原，见王德峰编选：《国性与民德——梁启超文选》，上海远东出版社，1995。

鲁迅：《且介亭杂文·门外文谈》，《鲁迅全集》，人民文学出版社，1981。

缪军：中国城市化的约束，《城市规划》，2003，（27）7：17—21。

汪宇明：中国的城市化与城市地区的行政区划体制创新，《城市规划》，2002，（26）6：22—25。

王军：《城记》，三联书店，2003。

王骏：关于中国城市化战略若干问题的思考，《北京大学学报》（哲学社会科学版），2003，（40）4：120—127。

吴良镛：论世界与中国城市化的大趋势和江苏省城市化道路，《科技导报》，2003，9：3—6。

吴良镛：论中国建筑文化研究与创造的历史任务，《城市规划》，2003，271：12—16。

吴良镛：面对城市规划的"第三个春天"的冷静思考，《城市规划》，2002，2：9—14。

俞孔坚：景观的含义，《时代建筑》，2002，1：14—17。

俞孔坚：论建筑与景观的特色，见杨永生：《建筑百家言续编——青年建筑师的声音》，中国建筑工业出版社，2003。

俞孔坚：土地的设计：景观的科学与艺术，《规划师》，2004，2：13—17。

俞孔坚：足下的文化与野草之美——中山岐江公园设计，《新建筑》，2001，5：17—20。

俞孔坚、吉庆萍：国际城市美化运动之于中国的教训（上，下），《中国园林》，2000，
　　1：27—33，2：32—35。

俞孔坚、李迪华：《城市景观之路》，中国建筑工业出版社，2003。

张静如："五四"与中国社会现代化，《北京师范大学学报》（社会科学版），1999，2：
　　32—38。

张汝伦：经济全球化和文化认同，见《大学学术讲演录》丛书编委会：《中国大学学术
　　讲演录》，广西师范大学出版社，2002。

赵新平、周一星：改革以来中国城市化道路及城市化理论研究述评，《中国社会科学》，
　　2002，2：132—138。

郑度：中国 21 世纪议程与地理学，《地理学报》，1994，（49）5：481—489。

周策纵：《五四运动史》，岳麓书社，1999。

周一星、曹广忠：改革开放 20 年来的中国城市化进程，《城市规划》，1999，（23）12：
　　8—14。

周一星、孟延春：《北京的郊区化及其对策》，科学出版社，2000。

朱宝树：中国城市化进程中的人口社会重构——以上海为例的研究，《华东师范大学学
　　报》（哲学社会科学版），2003，（35）4：97—104。

邹德侬：《中国现代建筑史》，中国建筑工业出版社，2003。

田园篇

论乡土景观及其对现代景观设计的意义*

引言

　　"乡土"是一个很寻常的主题，但学界对其正式的研究却只有几十年的历史。西方国家有关乡土景观的研究起步于 20 世纪四五十年代，它是建筑学和考古学携手并进发展的产物（Taylor，1992）。很多研究都隶属于文化景观的范畴。我国学者对乡土景观的关注是从 20 世纪 80 年代才开始的，到 90 年代研究队伍逐渐壮大。研究对象更倾向于我国传统聚落，有关这方面的研究，主要有地理学、建筑学、文化人类学（民族学）和考古学四个学科。西方乡土景观研究发展到今天，在内容上已经达到相当的广度和深度，方法上也百花齐放、异彩纷呈，事实上，乡土景观的研究在西方已经形成一个独立的学术领域，北京大学景观规划设计中心从 1997年开始了乡土景观的研究，当时集中在云南和西藏等地，王志芳，孙鹏等多篇研究生论文就是在此背景下形成的（王志芳，2001；孙鹏，2001）。

---

　　* 本文首次发表于《华中建筑》，2005 年 4 期，123—126 页。与王志芳、黄国平合撰。

一、以往研究对乡土景观概念的界定

乡土，"Vernacular"一词，来源于拉丁语"verna"，意思是在领地的某一房子中出生的奴隶（Jackson，1984）。后来由于多种学科的需要其意思不断外延。关于"Vernacular"，国内的翻译有两种意见，一种是直接翻译成"乡土"，居主流地位；另一种则翻译成"方言"，取其长期自发形成之意（邹德侬等，2002），这里取前一种翻译。与之相适应，在国内外的各种研究中，乡土景观的概念也产生多种相关但又有所区别的理解。

（一）"本土、地域性的景观"（local landscape）与"外地、异域景观"相对应

这是一种最常见的理解，即乡村、居家和传统的事物，包括乡村、房屋以及过着平常生活的人们。最早进行这方面探讨的是建筑学家，他们将乡土建筑视为传统乡村或小城镇的居所，即农民、手工艺人员或工人的居所。通常意味着它是由工匠而不是建筑师进行设计的，其建造依循的是地方的技术、地方的材料，同时适应地方的环境：气候、传统、经济（主要是农业经济）。它不追求形式的复杂性，只是遵循地方形式，很少接受其他区域的创新（Jackson，1984）。可以看出这一理解的根源在于认为乡土景观是地方的、传统的，它不接受外来的文化和影响，排斥高新技术的应用，不同地域之间的差别是很明显的。例如，北京的四合院、陕北的窑洞和南方的塔楼就是不同地域的乡土景观，而城市中的各种新型住宅区和建筑群都不属于乡土的范畴。

在此，还要介绍两个相关概念——"当代乡土"（contemporary vernacular）或"新乡土"（neo-vernacular），这两个词的意思基本相

同，并在最近几十年被广泛地引用。当代乡土在概念上被定义为：一种自觉的追求，用以表现某一传统对场所和气候条件所作出的独特解答，并将这些合乎习俗和象征性的特征外化为创造性的新形式，这些新形式能够反映当今的价值观、文化和生活方式（姚红梅，1999）。简言之，所谓的"新乡土"就是恰当地综合民间传统文化与全球性先进技术进行设计的形式。他们对乡土的理解仍然是"传统的"，只是在以一种"今天"的时间维度来审视"过去"的影响力，试图使所有的传统都能在不断被摒弃的过程中得以修正并被赋予新的内容（林少伟，1998）。

(二)"乡土景观"相对于"城市景观"

将乡土景观（Rural Landscape）与城市景观相对立似乎是很容易理解的事情，但由于研究者看待现代新技术的不同，又分成两种倾向：一种理解也包含地方的、传统的观念，排斥新技术的影响，只不过将其范围进一步缩小。有学者认为乡土环境必须具备三个要点，"第一，它是农村，是稳定的农业或牧业地区；第二，它在封建家长制社会中；第三，它处于手工农业时代"（陈志华，1999）。显然，这种定义包含了地方传统的意味，只是将属于城镇的市井生活排除在外，可以这样理解，北京郊区的四合院属于乡土景观，而城区的四合院和交易场所，如前门一条街等就不属于乡土的范畴。农村的宗祠、坟地是乡土的，而皇帝的宗祠和墓地就是非乡土的。

另外一种理解不排除新技术的影响，认为农民对新技术的运用也属于乡土的范畴。这样，乡村的一切景观都称得上是乡土景观，包括茅草房和红砖瓦房及小洋房、祠堂和现代的老年活动中心，也包括土路和柏油马路。这种理解和新乡土同出一辙，只不过将范围界定在农村的领域内。

（三）"寻常景观"相对于"高雅景观"

"日常的"（everyday）或寻常的（common，ordinary）指的是普通居民体验的那些要素，其本身具有许多复杂的含义。从普遍意义上说，日常描述的是城市居民共享的生活体验，那些我们相当熟悉的平凡与普通的路线——乘车、工作、休闲、在城市街道和步行道之间穿梭、购物、买食物吃、随便跑步（Chase，1999）。目前国外研究大都将"the vernacular"视为普通居民在日常生活中所做的事情（Krishenblatt-Gimblett，1999）。以此理解为基础，寻常景观强调了寻常百姓、实用性，而非皇家的、政府的行为建构的景观形式，即官方景观、正统景观。这样，居住区、商场、广场以及传统的集市等都属于此范畴，而像博物馆、天安门广场、人民英雄纪念碑、中华世纪坛，以及各地这类大型城市广场及奥运会场馆等等景观则要排除在外。国外对此方面的研究的内容也很多样，包括人们与日常景观之间的关系，种族、性别、信仰、地方文化对其的影响，以及不同人对乡土景观形成的不同意象和评价等。

寻常景观显然既包括农村景观也包括城市景观，而且在城市中很多日常景观都是为了满足人们的日常生活需要而形成的，而非刻意设计而成的。日常生活不仅包括必须进行的一些活动，还包括一些休闲、社交性活动，因而日常景观并不完全具备功用性。此外，该理解承认历史过程的存在，事物本身的发展处于变化之中，日常景观既有地方自身发展的过程，又有外来文化影响与渗透的过程。只要外来其他区域的技术与创新能够融入地方的生活，它们依然是乡土的。以汽车的发展为例。毫无疑问，汽车是现代化的产物，显然不属于本土的东西，但只要不把汽车当成展示自己财富与地位的象征，不使其成为政治工具，汽车也可以是人们赖以生存的基础，也是人们日常生活的一部分，所以它也能成为"乡土的"。美国现今比较流行的活动汽车住房就是一种比较典型的乡土景观。文丘里的"向拉斯维加斯学习"的观点就是建立在这种汽车景观作为美国现代乡土景观意义之上的（Venturi，Brown and Izenour，1972）。

曾经是帝王贵族的正统和高雅的景观，时过境迁，也可成为寻常的普通景观，所谓"朱雀桥边野草花，乌衣巷口夕阳斜。旧时王谢堂前燕，飞入寻常百姓家"（刘禹锡）。

三种对乡土景观不同理解的对比

三种理解	对应景观形式	主要特点	对待新技术的观念	典型例子
地域性景观	异域景观	地方性的、传统的、自发形成的	排斥新技术	少数民族聚落/土著聚落、各地民居、宗祠、集市、"风水林"和龙山
乡村景观	城市景观	乡村的、多是自发的	有的排斥有的接受	农村里的四合院、宗祠、小洋楼、乡村小道和机耕路，传统耕作方式下的农田，机械化耕作方式的大田景观，泥土水渠和水泥硬化水渠
寻常（日常）景观	正统景观	大众行为、生活的、日常的、不必是自发形成的	不排斥新技术	大杂院、城中村、胡同、商业街、超市、加油站

二、本文对乡土景观的认识

我们可以把景观定义为土地及土地上的空间和物体所构成的地域综合体。它是复杂的自然过程、人文过程和人类的价值观在大地上的投影（俞孔坚，2002）。所谓乡土景观是指当地人为了生活而采取的对自然过程和土地及土地上的空间及格局的适应方式，是此时此地人的生活方式在大地上的显现。因此乡土景观是包含土地及土地上的城镇、聚落、民居、寺庙等在内的地域综合体。这种乡土景观反映了人与自然、人与人及人与神之间的关系。乡土景观的这种理解包含几个核心的关键词：即，它是适应于当地自然和土地的，它是当地人的，它是为了生存和生活的，三者缺一不可。这可以从乡土景观的主体、客体及相互关系方面来理解：

（一）乡土景观形成过程中的主体：内在者

当地人或"内在者"（insider）指的是长期在一地生活的人，这些当地居民在日常生活中是融身于景观之中的（Relph，1976）。一种文化景观的形成既可以是内在者作用的结果，也可以是外在者创造的产物，通常情况下，这两种作用力互相交融在一起。内在者出于自身生活的需要，对于所处自然环境进行影响和改造，他们的生活需要，乃是乡土景观形成的原动力。创造乡土景观的内在者应具有以下特征：

a. 普通人：即大众，具有群体共性，在一群当地人中并不显得另类和突出的那些人。这种大众的界定，直接和当地的社会构成状况相关。在西藏这样一个宗教因素已经深入影响到人们生活的方方面面的地区，所谓的普通人就不仅包括普通的藏族群众，而且还应包括喇嘛。

b. 使用者和创造者统一：一种文化景观是由人创造的，其目的就是为人所用，尽管这种使用的范围比较广泛，包括观看、实际使用及其他等。乡土景观的使用者和创造者必须是统一的，或者说使用者必须主持和部分参与景观的建造过程。以城市住宅和乡村住房为例，城市住宅大多是规划设计人员和工程人员的工作结果，只有在建成之后居民才会搬进来居住、生活，因而不应属于乡土的范畴；而乡村的住房多由居住者自己准备材料、选地基，并确定和安排整个建造过程，虽然靠一家人的力量无法完成建设工作，邻里乡民的帮忙也是以居住者的意志为主，随时听其安排。

以藏区为例，寺庙建筑的建造虽然很多都是敦请尼泊尔或者汉族工匠进行的，但无论哪一个寺庙的建成，都离不开当地民众和喇嘛的参与，藏族文化在寺院的建造和形成中毫无疑问起着主导作用。显然寺庙景观也应归入乡土景观的范畴。而如图1所示的堆玛尼堆的过程，是藏族民众出于自身信仰需要而形成的一种行为，玛尼堆对

图1 玛尼堆的形成：内在者的参与是乡土景观形成的必要条件（黄国平摄）。

于他们的习俗来说有着使用价值，因此他们堆玛尼堆的过程，就是一个创造的过程，与此同时他们又在一定意义上具有使用者的身份。

（二）主客体之间的关系

景中人和景外人看待景观是不一样的，前者是景观的表达，而后者是景观的印象。Jackson（1984）认为景观存在于人类的生活之中，是一种社会生活的空间，是人与环境的有机整体。主体—内在者和客体—乡土景观相互作用的过程，也就是乡土景观的形成过程，即内在者与周围环境相互调和、相互适应的过程。任何文化景观的形成过程都是人塑造了环境，环境又塑造了人的过程。塑造的过程当然是通过主体的行为进行的，亦即人类通过自身的行为创造着环境，环境又反过来通过限制人们的行为影响着我们。行为是文化景观形成过程的中介。乡土景观形成过程的主体的特殊性决定了作为中介的行为的特殊性：

a. 具有功用性。乡土景观的形成过程是使用过程和创造过程合二为一的。使用者和创造者的结合使得创造过程的目的变得更为直接明了，即满足使用者的需要。这些使用者又是一些普通人，他们在日常生活中最为基本的需求就是生产、生活。而生产、生活行为又是大众居民最常见的使用行为，这种行为又在一定程度上对既定的景观进行完善和修正，即使用行为也是一种创造行为。可以说乡土景观中的使用行为和创造行为都是有功用目的的（图2，图3）。

b．具有自发性。使用者和创造者的结合使景观创造的行为随时可以发生，不受其他因素的约束，只要正在进行行为的人愿意。另外，这种自发还能够从一种个体行为变成一种集体无意识行为，并产生一种综合结果。

对于有的乡土景观来说，它看起来似乎是一种意识形态的结果，似乎是属于自上而下发生的。但其本质却是一种文化的积淀，本来出于使用的实际目的，在长期的发展以后成为一种文化行为，成为一种约束性的、似乎非功用性、非自发的行为。但其本质仍然是功用的，是集体无意识的体现。

（三）客体：乡土景观

根据上述对过程的分析，这里将乡土景观定义为：内在者出于生活的需要而自发创造形成的一种文化景观，这种生活需要包括文化和精神的需要在内。因此，它不仅应该包括人、建筑、各种构筑物、器具等，还应包括形成这一切的自然背景。乡土景观是包含城镇、聚落、民居、寺庙等在内的土地和土地上的物体构成的综合体，是包括自然和历史文化在内的整体系统。同时，由于创造者及其行为特征的独特性，乡土景观应该具有以下几个特点：

a. 具有实际功用性。这是区别乡土与非乡土的关键所在，即是否具有与人们的生存和生活息息相关的功能，这里主要指的是生活和生产方面的，也包括形成人们生活习惯的部分。

b. 具有多样性。它是自发或半自发形成的，因而受所处地域和创造者的影响较大，可能会随地域自然特点和创造者的民族、文化、性别的差异而发生很大的变化。

c. 具有文化意义。乡土景观是社会体验和文化含义的重要载体。这种意义是内在者所赋予的，因而必须从内在者的角度去理解。

人类是符号的动物，乡土景观则是一个符号传播的媒体，是有含义的。它记载着一个地方的历史，包括自然的和社会的历史；讲述着动人的故事，包括美丽的或是凄惨的故事；讲述着土地的归属，也讲述着人与土地，人与人，以及人与社会的关系（俞孔坚，2002）。"它是我们不经意中的自传，反映了我们的趣味，我们的价值观，我们的渴望，甚至我们的恐惧。"（Lewis，1988）。

拉普卜特（Rapopport，1992）等通过大量的研究和归纳将意义在三个层次上表达：

"高层次"意义：指有关宇宙论、文化图式、世界观、哲学体系和信仰等方面的。如"风水"所表达的有关中国人与环境关系的文化图式。

"中层次"意义：指有关表达身份、地位、财富、权利等，即指活动、行为和场面中潜在的而不是效用性的方面。

"低层次"意义：指日常的、效用性的意义，包括有意布置的场面和因之而生的社会情境、期望行为等；私密性、可近性；升堂入室等；座位排列；行动和道路指向等，这些能使使用者行为恰当，举止适度，协同动作。

三、研究乡土景观对现代景观设计的意义

研究乡土景观对现代景观设计具有多重意义，包括：

（一）乡土景观是乡土经验的记载

乡土经验是人们适应环境而生活的直接结果，它最容易随岁月的变化而逐渐消失和改变，因为它是属于平民百姓的，是平常、普通、琐碎而引不起人们注意的。它不像其他类型的文化经验一样，从其一开始就有很多相关的历史记载。很多有价值的东西都散落在民间，等待人们去挖掘去探索。任何有关乡土景观的研究都会成为其过程与发展的见证和主要载体。对中国众多少数民族而言，这种研究显得尤其重要。

历史研究与记载本身就是无价的。就像历史学家和人类学家所做的工作一样，研究乡土景观只是从景观的角度去把那些很容易变化的东西记载下来，进行分析和整理，并作为人类的历史经验传承和保存。

（二）探讨一种景观设计的新视角：生活的景观和白话的景观

如果说上述对解读乡土景观价值的叙说有点缥缈的话，那么当我们正在或将要对一地的乡土景观进行改造或进一步设计时，这种研究就会变得很具有现实意义。解读乡土景观有助于我们在规划设计中更好地思考该怎样尊重人，该怎样体现和满足普通人的生活和行为的需要。设计师（当然还有他们的甲方）常常把异常景观和奇

特景观作为设计的追求，因为那样可以一鸣惊人，可以令人难忘，可以成为纪念物和标志物。事实上，寻常景观是充满诗意的，就像白话文可以写出最优美、最动人的诗歌一样（俞孔坚，2004；俞孔坚、李伟，2004）。

写白话的"诗歌"、做寻常的景观是尊重当代人、普通人的体现。如今，很多职业规划设计师和学者都在反思以往景观规划设计的思路，试图避免在规划设计时只考虑技术和美学的因素，而更多地思考人的体验和需要。这一思路在人居环境的建设中显得尤为突出。"规划是人性的体验，是活生生的、搏动的体验"（西蒙兹，2000）。而且在尊重人的设计中，行为又是一个关键要素。景观是行为的容器，只有能够满足行为需要的景观才是真正有价值和生命力的景观。否则，最终会为人们所抛弃。这一现象在中国的旧城和许多传统村落的保护及旅游开发中显得尤为突出。仅仅保护容器的外壳是远远不够的。很多传统村落和城镇在长期的演变中显示出有机特性，如生长、代谢、自我调节，完成这些"生命过程"的便是人的行为。只有空壳而没有行为的景观只是一个空荡荡的博物馆，终究是不会有生命力的。

那么我们进行乡土景观研究究竟对设计尊重人和注重日常人的行为，以及创造具有现代意义的景观有哪些重要意义呢？

其一，为当地人的生活而设计：解读乡土景观是规划和设计景观的前期过程，它使我们能够更为透彻地、更深层次地了解地方的行为和景观特点及风俗，更深层次地把握我们设计所要面对的参考系。诚如美国著名建筑诗人、哲学家路易·康所言："今天，我们生活在现代建筑园地。但同今日建筑相比，那往日奇迹般的建筑艺术与我有着一层更为密切的关系。他经常是我脑海中的一个参考系……"（转引自赵鑫珊，1998）。客观的参考系对我们的规划设计很有启发意义，我们也会尊重地方人的行为特点和禁忌，不会只为自己的理念而设计，而是为地方人的生活而设计。

其二，感情与态度的交流：解读乡土景观是规划设计者与地方居民交流情感与态度的过程。设计者与使用者对景观的感知存在差异性。拉普卜特（1997）的研究表明设计者与用户、与不同的用户群体，对环境有不同的察觉和评价，以致设计者预期的意义可能不为人所察觉；如察觉了，却不被理解；即使在既察觉又有所理解的情况下，却又可能被人所抵制拒绝。

其三，没有设计师的设计：建成环境和其内所发生的社会实践和生活之间在有意和无意中彼此相互影响。乡土景观作为一种自发或半自发形成的景观形式，有助于我们发现什么是我们不能或不应规划的，没有建筑师的建筑和没有景观设计师的景观从一定程度上讲能够弥补规划设计的弱点。那些未经过刻意规划设计的景观，或者未经过我们时代设计体系中设计师之手的景观，能够告诉我们当地人喜欢怎样利用自己的空间形式，能够告诉我们怎样的空间形式在当地更为适合，这样我们也就能够为其发展和使用留出一定的空间。规划设计的缺陷能从乡土中得以体现。两种规划设计的自觉与不自觉的过程是互补的（Krishenblatt-Gimblett，1999）。

其四，新形式的灵感源泉：乡土景观是当地人适应地域气候、土地上的自然及人文过程的互相适应的物质形态的表露。利用和回避风的形式、利用和回避太阳光的形式、利用和回避水的形式、利用和回避动物及人的形式，以及多样化的乡土形式所给人的独特体验，都为设计具有地域特色的现代景观提供了无尽的源泉。

一种理想的景观，无论是没有设计师的、基于经验的前科学设计，或是基于科学理论和方法的现代设计，最终都将走向天地、人、神的和谐（俞孔坚，1998，2000）。理解乡土景观如同掌握最现代的科学和技术一样，都有助于景观设计师的作品离理想景观更近些（图4至图8）。

图 4 至图 5 "鱼嘴的灵感"：都江堰广场中心水景设计，其灵感来源于当地千百年来用鱼嘴分水并灌溉整个成都平原的乡土景观和水利技术（该设计获 2004 年国际青年建筑师推荐奖 Ar+d Recommended，土人设计，曹杨摄）。

图 6　广东中山岐江公园：乡土野草的种植设计，源于当地甘蔗地的体验（该设计获 2002 年全美景观设计荣誉奖，土人设计，俞孔坚摄）。

图 7 沈阳建筑大学：大面积的水稻种植作为校园景观的一大特色，其设计灵感源自东北水稻的种植景观，它不但在很短时间内起到校园绿化的目的，而且造价和维护成本很低，并能盛产作为大学纪念品的"建院金米"（土人设计，俞孔坚摄）。

a

b

图 8a，图 8b 解读乡土景观可以了解当地人的生活和休闲方式，是景观设计的重要灵感源泉：（a）四川都江堰广场建设之前的乡土景观，（b）新设计的景观反映对当地人的休闲方式的尊重（土人设计，曹杨摄）。

参 考 文 献

Chase，J.，Crawford，M.（eds.），*Everyday Urbanism*，New York：The Monacelli Press，Inc.，1999.

Jackson，J. B.，*Discovering the Vernacular Landscape*，Yale University Press，New Haven，MA，1984.

Lewis Peirce，Axioms for Reading the Landscape：Some Guides to the American Scene，in Meinig，ed. *The Interpretation of Ordinary Landscapes*，New York：Oxford University Press，1988.

Relph，E.，*Place and Placeless*，London，England，Pion Limited，1976.

Venturi，R.，Brown，D. S. and Izenour，S.，*Learning from Las Vegas*. The MIT Press，Cambridge，MA，1972.

（美）阿摩斯·拉普卜特著，黄兰谷等译：《建成环境的意义——非语言表达方法》，中国建筑工业出版社，2003。

陈志华：说说乡土建筑研究，《北窗杂记》，河南科学技术出版社，1999。

孙鹏：《传统汉族村落乡土景观形成过程研究》，北京大学景观规划设计中心硕士论文，2001。

王志芳：《哈尼族乡土景观研究》，北京大学景观规划设计中心硕士论文，2001。

文丘里，R.，《建筑作为一种交流的手段》，在清华大学的演讲，2002。

姚红梅：关于当代乡土的几点思考，《建筑学报》，1999，11：52—53。

俞孔坚：《理想景观探源：风水与理想景观的文化意义》，商务印书馆，1998。

俞孔坚：景观的含义，《时代建筑》，2002，1：14—17。

俞孔坚：追求场所性：景观设计的几个途径及比较研究，《建筑学报》，2000，2：43—48。

俞孔坚：寻常景观的诗意，《中国园林》，2004，12：25—28。

俞孔坚、李伟：续唱新文化运动之歌：白话的城市与白话的景观，《建筑学报》，2004，8：5—8。

约翰·西蒙兹著，俞孔坚、王志芳、孙鹏译：《景观设计学——场地规划与设计手册》，中国建筑工业出版社，2000。文丘里，R.，《建筑作为一种交流的手段》，在清华大学的演讲，2002。

赵鑫珊：《建筑是首哲理诗》，天津百花文艺出版社，1998。

邹德侬等：中国地域性建筑的成就、局限和前瞻，《建筑学报》，2002，5：40—41。

寻常景观的诗意*

一、 诗意与诗意地栖居

海德格尔把作诗的本质理解为人在大地上的栖居，栖居的本质也就是作诗的本质，"作诗首先把人带上大地，使人归属于大地"（海德格尔，1996）。因此，基于现象学派的观点，栖居的过程是认同于脚下的土地，归属于大地，并在天地中定位的过程，栖居使人成其为人，使大地成为大地，栖居使人的生活具有意义，这样的栖居本身具有诗意。

郭熙说："山水有可行者，有可望者，有可居者，有可游者……但可行可望不如可居可游之为得。何者？观今山川，地占数百里，可游可居之处，十无三四，而必取可居可游之品。君子之所以渴慕林泉者，正谓此佳处故也。古画者当以此意造，而鉴者又当以此意穷之。"（郭熙、郭思《林泉高致》）无论是作画或赏画，实质上都是一种卜居的过程。中国古代艺术家所追求的诗情画意与海德格尔对其栖居的理解不谋而合。

从细部来看，英国人对景观的诗情画意有更为具体的认识，早

---

* 本文核心内容首次发表于《中国园林》，2004 年 12 期，25—28 页，收入时部分插图有更新。

在 18 世纪下半叶英国画意风景学派（the picturesque school）就认识到，那些"园林化"的所谓"漂亮"的景色，如修剪整齐的人工草坪、花卉、光滑的河岸，是没有诗情画意的，是不能入画的，而只有丰富的"粗糙"的自然形态的植被和水际景观才有画意和诗意，才能为人类提供富有诗情画意的感知与体验空间（图 1，图 2）（Fleming and Gore，1988）。这是对当年以布朗为代表的英国风景造园运动的批判。

所以，无论东西方，无论从哲学高度、从空间结构还是从景观的构成和细部，富有诗意的景观体验总是将人带回大地，回到人对于土地的真实的归属与认同。

然而，我们并没有得到本质上应该是"诗意的栖居"在大地上，而是"非诗意的"占用住宅而已，只因为我们本质上并没有回

图 1 有诗情画意的"粗糙的"景观（引自 Fleming and Gore，1988）。

图 2 没有诗情画意的"光滑的"景观（引自 Fleming and Gore，1988）。

到大地。"一种栖居之所以会是非诗意的，只是由于栖居本质上是诗意的。人必须本质上是明眼人，他才可能是盲者"（海德格尔，1996，p. 478）。

二、诗意的丧失：异常景观的泛滥

在当今快速的城市化进程中，我们得到了房子，却失去了土地；我们得到了装点着奇花异卉、亭台楼阁的虚假的"园林"，却失去了我们本当以之为归属的、藉之以定位的一片天地，因而使我们的栖居失去了诗意。具体来讲，这种"盲目"和自我的失去，主要体现在四个方面：

（1）认同古典中国的封建士大夫景观：误认古代传统可以代表当代中国人的民族身份，于是乎一谈到民族文化传统便不离大屋顶，一谈到当地风格便是亭台楼阁小桥流水（图3）；

（2）认同古典西方的景观：误认高贵典雅的巴洛克景观可以标榜自己出众的身份，于是便有了"罗马广场"和"威尼斯花园"；

（3）认同现代西方的帝国景观：误认为只要是现代的形式便有现代的意义，于是有了国家大剧院（图4），有了 CCTV 大楼，当然还有那些不胜枚举的城市广场、"景观大道"、"世纪大道"之类（图5）。

图3 苏州古典园林：在一个平民化的时代里，往日士大夫的诗情画意早已不复存在（俞孔坚摄）。

图4 非常的西方帝国式的建筑，在排场与炫耀中失去平常人的自我，与诗意的城市和景观无缘（国家大剧院）。

图5 异常景观，排场与炫耀：如同贵族与帝王的豪宴，无度的景观和财富挥霍，使人有须臾的辉煌感受，把人暂时带到天上，而平常人为之所付出的代价和艰辛是漫长的，与诗意的景观无缘（天安门广场上的花坛，一年比一年讲排场，摄影佚名）。

（4）认同现代异域的景观：误认为奇花异卉奇景就可以产生美，于是乎便有了北京街头的塑料椰树和热带棕榈树（图6）。

这四个方面的盲目认同，从时间维度上，或是在空间维度上，失去了作为此时此地人的自我，也失去了大地的本真。我将这种"盲目"上升到生命的意义和民族身份的危机。面对这样一个危机，

图6 异常景观，花枝招展的庆宴式化妆：将人带入片刻的、虚假的体验，而非带回大地，因而也没有真实的诗意（摄影佚名）。

现代景观的设计必须重新回到土地，归还人与土地的本真，找回栖居的诗意。

三、"白话"时代的呼唤：寻常景观

海德格尔把语言、作诗和栖居建立起了联系，郭熙把景观的诗情画意与可居性联系在一起，而景观的深层含义就是人类的栖居地（俞孔坚，2002）。这使我今天可以用同样的联系来讨论现代景观的诗意。这要回到中国历史上的一场伟大的革命，那就是新文化运动。如果我们回忆一下八十五年前的民族生存状态，就可以明白当年民族身份和民族存亡出现了前所未有的危机。正是在这样的危机意识的驱使下，陈独秀、李大钊、鲁迅、胡适等人倡导了新文化运动，力图从思想文化的根本上解救中华民族。这场运动在语言文学领域取得了革命性的成果，那就是对文言文的革命和白话文的推广。胡适当年对文言文批判道（胡适，1981）："吾国文学大病有三：一曰无病而呻。哀声乃亡国之征，况无所为而哀耶？二曰模仿古人。文求似左史，诗求似李杜，词求似苏辛。不知古人作古，吾辈正须求新。即论毕肖古人，也何行尸赝鼎？'诸生不师今而师古'，此李斯所以焚书坑儒也。三曰言之无物。谀墓之文，赠送之诗，固无论矣。即其说理之文，上自韩退之《原道》，下至曾涤生《原才》，上下千年，求一墨翟、庄周乃绝不可得……文胜之敝，文学之衰，此其总矣。"

所以他宣告："死言绝不能产出活文学。中国若想要有活文学，必须用白话。"

白话文丝毫没有减弱现代中国文学家对诗意的表达，从艾青"为什么我的眼里常含泪水，因为我对这土地爱得深沉"中我们感到了土地的诗意；从徐志摩"这时我身旁的那棵老树，他荫蔽着战迹碑下的无辜，幽幽的叹一声长气，像是凄凉的空院里凄凉的秋雨"中我们也体验到了关于天地—时间—老树和人的诗意。同样，现代土地的诗意绝不可能在封建士大夫的古典园林语言中寻找，更不能在古典西方的巴洛克景观中寻找。现代土地的诗意在于活的寻常景观。

借用新文化运动的精神，我们要呼号：中国要有活的城市、活的景观、活的居住空间，也就必须用"白话文"，这个"白话文"是什么？就是寻常景观，这种寻常景观体现的是"足下文化与野草之美"。这种寻常的景观，可以使我们回到土地，找回自我。因为，对异常景观的追求，最终使我们远离大地、远离真实的自我，使我们的栖居失去了诗意。

作为开启中国现代化进程标志的"五四"运动已经过去八十五年了，而中国的城市，特别是中国的园林，或者在某种意义上说，中国的设计学，却似乎没有受到"五四"精神和新文化运动的洗礼。我们的城市、建筑和景观，如同当年胡适批判过的文言文一样，充斥着"异常的景观"，或称之为景观的文言文。它们言之无物，无病而呻，远离生活，远离民众，远离城市的基本功能需要；它们不但模仿古人，更好模仿古代洋人和现代帝国洋人。看那些远离土地、远离生活的虚伪而空洞的所谓"诗情画意"的仿古园林，配以西方巴洛克的腐朽基因，附会以古罗马废墟和圆明园废墟的亡灵，再施以各种庸俗不堪的、花枝招展的化妆之能事，便生出了一个个中国当代城市景观的怪胎。

我们应该像当年新文化运动的先辈讣告文言文的寿终正寝那样，讣告异常景观的结束：

别了，那深宅大院中"残月"、"败荷"的诗情画意，那"拙者之政"和"网师之隐"的虚伪，那九曲廊桥、步移景异的无谓和空洞，它们所反映的是失意士大夫的扭曲的心灵；

别了，那壮丽的西方巴洛克式的广场、景观大道和高耸入云的纪念碑，那建立在民脂民膏之上的景观挥霍。它们将随着"万岁万岁万万岁"年代的结束，而寿终正寝；

别了，那寄生着占有一切和统治一切欲望的现代西方帝国式的景观；

别了，那花枝招展的庆宴式的景观，那搜奇猎珍和金玉堆砌的暴发户式的景观。

新时代终究会迎来新的景观，那充满当代诗情画意的寻常景观。

四、寻常景观的诗意：乡土北京案例

公元 1153 年，金王朝在北京建立中都，850 多年来，北京便一直笼罩在金碧辉煌的宫殿庙宇所构成的景观之中，对这种非常的帝王景观的纪念，几乎充斥了我们的所有城市设计（图 7），以至于让世人忘记了寻常的北京——那更真实和平民的北京。于是，我发现了寻常北京的景观，那根植于千万年古老北京土地上的景观：无垠而平坦的华北平原，曾经肆虐的风沙灾害，春夏秋冬的分明四季，勤劳智慧的平民百姓，在这土地上写下了独特的景观——高高的白杨林网，系统的灌渠荷塘，方整的旱地水田，多彩而慷慨的五谷，连同那四合的院落——这便是寻常而真实的北京大地。它流露着朴实而伟大的气概，它以乡土北京的姿态，接纳每一位居住在这片土地上的人（图 8 至图 13）。

图 7　非常北京的景观：帝王的北京（摄影佚名）。

图 8　寻常北京的景观：平原上的方田和五谷
（俞孔坚摄）。

图 9　寻常北京的景观：
高高的白杨林带（俞
孔坚摄）。

图 10　找回寻常北京：北京塞纳维拉居住区景观设计，寻常白杨林的应用（土人设计，俞孔坚摄）。

图 11　找回寻常北京：非常地方的寻常景观，中共中央党校东园景观（土人设计，俞孔坚摄）。

图 12　找回寻常北京：北京生命科学园景观设计，寻常方田景观的应用（土人设计，俞孔坚摄）。

图 13 找回寻常北京：国际关系学院校园，大量应用耐寒耐旱的乡土野草（土人设计，俞孔坚摄）。

结语

这是一个告别帝王和英雄的时代，这是一个抛弃帝国和封建主义的时代。科学和民主、人文生态理想在催生设计学科的革命，它将使我们彻底抛弃异常景观，重新回到土地，寻找寻常的景观，那里潜藏着无穷的诗意，它将使人重新获得诗意的栖居。

参 考 文 献

Fleming，Laurence and Gore，A.，*The English Garden*，Spring Books，1988.

海德格尔：人诗意地栖居，见孙周兴选编：《海德格尔选集》，生活·读书·新知三联书店，1966。

胡适：《中国新文学大系·理论建设集·导言》，上海文艺出版社，1981。

俞孔坚：景观的含义，《时代建筑》，2002，1：14—17。

俞孔坚、吉庆萍：国际城市美化运动之于中国的教训（上，下），《中国园林》，2000，1：27—33.，2：32—35。

田的艺术*

引言

    有学者把天然的山水、森林等称为第一自然，把农业的田野与果园称为第二自然，把园林称为第三自然（Hunt，1999），而把后工业的、城市废弃地上的自然景观称为第四自然（Kowarik，1992，2005）。对于我来说，田园这第二自然更令人梦萦魂绕，无时无刻不在召唤、吸引着我。于是，哪怕只有须臾的机会，我便会投身其中，浸染于其中，尽情于其中。我曾在阳春三月的暖风里，穿行于川西平原的油菜花田，一任嫩黄的菜花粉沾染黑裤与白衣，经久不退；也曾于盛夏时节，钻入珠江三角洲的芭蕉林地，感受硕大蕉叶下的阴凉，或躲过阵雨的突袭，听那由疏而密、再由密而疏的芭蕉雨声；仲秋时节，走在江南稻田的土埂上，小心躲过奢拉在田埂边的沉甸甸的稻穗，青蛙在脚步踏过之前，一个接一个跳入埂边的渠中，如同有节律的鼓点伴随着探幽的脚步；冬日里，我曾只身流连于云贵高原的坝子中，收割完的田野里剩下齐刷刷的稻茬，在包含红色光谱的晚霞中，灿灿然讲述丰收的故事，一条条甘蔗林带并行肃立在田埂之上，微风中飒飒爽爽；同样的初冬时节，我曾在中国

---

    *   本文首次发表于《城市环境设计》，2007 年 6 期，10—14 页。

最北端的黑土地上狂奔，跳过一行行整齐晾晒的稻谷垛，惊叹于那编织在田野上的美妙肌理，全然不是人们所想象的那样荒凉与萧瑟。不论是南方的红土地，还是北方的黑土地；不论是高山上的梯田，还是沼泽里的台地；无论是稻禾水田，还是五谷旱地；无论是桑基鱼塘，还是蔗蕉果园。田，是一种艺术，美妙无穷而富有意味（图 1 至图 11）。

图 1　墨西哥的水上田园（俞孔坚摄）。

图 2　青藏高原上的梯田（俞孔坚摄）。

图 3　云南丽江稻田（俞孔坚摄）。

图 4　北京郊区的梯田旱作（俞孔坚摄）。

图 5　云南大理田野（俞孔坚摄）。

图 6　湖北三峡的梯田和油菜花（俞孔坚摄）。

图 7　云南的葡萄种植园（俞孔坚摄）。

图 8　珠江三角洲的菜地（俞孔坚摄）。

图 9　云南大理的果粮间作（俞孔坚摄）。

图 10　北方的梨园（俞孔坚摄）。

图 11　穿越田野（俞孔坚摄）。

田作为艺术，是真、善、美的和谐与统一。人们常惊叹于高山之峻秀雄奇，江河湖海之磅礴浩渺，向往深山森林之幽静，滨海沙滩之浪漫。然而，这些第一自然的美丽却常隐含凶险与杀机。君不见，魅力无限的金色沙滩瞬间可以吞噬数十万人的生命；万丈悬崖、无际的丛林，更是多少美景追寻者的葬身之地；记得在云南泸沽湖边的山洼里，一片盛开的蓝紫花艳丽无比，我们跳下车去钻入花海，几分钟后出来，人人身上爬满了蚂蝗，个个恐惧不堪。所以，第一自然之美，常常美而不善，艳里藏凶。华裔美国地理学者段义孚称之为"恐怖的景观"（landscape of fear，Y. -F. Tuan，1979）。

人们也惊叹于帝王、士大夫园林的亭廊之精巧，花木之奇异，空间之玄奥。然而，这第三自然的美丽却虚伪空洞，矫揉造作（俞孔坚，2006；庞伟，2007；佘依爽，2007）。君不见，那妖艳的桃花、富贵的牡丹，却全然没有结果繁育后代的能力，如深宫里的太监，恰似中国士大夫仕女画中那没有胸脯的美女。因此，那第三自然的美，常常美而不真，丽而无实。

城市与工业废弃地中产生的第四自然，虽真实，却往往欠美，其形成与发展多机会成分而不稳定，也常常隐含恶意，如泛滥成灾的外来物种，荒芜蔓延，有待人工设计和调理（Kühn，2006）。

唯有这第二自然的田，美且善，善且真，是一种生存的艺术（俞孔坚，2006）。

一、田之美

田之美在于其精妙的和谐：田的形状与尺度就像衡量人力与自然力、投入与产出的天平。元阳梯田之所以完美迷人，在于人力与自然力之间的精致、微妙的平衡：梯田都是沿等高线而开凿，太宽过大，则费力过多，意味着要挖去更多的土方，田埂要承受更多的压力。田太小或过窄，则耕作的效率降低。几代人、几十代人的微调精刻，终于有了因坡度而变化，因山势而回旋，富于韵律的肌理。

田之美在于其宜人的尺度：这种尺度因为田的营造和护育，以及庄稼的收获劳作的强度必须适应于人自身的生理条件。所以，当机器代替人力，田块的尺度大大超乎于人力尺度时，田园之美便大打折扣。

田之美在于空间：以村落为圆心，往外走去，田给人的空间感受各有趣味。物种丰富的蔬菜园给人的是穿越性和探索性空间；高地上的果园给人的是"瞭望—庇护"空间；高、低秆旱作和蕉基、桑基鱼塘，则构成一个个围合的私密空间；北方的高粱、玉米地，南方的甘蔗、芭蕉林，造就的是漫漫的青纱帐，以及一条条无限深远的透景走廊……

田之美在于色彩：从泥土到作物的枝叶、花和果实，以及收割后的稻禾遗茬，田野的色彩涵盖了人类视觉所能感受的全部光谱。

田之美在于芬芳：田野上的芬芳是泥土的清新，是稻菽的温润，是菜花蜜意，是水果甘甜，还有果树下烂熟的酒香，甚至连新施入田中的牛粪，也绝没有不怀好意的气味。

田之美在于其丰富的动态：其色彩、质感、气味、空间，都随四季而变化，随阴晴雨雪而不同，随地域而差异，因水旱而悬殊，也随人的年龄改变而有不同的体验，田比任何一种自然景观或人工景观都更丰富，因而有无穷的魅力。

二、田之真

田之真在于田反映了真实的人地关系，人们为了生产生活而必须适应于自然过程和格局。从形式到种植，田是人类智慧与脚下真实大地的契约。700 年前的《农书》（王祯，1313）就记载了区田（适应于丘陵山地）、圃田（城郊圈篱而成）、围田（滨水围堰而成）、柜田（水中造田）、架田（漂浮于水面）、梯田（沿山坡筑田）、涂田（海涂上造田）、沙田（沙洲上造田）等各种田制。在不同的地域、不同的气候、不同的土壤和水分条件下，人类用尽可能少的人力、资源和物质能量的投入，营造了完全与之相适应的、满足从水生到旱生各种作物生长的田地。田真实于地域、真实于地形、真实于生物，也真实于人类自身的欲望。古代寓言中的揠苗助长，"大跃进"时的万斤丰产田，以及"农业学大寨"时在平地上凭空营造的"大寨田"，或者在山坡上的"人造平原"，都因为它们的虚假和不适宜而告失败，并被历史所耻笑。

三、田之善

田之善就在于它的丰产、它的功用，它使人远离饥寒，给人以希望。对于迷途于山林原野的旅人来说，当在山间、林缘突然出现田地的景象时，便有了脱离险境、回到文明的安全感。对于有五千年农业文明的中国文化来说，田园便是家，它是温暖，它是甜美，是归属也是归宿。所以，掠夺田地者便是凶恶的敌人，"九一八"后，正是"松花江上"那"满山遍野的大豆高粱"，唤起全中国人民痛失家园的悲愤和同仇敌忾的抗战决心；正是"我的祖国"那"风吹稻花香两岸"的"温暖的土地"，唱出了抗美援朝、保家卫国的正义感与英雄气概。上世纪 80 年代的一首《在希望的田野上》，则唱出了一代人的憧憬，也唱出了改革开放年代的勃勃生机："我们的家乡，在希望的田野上，炊烟在新建的住房上飘荡，小河在美丽的村庄旁流淌，一片冬麦，那个一片高粱，十里哟荷塘十里果香，哎咳哟嗬呀儿咿儿哟，嘿，我们世世代代在这田野上生活，为她富裕为她兴旺。"这是何等的善！细读那歌词，更让人感悟到，古老中国文明从田野里发生、发展，在创造新的城市与工业文明之后，必将又回到幸福的田野，享受那和谐安宁的社会。

四、田作为系统

作为真善美的生存艺术，田是生命的系统。这个系统也包括测量、围垦、平整、土壤改良、水土保持的造田和土地监护的智慧；这个系统是关于水的储蓄、节约、引灌的水资源保护和利用的工程和技术。为了在湖泊和沼泽中生存，墨西哥古老的阿兹台克人，利用树木的根系固土造田，营造出"漂浮的田园"（图 1）；基于千百年的生存经验，元阳哈尼梯田的创造者们懂得如何保护海拔 2000 米以上的高山森林，来吸纳来自印度洋的暖湿气流，蓄积并释放出四季不断的涓涓细流，滋润山腰上的层层梯田。田的灌溉技术被认为是文明古国诞生和发展的关键要素之一：两河流域和古埃及、印度恒河流域、长江和黄河流域灌溉系统之兴废，都关联古国文明之兴衰。事实上，中国的"田"字，本身包含灌溉系统的意象（梁家勉，2002）。这个系统还包括作物选择、培育、配置和养护的生物与土地、生物与生物以及生物与人的关系的完整知识，也是关于四季的更替和太阳能的有效利用的经验积累。作物的轮种与间作，果木与农作物的间作，生物间的共生和互生关系的利用，人们创造出一个个丰产的田园生态系统。诸如珠江三角洲的桑基鱼塘，江南的稻田养鱼，河南的泡桐与作物间种，等等。这些关于土地利用、造田、灌溉和种植配置的经验与技术，是以土地设计为核心的景观设计学丰富的知识宝库。

五、再现田的艺术：新乡土景观

面对城市化、工业化背景下的生态与环境危机、资源与能源危机、文化身份危机和人地精神联系的破裂，田的艺术为我们提供了新的生存机会与繁荣的希望。田的营造告诉我们如何用最少的投入来获得最大的收益；田的灌溉技术告诉我们如何合理而巧妙地利用水资源；田的种植艺术告诉我们如何适应于自然的节律配置植物；田还在矿物能源面临枯竭的形势下，承担起生物能源生产的重担；田的形式、田野上的过程，告诉我们美的尺度与韵律；田所反映的人地关系，告诉我们如何重建人与土地的精神联系，获得文化身份与认同。为此，多年来，我们致力于田的研究，以及当代城市环境下的田的艺术。

案例之一　田：北京奥林匹克森林公园和中心区景观方案（俞孔坚、刘向军，2004；俞孔坚等，2005）

作为三个最终入围方案之一，北京奥林匹克森林公园和中心区景观的"田"方案，以养育世界上最多人口的土地为载体，来营造土地生态系统。以对土地的爱和虔诚态度设计一个可持续的景观：尊重自然，用最少的工程获得可持续的最大收益。"田"使森林公园的概念从"林"扩展到"土地生态系统"。"田"方案力图走出"中国传统"与"西方现代"的泥潭，走向"现代中国"的、后工业时代的景观设计之路：从五千年中国大地的人文景观中获得营养，在史无前例的城市化和人们日益远离土地精神的背景下，重建现代人与土地的联系，找回中国人在土地中的根（图 12a，图 12b）。

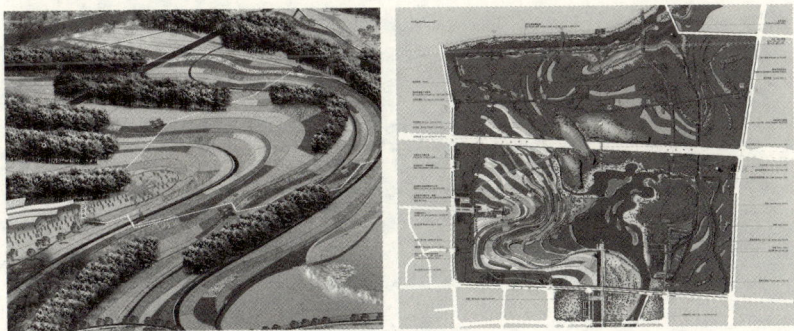

图 12a，图 12b　北京奥林匹克公园"田"方案（土人设计）。

案例之二　稻田校园：沈阳建筑大学（俞孔坚，2005；Padua，2006；孔祥伟，2007）

在沈阳建筑大学新校园里，用东北稻作为景观素材，设计了一片校园稻田。在四时变化的稻田景观中，分布着一个个读书台，让稻香融入书声。用最普通、最经济而高产的材料，在一个当代校园里，演绎了关于土地、人民、农耕文化的耕读故事，诠释了"白话"景观的理念，也表明了设计师在面对诸如土地危机和粮食安全危机时所持的态度（图13）。

案例之三　"福田"——试验田演绎：深圳福田中心区广场（俞孔坚等，2004）

"福田"是深圳市中心区中轴线所在地的地名，亦为本方案的名称。福田"湖山拥福，田地生辉"，正昭示了深圳鹏程灿烂的锦绣瑞祥，深圳也正是世界瞩目的中国伟大改革开放的试验田。笔者试图以大象征、大格局，表达深圳的内在精神气质和喷薄的原创精神。"田"构成了中心广场和南中轴景观的统一肌理，是场地空间形成和活动内容设计的基本结构，同时，它是深圳地方精神和多种含义的载体：田——既为希望的田野，亦是改革开放的伟大试验

图13　沈阳建筑大学稻田校园（土人设计，曹杨摄）。

田，更是"福田"——幸福之田，瑞祥之田。田——更是生态城市理想的景观实践，城市含义的拓深和发展，结合文明史生态主题的凸显，以一种新的视野审视农业景观、大地肌理，并且将之纳入城市的崭新概念中；田——也是现代中国景观个性的一次探索，希望在传统中国与现代西方之外，找到一条现代中国的景观之路。本设计方案试图抛弃被中国历代文人和造园家临摹已久的所谓传统形式，同时拒绝西方巴洛克的设计手法，而是直接从五千年中国大地的人文景观中汲取营养，从大地与平民的淳朴和率真中寻找现代中国的景观性格和形式（图14）。

案例之四　长林方田——寻常北京的纪念：北京首都机场国际机场 3 号航站楼全区景观方案（俞孔坚等，2005）

为满足日益增长的需要，保障 2008 年北京奥运会和北京市现代化大都市的建设需要，国家决定对首都机场进行扩建。此次北京首都国际机场 3 号航站楼楼前区景观与城市设计正是在该总体规划的前提下进行的。长林方田方案来源于乡土北京的大地肌理，讲述着普通而伟大的故事，展示着现代北京的真实而不凡。长林方田，体现了高效而完善的使用功能、安全而健康的生态关系、经济而节约的建设理念。

北京、乃至华北大地上最令人难忘的景观元素是防护林网。基于北京林带的视觉和穿越体验，根据出入港行车的速度和位置及角度变换规律，设计了多条斜向林带，它们由高大的乡土乔木构成，把出港和进港的客人的视线引向远方的大地。创造一种体现北京特色的舒展而宽广的大地体验。长林围合出许多方田。这种长方形的田块构成场地的肌理。在这种田块肌理中成片种植各种北京乡土果树和单优势乔木群落及花灌木，形成丰富的季相变化和高低错落植被景观。在方田的肌理上，形成水塘，它是北京大地上不可或缺的景观元素。利用场地西边的雨水调节池作为水

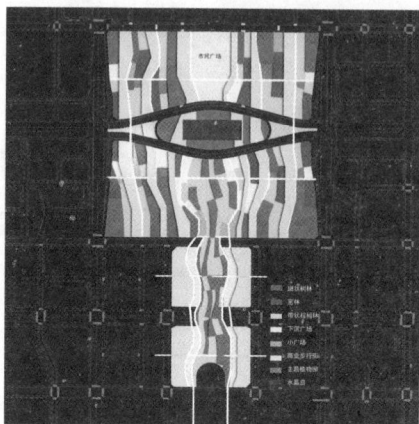

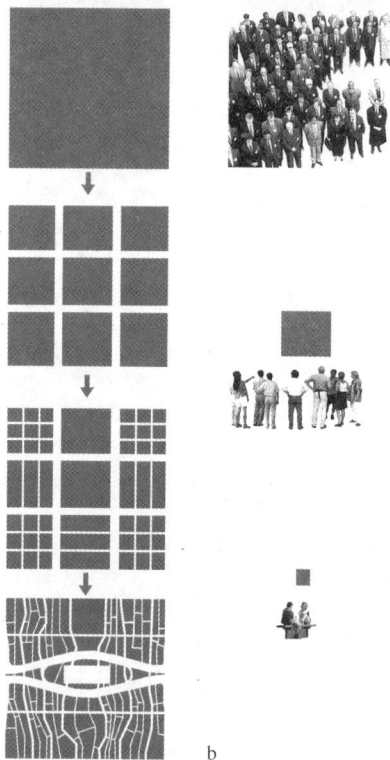

图 14a，图 14b 深圳中心区"福田"广场设计方案（土人设计）。

源，通过水塘和水渠，建立一个雨水收集系统。这一水塘系统成为北京丰富的乡土物种的栖息地，也是绿地浇灌水源，同时是环境教育场所（图 15）。

案例之五　蔗园：2007 厦门园博园之一（俞孔坚等，2007）

作为 2007 年园博会的一个小园，作者尝试用甘蔗作为主要植物材料，探讨如何将生产性景观和能源作物引入当代城市设计的可能性，倡导新时代的新园林，体现以节约、简约、环保和具有地域特色的"白话"景观，一种新乡土景观。

方案中整个场地下挖，最深达 2.5 米，四边的围合，成为下沉的"洞"园。四壁之顶（地面）遍植当地茅草，强化空间的围合感。螺旋式坡道下到中心井底，让地下水出露，并因天气和周边水域的水位变化而浮动园内水位。让泉水的蒸发以降暑期之炎热，创造一个清凉并与外界相隔离的世界。四壁为清瓦，上植苔藓植物，以增加洞园内的湿度和清凉感。留有许多空隙，为青蛙栖身之地，防止园内蚊子滋生。地面为白沙，源自厦门花岗岩之地貌。

在此基底上，高起条状种植台，平行分布，如同田园，种植当地盛产的甘蔗。种植台沿边为座凳，供人在蔗园中休憩。结合休息系统和墙面设计音响系统。播放录音，有人声、鸟鸣、狗吠、牛叫和劳作生产的声音交响。与其他感觉共同构成人们对田园生活的体验，形成田园环境的四维空间诠释（图16a，图16b）。

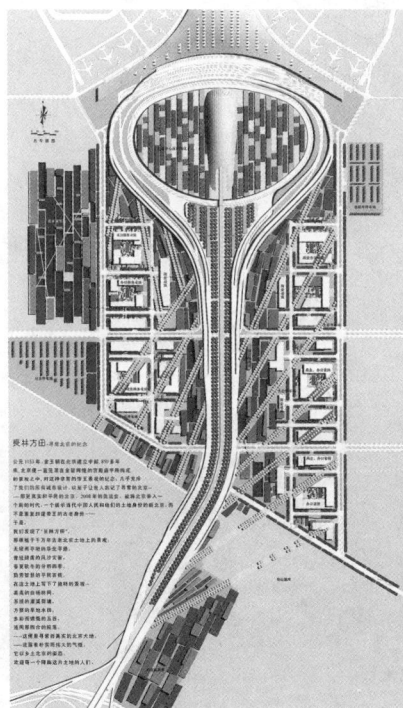

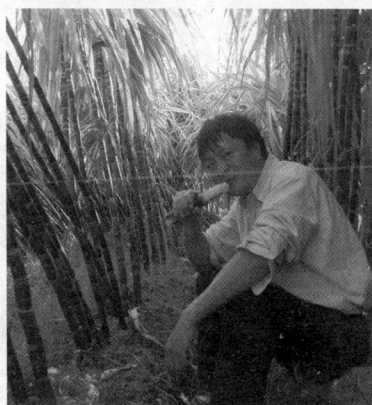

图15 首都机场3号航站楼楼前区景观与城市设计方案（土人设计）。

图16a，图16b 厦门园博园之蔗园（土人设计）。

案例之六　2010上海世博园后滩公园

属于世博园区的后滩公园地处浦东原后滩地区，濒临黄浦江，是世博园区的核心绿地之一，总面积为 14.2 公顷。方案利用场地农耕文明景观层的梯地禾田来消解场地千年一遇的防洪标准与内河净化湿地之间的高差。梯地禾田通过提炼"田"这一特色景观，不仅消解了千年一遇防洪标准与内河净化湿地之间的高差，而且反映了场地近千年的农耕文明景观，有利于场地与城市的融合，丰富了场地与城市交接的景观界面（图 17a，图 17b）。

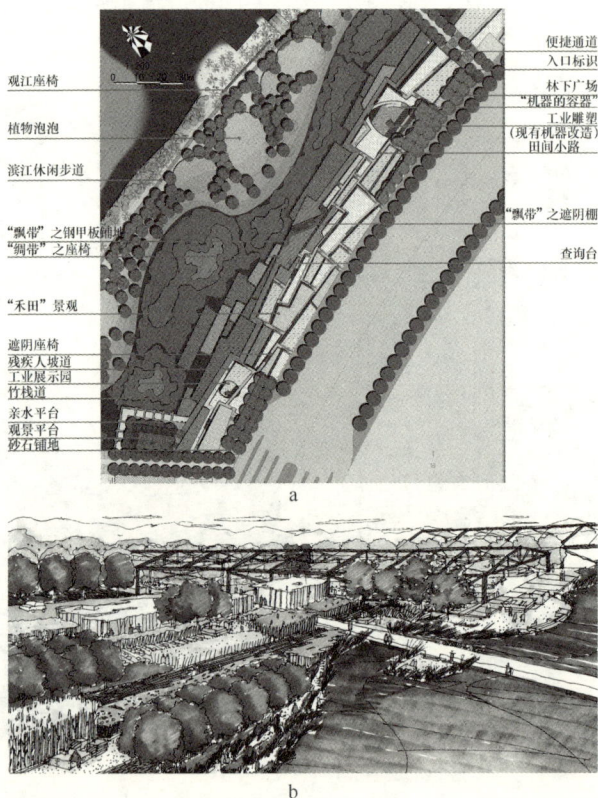

观江座椅
植物泡泡
滨江休闲步道
"飘带"之钢甲板铺地
"飘带"之座椅
"禾田"景观
遮阴座椅
残疾人坡道
工业展示园
竹栈道
亲水平台
观景平台
砂石铺地

便捷通道
入口标识
林下广场
"机器的容器"
工业雕塑
（现有机器改造）
田间小路
"飘带"之遮阴棚
查询台

a

b

图 17a，图 17b　上海世博园区后滩公园之梯地禾田（土人设计）。

参 考 文 献

Hunt，J. D.，*Greater Perfections：The Practice of Garden Theory*，Philadelphia：University of Pennsylvania Press，1999.

Kowarik，I.，Das Besondere der stätischen Flora und Vegetation，*Schriftenreihe des deutschen Rates für Landespflege*，1992，61（5）：33—47.

Kowarik，I.，Wild Urban Woodlands：Towards a Conceptual Framework，In：Kowarik I. & K. I. & Kärner S.（eds.），*Wild Urban Woodlands：New Perspectives for Urban Forestry*，Berlin：Springer，2005.

Norbert Kühn，Intentions for the Unintentional Spontaneous Vegetation as the Basis for Innovative Planting Design in Urban Areas，*Journal of Landscape Architecture*，Autumn：2006，52—53.

Padua，G. Mary，Touching The Good Earth—An Innovative Campus Design Reconnects Students to China's Agricultural Landscapes，*Landscape Architecture*，2006，12：100—107.

Tuan，Y. -F.，*Landscape of Fear*，Pantheon Books，1979.

孔祥伟：稻田校园——一次简单置换带来的观念重建，《建筑与文化》，2007，1：16—19。

梁家勉：田诂探源——中国古代生产力试探之一，见倪根金主编：《梁家勉农史文集》，中国农业出版社，2002。

庞伟：花石纲析——兼及中国传统园林思考，《城市环境》，2007，1：92—94。

佘依爽：虚假的本质：从苏州园林看中国传统园林的隐逸观与自然观，《城市环境设计》，2007，3：106—108。

俞孔坚、韩毅、韩晓晔：将稻香融入书声——沈阳建筑大学校园环境设计，《中国园林》，2005，5：12—16。

俞孔坚、李鸿、李斌、庞伟："福田"——试验田演绎——论深圳市中心区中心广场及南中轴景观工程设计，《城市规划》，2004，9：93—96。

俞孔坚、刘向军、李鸿：《田：人民景观叙事南北案例》，中国建筑工业出版社，2005。

俞孔坚、刘向军：走出传统禁锢的土地艺术：田，《中国园林》，2004，2：13—16。

俞孔坚：生存的艺术：定位当代景观设计学，《建筑学报》，2006，10：39—43。

俞孔坚、凌世红、俞宏前：白话与丰产的景观：蔗园，《风景园林》国际园林花卉博览园（厦门）专集，2007。

关于"风水"*

问题 1：什么是风水，或您对风水是如何理解的？

答：风水是中国文化对不确定环境的适应方式，一种景观认知模式，包括对环境的解释系统、趋吉避凶的控制和操作系统。其深层的环境吉凶感应源于人类漫长生物进化过程中人在环境中的生存经验和中华民族文化发展中的生态经验。前者通过人类的生物基因遗传下来，表现为人对环境吉凶感应和审美的本能；后者则通过文化的"基因"（包括口头的和文字的）而积淀下来。生物与文化基因上的景观吉凶感应（风水吉凶感应），构成风水的深层结构；中国传统哲学和包括罗盘和天文地理的观测和分析在内的技术、以及中国其他民间信仰，三者构成了风水的表层结构，它系统地解释了（更确切地说是系统地曲解了）风水意识（景观吉凶意识）。作为表层结构的风水解释系统并不能完全反映吉凶景观现实的功利意义，因而使风水带有很大的神秘性和虚幻性。风水源于济世救民，而最终沦为部分人谋财害命的骗术，但这两者必须区别对待。

风水的可珍惜之处在于其承载了人类和华夏先民关于自然灾难

---

* 本文为作者应《中国国家地理》"风水专辑"之约，针对其提出的几个问题作答，核心内容发表在 2006 年 1 期，24—41 页，由李雪梅访谈并撰稿，附于本文后。这里是原稿。

认知和适应方式及理想的景观模式，风水说的荒谬来源于中国古代哲学（特别是唯气论）的荒谬；用当代科学去肯定或批判风水，则同样是荒唐的，因为那根本就是前科学时代的产物，是前科学时代的文化现象，根本就与科学两回事。

问题2：关注风水是不是中国人独有的文化现象？

答：风水意识不唯中国人所独有，任何一个民族和文化都有，只不过由于生活环境不同，语言不同，生活方式不同，而有不同的表达方式而已。这种文化现象统称占地术（Geomancy）。无论是埃及法老王的陵墓选址，还是玛雅文化中金字塔的方位，还是美洲印第安人的蛰居洞穴的选择，人类都有类似的环境解释和操作模式，都旨在茫茫的大地上给自己定位，以便建立起和谐的"天地—人—神"的关系。中国具有世界上最悠久的农业文明，唯其如此，中国文化与土地具有最紧密的联系，因此，中国的风水带有更加浓重的土地及土地上的自然关系的烙印，因而更强调"风"和"水"这两种对农耕生产生活最关键的自然过程；也正因为农耕文明对土地的依赖和对庇护环境的需要，使中国文化中的理想风水成为"桃花源"。

问题3：我们对中国传统文化现象应持什么态度？对一些现代科学不能完全解释的神秘文化应该持理解、宽容还是批判、否定态度？

答：所有文化现象都有其产生的历史环境，许多文化现象对当代人来说是不可理解的，因为环境变了，我们并不生活在那样的环境中，因此不需要用同样的方式去适应环境。它是我们认识彼时彼地人的生活方式的途径，是揭开人类历史的一把把钥匙。对待它们的科学态度是解读它，认识它，并通过它来探索未知，而不是用现代的标准去评价它。它的存在本身就是人类的遗产，不管是否对当代有用。用功利的标准来衡量文化遗产是很危险的。

问题4：风水的问题为何如此敏感，让许多专家学者避之唯恐不及，而不能去正面面对它？

　　答：现在有些人谈风水色变，本身就不是一种科学的态度，不但不能揭示风水的本质，反而使之变得更加神秘。一方面，许多人打着科学的旗帜，动辄给谈风水的人扣上"反科学"、"伪科学"的大帽，这使许多专家学者不敢去谈风水，生怕被人戴上帽子，毁了自己的学术名誉，这是"文化大革命"的遗毒。既然我们可以大谈上帝和基督，大谈非洲原始部落的巫术，大谈少数民族的宗教仪式，为什么对风水讳莫如深？另一方面，许多学者装神弄鬼，把一种本来就不是科学范畴的文化现象抬举为现代科学，或认为"现代科学解释不了"，或在风水中附会现代科学的内容，以说明我们的先民是如何高明、如何深不可测，以至于认为风水说比现代科学还要高深，这同样是荒诞的。在我看来，只要从人类的进化历程和文化的生态经验以及现代人的功利意义三方面入手，风水并没有什么解释不了的事。

　　相信没有上帝的人可以是科学家，相信人需要上帝的人也同样可以是科学家。

附：谁来保护我们的家园——风水复活的背后

　　济世救民是"风水"之所以出现的初衷。虽然传统的风水依旧有很大的市场，但前科学时代留下的文化遗产和文化景观只能给我们经验和启迪，却无力保佑我们当下的脆弱家园。我们已从田园牧歌式的怀旧中苏醒，不会指望过往的"神灵"能解决目前中国的生态安全问题。但在现代城市急剧扩张以及各种城市病不断蔓延的年代，我们有什么可靠的方法和途径，来保障城市和居民的健康与安全呢？就此问题，《中国国家地理》记者对景观设计专家俞孔坚教授进行了深度采访。

　　理想家园：中国大地上的乡土文化景观是人地关系长期磨合的产物。风水说强调一种基本的整体环境模式。在云南哀牢山中，山体被划分为上、中、下三段。上部是世代保护的自然丛林，中部是人居住和生活的场所，下部层层叠叠的梯田是属于人与自然和谐共处之所。千百年来，风水模式在中国大地上铸造了一件件令现代人赞叹不已的人工与自然环境和谐统一的作品。那曾经是我们的栖居地，将来可能也是我们的理想家园。

　　我们已不再有机会像史前人、像田里的农民、像海边的渔民那样，感受自然的呼吸，领会自然的喜怒表情，对大难来临前的种种预兆漠然置之。

　　李雪梅（以下简称李）：我发现随着人类的进步，随着科学技术的发展，随着城市化进程的加速，现代人所面临的难题越来越多了。科学技术好像并没有使现代人变得更强大，反而是更脆弱了。不久前发生的印度洋海啸、美国新奥尔良飓风等灾难都是最好的例证。为什么会出现这样的悖论呢？

俞孔坚（以下简称俞）：美国有一部关于星球大战的电影，描绘人类在面对外星人时，是如何大规模出动飞机、大炮和装甲车来壮胆的。结果，它们在外星人的神秘武器下瞬间灰飞烟灭，倒是人间柔弱、优美的音乐，最终将外星人制伏。

我们通过机器强化和延伸了四肢，通过电脑和信息处理技术扩展了大脑，使自己成为"超人"；近现代技术使我们生活在一个高度抽象化的世界中：为抵御500年一遇的洪水而修建的水泥防洪堤团团包裹着城市，以至于在河边而看不到水竭水满，在海边而听不见潮涨潮落；我们渠化和管化大地上的水系，以至于不知道水从何而来，水边还孕育生物；我们斩山没谷，"三通一平"，以至于忘记了地势之显卑。我们对真实而完整意义上的土地和自然越来越陌生，不再有机会像史前人那样，像田里的农民那样，像海边的渔民那样，感受她的呼吸，领会她的喜怒表情，对大难来临前的种种预兆漠然置之。

所以，现代人感应自然灾难的能力明显退化了，在灾难到来时更脆弱了。间接的书本学习永远代替不了真实自然存在的体验。因此，如何让城市与自然系统共生，使现代城市人能感受自然的过程，重新找回真实的人，是塑造新的和谐人地关系的基本条件。

李：看来我们要对以前所强调的"人定胜天"的思想进行反思和检讨了，我们现在更应强调的是敬畏自然。

俞：人类对大自然有天生的敬畏和热爱之心。敬畏是因为千百万年她不断对人类施之以灾难，并在人类的基因上打上了深深的烙印；热爱，是因为大自然赐人以食物和庇护。人类这种天然之心正是萌生"神"与宗教的土壤，也是大地景观吉凶意识和审美意识的本源。如果我们过分依赖近现代科技赋予我们的"超人"能力，而将千百万年进化而来的自然人的能力抛弃，将对"神"或对自然的敬畏之心彻底埋葬，灾难必然降临。

李：我们现在处于科学的时代，我们的生活已经离不开科学了。尽管科学发展了，但人类所面临的自然灾害反而更可怕、更危险了。那科学的力量何在？现代世界越来越证明科学技术不是万能的。有了科学技术，我们还缺什么？

俞："泰坦尼克"的沉没不是因为船不够坚固，而是因为人们太相信它的坚固了。中国古代大禹和其父鲧的不同治水哲学及后果似乎妇孺皆知，但我们又何尝不在重蹈鲧的覆辙呢？当今我们的国土和城市生态安全战略恰恰是在用巨大的人类工程、片面的科学技术，打造对抗自然过程的"铁甲车"。考察中国当代的自然灾害，可以发现最严重的灾难后果恰恰是因为人类"铁甲车"的失误而带来的，如决堤、决坝导致的洪水灾难。最近美国新奥尔良的淹没又何尝不是如此？有人还以为新奥尔良的防洪堤坝不够高、不够坚固，而事实上正是因为人们自信堤坝之坚固，才是导致灾难的最根本的原因。

李：我注意到这样的报道：在印度洋海啸灾难中，一个文明时代的"天堂"瞬间成为废墟，并夺走了近30万人的生命。相比之下，偏远岛屿上孑遗的史前部落却能在大难中安然无恙。是因为他们对可能到来的灾难更加敏感吗？

俞：在前科学时代，有限的经验知识通过宗教和伦理，牢牢寄生于人们的道德规范和行为中。自然中的所有现象，都被视为"吉"或"凶"的预兆。比如中国古代"风水"相信曲直蜿蜒和连续的河流是"吉"的。现代景观生态学的研究表明：蜿蜒的自然河流有利于消减洪水能量、避免洪水灾害。可我们当今的防洪工程恰恰是逢河必坝、遇弯必裁。科学知识，完整意义上的关于自然的知识，并没有变成我们明智地利用、适应和改造自然的实践，而是被片面地、断章取义地误用。

触摸土地：千百年来，人们在稻田中播种、收获，稻田也是湿地的一种。19世纪末英国霍华德提出的田园城市模式将乡村农田作为城市系统的有机组成部分。随着现代网络技术、现代交通和随之而来的生活及工作方式的改变，城乡差别在缩小，城市在溶解。大面积的乡村农田将成为城市功能体的溶液和城市景观的绿色基质。国外的调查表明，到农田去休闲的吸引力远远大于到公园去休闲。

自然的威力：地球给人类足够的生活空间。人们并不是没有土地来建造城市，而是往往在不合适的地方、用不合适的方法来建造城市。而几乎所有的沿江和滨海城市都在用强堤、高坝与洪水或海潮对抗。灾难"500年一遇"并不意味着明天就不会发生。如果城市选错了地方，那么无论它建得多么漂亮，都可能在一夜之间被摧毁。古罗马的庞贝城如此，印度洋海啸引起的"天堂"毁灭如此，飓风带给美国新奥尔良的灭顶之灾也是如此。

李：风水如果是一种前科学，它是如何保障古代人的安全和健康的？中国传统风水说的产生与灾害经验的积累有必然联系吗？

俞：从一些中国最早的文字中，我们不难看出灾害是相当频繁的。如《易经》的六十四卦就有专门的卦和大量的爻辞来卜算和应对洪水、泥石流、地震等自然灾害，反映了华夏先民试图通过巫与神，来预知灾难的来临，获得人地关系的和谐。基于以无数生命为代价的灾难经验，对大地山川进行吉凶占断，进行趋吉避凶、逢凶化吉的操作，成为中国五千年来人地关系悲壮之歌的主旋律。这期间不乏有因通神灵、有神功的大巫大神者，如大禹"左准绳，右规矩，载四时，以开九州，陂九泽，度九山"。也有因治一方之水土而被奉为地方之神者，如修建都江堰的李冰父子。更有遍布大小城镇和各个民族村寨的地理术士们，他们"仰观天象，俯察地形"，为芸芸众生卜居辨穴，附之山川林木以玄武、朱雀、青龙、白虎及牛鬼蛇神。因此，遍中国大地，无处不为神灵所栖居。无论大小乡村还是城镇，其设计无不以山水为本，依山龙水神，求安宁和谐之居。尽管早期西方传教士们视盛行于中国的巫风卜水为邪恶，但对其造就的大地景观却大为感叹："在中国人的心灵深处必充满着诗意。"

自然的护佑： 如同人需要以衣遮体，村落所栖居的山脉也同样应穿上衣服，森林便是它的衣衫。由于森林能够有效地防止水土流失，涵养水源，减轻旱涝和风灾，调节小气候，它被当地人视为守护神。

李： 在 1999 年世界建筑师大会上，吴良镛教授等在《北京宪章》中描绘道：我们的时代是个"大发展"和"大破坏"的时代。你认为"大破坏"最显著的表现在哪些方面？

俞： 过去二十多年来的中国城市建设，在很大程度上是以挥霍和牺牲自然系统的健康和安全为代价的，而这些破坏本来是可以通过明智的规划和设计来避免的。我们忽视了地球是一个活的"女神"，她不但具有生产功能，还有消化和自净能力，同时还能自我调节各种自然的盈余和亏缺。然而，在城市规划和建设中，我们却没有领会和珍惜自然的功能，反而用极其恶劣的方式，摧毁和毒害大地"女神"的肌体，包括肢解她的躯体——田园和草原，毁损其筋骨——山脉，毁坏她的肾脏——湿地系统，切断她的血脉——河流水系，毒化她的肺——林地和各种生物栖息地……使她丧失服务功能，最终就连一场小雪或暴雨都可以使整个北京城瘫痪；一个感冒病毒变种或一种 SARS 病毒，就可以把全国所有城市带入"严防死守"的恐惧中。

李：看来，当代文明人的脆弱在于不能聆听自然，也不愿与自然为友。其实要增强城市对自然灾害的抵御能力和免疫力，妙方不在于用现代高科技来武装自己，而在于充分发挥自然系统的生态服务功能，让自然做功，这是否也是人们重拾风水之道的原因？

俞：工业革命以后的西方世界始终经受着一种生态学上的"精神分裂症"的折磨。一方面是对高产值、高物质享受欲望的无止境的追求，其结果导致了自然资源的枯竭和环境的恶化；另一方面又表现出对大自然的热爱，一有机会便投身到大自然中去露宿、去遨游，为此又不得不通过各种途径，包括法律的和技术手段，对环境进行保护和治理。

在西方，人们在对人与自然的关系进行硬性协调的同时，许多有识之士还试图从哲学、伦理学和心理学等方面来寻求医治上述"心理症"的良方。正如中国的气功和针灸对西方世界充满魔力一样，中国古老的风水说也被认为是医治这种"心理症"的魔方，被称为是"通过对最佳空间和时间的选择，使人与大地和谐相处，并可获得最大效益，取得安宁与繁荣的艺术"。国外的"风水热"对国内产生了一种"回归效应"，使国内许多敏感的学者也开始对这种长期被斥为"封建迷信"而具有顽强生命力的传统文化现象进行反思。

李：那么，产生于中国农业文明的风水文化能拯救工业化时代和电脑时代的芸芸众生吗？

俞：面对新一轮的城市化和基础设施"建设"高潮，在被科技和机械力武装到牙齿的"超人"面前，在人口和资源危机日益严重的时代，我们不能指望这些乡土的风水"神灵"一同"城市化"，因为，它们目前也是"泥菩萨过河，自身难保"。如果说我们的先人曾经成功地通过风水适应了过去五千年的多灾多难的中国环境，那么，他们显然没有经历过工业时代的诸多问题，如空气污染、生物多样性保护、湿地保护、汽车交通甚至铁路等等，因而我们不能指望先民的经验智慧能解决当代中国严峻的人地关系危机。所以也可以理解，当中国修建第一条铁路时，风水便成为最大的障碍；藏风聚气的理想风水模式，对今天讲究空气质量的大城市，无异于就是"地狱"。

融于自然的建筑：与西方教堂常耸立于闹市中心不同的是，中国的宫观寺庙喜欢隐居于风景秀美的山川。名山风水好，能吸引游人；游人越多，香火越旺。占据了名山，还要善于选择修建寺观的地点，使寺庙和名山形成"千山抱一寺，一寺镇千山"的格局。传统寺庙或建在山顶，或依傍悬崖，以便于极目远眺、俯临凡界，同时也可以超世脱俗，表现出神秘的色彩。人们徒步登临，涉其艰难，感其威势，无形中增加了对宗教信仰的虔诚，寺观在人们心中的地位也更加崇高。

超越自然的建筑：近 20 年来，人们喜好把经济成就和自豪感寄托在对建筑物高度的追求上，对高度的崇拜和竞争已渗透在中国人的现代化意识之中，而传统风水所强调的尊天敬地和天人合一思想，在现代人的意识中已经淡漠。在西方国家经历了工业化某个时期对高层建筑的新奇之后，现在对高楼大厦的竞争已集中在刚刚"从稻田中拔地而起"的新兴国家和城市中。

李：现代科学技术对我们所面临的严重人地关系危机显得有些束手无策，传统的风水又有很大的局限性，两者结合起来取长补短，会不会是一条出路呢？

俞：应当说现代科学技术与土地伦理的结合，才是拯救城市化时代和工业时代的芸芸众生的当代"风水"。

李：如何来正确理解土地伦理？

俞：《史记》里记载了这样一个故事：晋文公重耳为逃避朝廷迫害，落难荒野，饥饿难忍，向乡下人讨吃的。乡下人说我这里没有粮食，我只有这块土地。所以老农就把一块黄土放在器皿中，送给重耳。重耳当时很愤怒。他的大臣赵衰就告诉他："土者，有土也，君其拜受之。"有了这块土，你就有了社稷，就有了国家，你就有了你的王位和权力了。重耳听后跪了下来，把这块土捧在手里。这就是我们曾经的土地伦理，也是我们对待土地的态度：土地就是社会的全部——财富、权力和社稷。

李：现在的社会是视土地为金钱，而且现在土地的价格越来越高。我们该如何转变对土地的看法，或者说怎样重新认识土地的价值？

俞：完整的土地意义是丰满而多重的。一是土地本身就是美。哈尼族村寨的梯田是按照土地的肌理去设计的，自然就形成了美的景观。西藏的青稞地也是美的，哪怕是收割完的稻田也很美。二是土地是人的栖居地，是人的家园。人总想离开土地，但最终还是要回到土地。如此我们才可以理解，为什么在干旱缺水的黄土高原，那些人却世世代代地住在那里不肯离开；也能理解为什么三峡移民要哭着离开生养他们的土地。还有土地是一个活的系统，它不是一头死猪。我们现在对土地的利用，恰恰是用分肉的方式来分块切割这块有机的土地，而没有考虑它是有血脉的，需要用一个系统的方法和生命的伦理来对待它。再有土地是符号，是一部历史与人文的巨著，是世世代代人留下的遗产。最后土地是神，是我们每个人需要寄托的对象。这便是我所理解的土地的伦理和价值。

充满诗意的大地景观：早期西方传教士们视盛行于中国的风水为邪恶，但对其造就的大地景观却大为感叹："在中国人的心灵深处必充满着诗意。"20世纪初，德国飞行员伯叙曼在华夏上空飞行考察3年后，也用"充满诗情画意的中国"来赞美中华大地景观。

中国的生态危机：2003年中国神舟五号上天实现了中国人的飞天梦想，但宇宙飞船拍回来的照片却令我们自惭：中国北边的俄罗斯是绿色的，南边的东南亚是绿色的，只有我们的国土是枯黄一片，绿色的地方微乎其微。我们正面临这样严酷的现实：中国的土地已经不堪重负，生态危机的紧迫性已关系到我们还能不能在这个地球上继续生存下去。也许我们在地面上看不到这种危机的警告，但只要站得稍微高一点，这一危机的严重性便一目了然。

景观承载故事：牌坊是重要的风水小品之一。好的风水不仅讲究围湖和屏蔽，也注重利用小品来调节。中国传统风水小品各具含义。如风水亭、塔是关于领地的声明，门、牌坊、照壁可以避邪祛凶，风水林可以聚风藏气。位于安徽歙县的棠樾村头，一字排开、绵延百余米的牌坊群皆为聚居此地的鲍氏家族所建，前后相隔四百多年。农耕文明、礼教、天人合一，这种自然与人为交融的徽式乡村景观，既刻载着过去的历史，同时也是土地的符号。

景观压迫大地：现代无序蔓延、急剧膨胀的城市，使我们站在高速发展、扩张的城市的上空，不仅看不到一块完整的土地，而且由钢筋水泥构筑的丛林也使得现代人的生活与自然完全隔绝。用传统的风水观来看，如此密集、杂乱无章的建筑，大多是不适宜人居的"凶险"之地。

李：对这样一个庞大的工程，或实现这种全新的理念，我们现在首先要做的是什么？你提出的"反规划"和景观安全格局是否是实现新的更高理念的人地和谐的捷径？

俞：在当代中国快速城市化的背景下，面对史无前例的严峻的人地关系危机的现实，只有"反规划"与生态基础设施建设才可以实现"天地—人—神"和谐的人居理想。

"反规划"不是不规划，也不是反对规划，它是一种强调通过优先进行关键不建设区域的控制，来进行城市空间规划的方法论，是对快速城市扩张的一种应对。传统的城市规划总是先预测近、中、远期的城市人口规模，然后根据国家人均用地指标确定用地规模，再依此编制土地利用规划和不同功能区的空间布局。这一传统途径有许多弊端。

城市是一个多变而且复杂的巨系统，城市用地规模和功能布局所依赖的自变量（如人口）往往难以预测。深圳当时预测2000年的人口是100多万，并按此来规划，结果到2000年时达到了700万。北京更是这样。所以，建立在人口预测上的城市理想是个空中楼阁。

从上世纪80年代末开始，城市建设主体已经从政府和国家逐渐转变为开发商。现在是政府做规划，房地产开发商来建城市。而规划师对市场不甚了解，却想着要控制市场，从而导致规划的失灵。所以政府该做的事情就是对非建设用地的规划和控制，需要"反规划"，就是首先要确定不该建设的区域和土地系统，该建设的东西让开发商去建设，不该建设的地方由市长和规划局长代表公众去做。面对变革时代的城市扩张，我们更需要逆向思维的国土和城市规划方法论，以"反规化"的思维，以不变应万变。

李：这种"反规划"理念与中国传统风水观有没有什么可以契合之处？

俞：在"反规划"理念的基础上，要首先确立那些对保护城市生态安全以及乡土景观遗产具有战略意义、关键意义的生态基础设施。它们对实现"天地人神"和谐的重要性，正如古代风水中的龙脉、穴位、护砂和水口对维护大地生命系统的健康和安全一样重要。具体做法如维护和强化整体山水格局的连续性。古代堪舆把城市穴场喻为"胎息"，意即大地母亲的胎座，城市及人居通过水系、山体及风道等，吸吮着大地母亲的乳汁。破坏山水格局的连续性，就切断了自然的过程，包括风、水、物种、营养等的流动，必然会使城市这一人文之胎发育不良，以至失去生命。历史上许多文明的消失也被归因于此。

古代风水说认为，断山断水是要断子绝孙的。现代生态学和景观生态学告诉我们，连续的山水和自然栖息地系统有重要的意义。比如我们吃的三文鱼在森林里的小溪产卵，在海里生长。如果河流断了，三文鱼的生长过程就中断了。长江里好多鱼也是如此。我们爱吃的武昌鱼是在武昌上游的湖泊里产卵繁殖，然后到下游的长江里生长。河流廊道是大自然唯一的连续体。来自喜马拉雅山山顶的一滴雪水，可以流到太平洋去，就因为河流是连续的。

河流的对话：河流水系是大地的血脉，也是生态景观的重要基础设施。自然的河流蜿蜒曲折。中国古代风水认为曲折蜿蜒和连续的河流才是"吉"的。现代景观生态学研究表明：蜿蜒的河流有利于消减洪水能量，避免洪水灾害。春汛时，它让洪水缓缓流过；秋旱来临，它又释放不尽的涌泉。而人工河流多违反自然河流的本性，河水成为被隔离于土壤之外的孤立系统，水体与土壤之间的物质、营养交换关系被切断。在人工河边，人们也无法体验到自然河流的碧波荡漾以及杂草丛生的野趣。

李：您的看法不仅富有远见，而且统观全局。确实，对于我们生于斯长于斯的国土，只有努力维护其自然过程和格局的连续性，才能保证各种生命的可持续发展；否则各种生命会陆续断绝。类似这种具有战略性高度的措施还有什么？

俞：第二大战略是维护和恢复河道及海岸的自然形态。河流水系是大地生命的血脉，是大地景观生态的主要基础设施，污染、干旱断流和洪水是目前中国城市河流水系所面临的三大严重问题。然而，人们往往把治理的对象瞄准河道本身，殊不知造成上述三大问题的原因实际上与河道本身无关。其他如耗巨资筑高堤防洪、以水泥护堤衬底、裁弯取直、高坝蓄水等，均使大地的生命系统遭受严重损害。以裁弯取直为例，古代风水最忌水流直泻僵硬，强调水流应曲折有情。只有蜿蜒曲折的水流才有生气、灵气。现代景观生态学的研究也证实了弯曲的水流更有利于生物多样性的保护，有利于消减洪水的灾害性和突发性。其他战略还有像保护和恢复湿地系统，建立无机动车绿色通道，建立绿色文化遗产廊道，溶解城市等等。

新时尚——放弃汽车的时代： 还在几年前，80%的北京人是靠骑自行车或乘公交车上下班，那时候很少有堵车和上班迟到的事；而现在的北京，许多人放弃了以前便捷、环保的骑车方式，以开车为时尚。但我们发现北京的道路越来越堵了。国际城市发展的经验告诉我们，以汽车为中心的城市是缺少人性、不适于人居住的；从发展的角度来讲，也是不可持续的。"步行社区"、"自行车城市"正成为国际城市发展追求的一个理想。

城市反规划行动： "反规划"理论要求城市的决策者不要决定城市应建什么，而是决定城市不要建什么、保护什么。因为城市的规模和建设用的功能是在不断变化的，而由河流水系、绿地走廊、林地、湿地等构成的生态基础设施则永远为城市所必需。城市中自然生态，哪怕是一片林荫、一条河流、一块绿地，无不潜藏着无穷的诗意，它会让人获得身心再生之感。我们曾经熟悉的水草丛生、白鹭低飞、青蛙缠脚、游鱼翔底的河流、湿地，在如今的城市中已越来越少了，它应成为城市规划中优先保护的对象。

李： 我们现在是不是应当回到以前的自行车时代？这也是建立新型人地和谐关系的一种方式，而且也是解决城市病、化解能源危机的一个良方。

俞： 中国各大城市现在已经出现严重的交通堵塞现象，中国将来一定要靠自行车和公交来解决交通问题。更何况现在的中东问题以及我们面临的石油危机问题。中国的和平崛起必寄希望于自行车和轨道交通上。但是等到我们再想骑车的时候，可能会发现我们已经没有可以骑车的路了，我们的路全被汽车给占了。中国古人云：

人无远虑必有近忧。面对异常快速的中国城市化进程，规划师和城市建设的决策者不应只忙于应付迫在眉睫的房前屋后的环境恶化问题、街头巷尾的交通拥堵问题，而更应把眼光放在区域和大地尺度来研究长远的大决策、大战略，哪怕是牺牲眼前的或局部的利益来换取更持久和全局性的主动。从这个角度来讲，眼下轰轰烈烈的城市美化和建设生态城市的运动，至少过于短视和急功近利，与建设可持续的、生态安全与健康的城市，往往南辕北辙。

李：从与您的交谈中，我得知济世救民是传统风水之所以出现的初衷。如今，这种美好愿望正被现代景观设计和生态规划所延续。如果说在当代和未来我们仍然需要一个好"风水"来保障城市和居民的健康、安全和心灵安宁的话，这个现代"风水"就是生态基础设施：一个保障生态系统自然服务功能的景观生态安全格局，一个保障五千年神灵栖息场所的景观遗产网络。

俞：这也正是我们这一代人所肩负的重大使命。

天府：生存的艺术与美学*

一、天府景观的生物基因

根据人类学的研究，作为物种，人类在陆地上开始寻觅理想栖居地的时间，大概始于两千万年前的一场地壳变动，青藏高原隆起，地球变冷，原来均相的热带雨林退却，草原发展，处于劣势的人类不得不离开衣食无忧的树栖，而开始陆栖。草原上丰富的动植物，很快使人类进入了既是猎人又是猎物的双重角色，逃匿和埋伏的需要，使人类优先发展了通过视觉进行空间吉凶的判别、利用的生理和心理能力。漫长的草原猎采经历，使这种生理和心理能力通过遗传物质，固化为人类的空间审美和操作本能。所以，人类无需学习，便懂得如何发现有利地形进行窥视——藏匿自己，发现别人；如何利用地形捍卫领域——背有靠山，前有险阻和围障，把持关隘。考察一下已知的原始人栖居地，诸如元谋猿人（170万年前）栖居的元谋盆地，蓝田猿人（100万年前）栖居的灞河谷地（关中平原之东南隅），北京猿人（20万—70万年前）栖居的龙骨山前平原（华北平原之西北隅），马坝人（10万年前）的栖居地滑

---

　　*　本文为作者应《中国国家地理》之约，为其新天府选题而作，因篇幅有限，当时只有三分之一的核心内容被刊出，以"桃花源——理想化的天府"为题发表在《中国国家地理》2008年1期，96—99页，这里为原稿全文。

石山之盆地，小南海文化人（1.3万—2.5万年前）的栖居地太行山山前丘陵盆地，人们可以发现，它们都具有一些共同的景观特征和生态效应，那就是：

（1）围合与适宜的尺度：相对均相的盆地构成排他性的领地，以便围猎并保障对领地的绝对控制；

（2）边缘：在山地和平原，以及水陆和林草不同生态系统的交错带，以便获得丰富的猎采资源，并获得瞭望—庇护的双重优势；

（3）隔离：在领域之内又有相对独立的景观单元，如盆地上突兀的山丘，相对脱离主山脉的孤山，水系环绕的岛屿或半岛；

（4）豁口：有利于自身发展而可控扼对方的关键。

这种结构成为后来人类判别和经营理想栖居地的最基本的标准。尽管随着群体或部族规模的不同，所要求的栖息地的空间尺度也会随之变化，也尽管随着人类从猎采走向畜牧和农耕，对栖息地中的资源有不同的追求，这些生物基因上的、对理想栖居地的基本空间结构的期待是共同的。

二、天府景观的文化生态经验和原型

千百年来，先是西方人（确切地说是西亚人），后来是东方人，都被《圣经·创世记》中上帝在伊甸设计的园子所迷恋，那里有四股清流穿过，四季花果不绝，只需举头伸手，没有忧愁与羞耻，一切有上帝所赐。只可惜，人祖亚当和夏娃并不甘于此，偷吃禁果，于是犯下死罪，被逐出伊甸园。有人考证这伊甸园并非子虚乌有，就在今伊拉克两河流域，是沙漠中的绿洲。难怪，有策划人竟将素有"天府"之称的四川成都号称为"东方伊甸园"，一时哗然。殊不知，"天府"与"伊甸园"本质是一回事，都是人们形容和梦寐以求的理想栖居地，一如天堂和天国（land of heaven 或 paradise）。

说它们本质上相同，又不应抹杀它们之间的不同，《圣经》中的伊甸园更像是人类在采集时代的理想栖居地，而中国人认同的"天府"反映的是农业时代的理想栖居地。遗憾的是，无论真实的或是神话的伊甸园都已消逝，或者被早期人类的过度开发而荒漠化，导致两河流域早期文明的衰败，以至于被恩格斯用来作为人类破坏自然的例证；或者被上帝收回，再派神人看护，再不得入。

　　大约在公元前 1230 年左右，以色列人逃脱了埃及法老的奴役，跨过红海，在摩西的带领下，去寻找一块"牛奶与蜜"的土地，这种信仰使他们在漫漫沙漠中历经了无数艰难困苦，终于在西亚的荒漠中找到了上帝赐予他们的土地：迦南地。这便是约旦河两岸的绿洲：那里有清澈的甘泉，高大的椰枣和浓密的橄榄林，绿茵茵的牧场。这正是一个游牧部落理想的栖居地。在中国境内，欧洲人描绘了另一个带有畜牧特征的理想栖居地模式，那就是英国人 James Hilton 在小说《消失的地平线》中设计的香格里拉：四周的雪山，盆地中的草原、寺庙，和谐的、宗教的社会。自 1933 年发表以来，无数西方人和东方人为之痴迷，并为此惹出了官司，一说香格里拉在四川的稻城，一说在云南的中甸，并不惜修改了真实的地名。不论如何，这实际上是一个英国畜牧文化熏陶下的作者对一种理想栖居地的设计，因而带有浓重的草原畜牧色彩。

　　大约在与摩西同期的时代里，另一本堪与《圣经》相媲美的中文经典《诗经》记载了来自西域某地的羌族后代周人迁徙和寻找理想栖居地的故事："笃公刘，于胥斯原。……陟则在巘，复降在原。……逝彼百泉，瞻彼溥原。迁陟南冈，乃觏于京。京师之野，于时处处，于时庐旅，……既景迺冈，相其阴阳，观其流泉。"这是《诗经·公刘》对早期部族领袖自邰迁豳、在关中盆地择地开国过程的生动描述。由此可见，对处在由猎采社会向农耕和牧畜社会过渡时期的早期周民族来说，选择关中盆地作为栖居地绝非偶然。资源空间分布上的不均匀性，使资源相对集中而又具有可捍性的空间成为部族理想的领地。在黄河中上游，漫漫黄土高原和绵绵丛岭之中，渭河地堑平原可以说是一块农牧资源最为集中的绿洲。而且这一绿洲险关四塞，是一个庇护性和可捍性极强的空间。诚如东汉班固在《两都赋》中所描写的"右界褒斜陇首之险，带以洪河泾渭之川。华实之毛，则九州上腴焉，防御之阻，则天下之奥区焉"。尤其是当周人迁都周原之后，这种庇护和捍域之优势更加强化。周原（高而平的台地）作为周民族的直接生境，北倚岐山，南临渭河，东西侧分别有漆水和千水缠护。关中盆地整体景观结构与中国原始人满意的栖息地模式相似，只是部落成员的增加，整体活动能力的增强，而使栖息地的空间尺度相应地放大了。事实上，"蓝田人"生活的霸河谷地正是关中盆地的分形，是这一大盆地中挹出的一隅（图1）。

史学界认为，在周人的发展历史上，太王迁岐是一次重大的转变和飞跃。周人由此转危为安，转弱为强，迅速壮大起来（田昌五，1990），而《诗经·文王有声》则记述了文王迁丰，武王迁镐

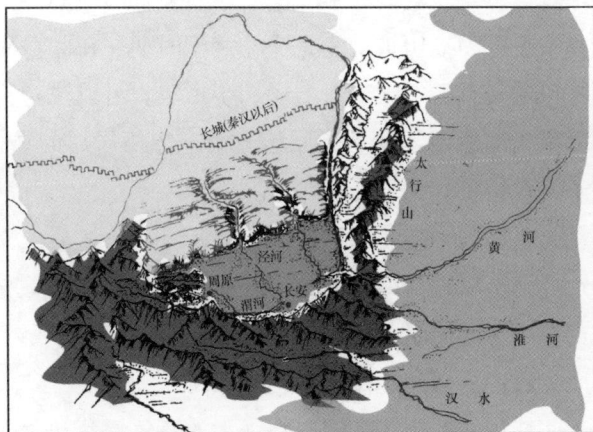

图 1 关中盆地的总体景观结构示意（来源：俞孔坚，理想景观探源，商务印书馆，1999）。

而周兴的业绩。从这些描绘中，尽管我们只看到了历代周先祖忙忙碌碌，为择居而奔走于关中盆地之山川之间，而不知其选择的具体标准是什么，但从历次迁居都是在盆地西南——南侧边缘地带这一事实以及周人对这些定居地的赞美之辞来看，周人显然对关中有着特别的偏好。这种偏好，源于这一带栖居地暗合了周人心目中的理想栖息地模式——源于原始人猎采生态经验的理想景观模式。它当然具有围合与适宜的尺度、边缘（秦岭山地与黄河谷地）、豁口（与华北平原及汉中盆地、晋西南盆地的通道和关隘）等景观特点。

由于关中盆地在自然地理上的边缘特征，使它兼有良好的猎采、牧畜和农耕资源。因而关中盆地是周部族对原始人理想的猎采栖息地模式的继承，又是对理想的农耕栖息地模式的开创。在生物与文化基因之上的理想栖息地模式之间，关中盆地起到了承前启后的作用。所谓的启后，表现为周民族在关中盆地中的农耕生态适应、强化了汉民族对庇护、捍域行为以及对具有相应战略优势的景观的偏好，对自然景观的眷恋和依赖。从笼统的中华文化来讨论，周民族在关中平原的经历被认为是文化定型时期。在此，明显带有中华农耕文化意义上的"天府"概念初步形成。可以说，关中盆地是中国天府模式的原型，继承了原始人类理想栖居地的结构特点，突出了以下几点特征：

（1）资源属性：丰富的水和农耕资源；

（2）景观结构属性：围合的、尺度适宜的空间，利于庇护和捍域的结构，便于交通同时可以把守的关隘；

（3）社会属性：强烈的民族认同和归属。

正是这些特征，使周民族得以在强大的竞争部落和大国商的压迫环境下，不但得以生存，而且由弱变强，最终逐鹿中原一统天下。

三、天府景观的"桃源"化

陶渊明的桃花源把东方农业时代的理想栖居地完全理想化了：
那里是桃花溪的源头，两岸桃花落英缤纷；一个四方闭合的山间盆
地，仅有小口堪入；其间有良田美池，桑竹之属，阡陌纵横，屋舍
俨然；所居之人只知有秦不知有汉，所以怡然自足，健康长寿所以
童颜白发，亲善邻里款待访客所以社会和睦。桃花源之迹一透露，
探寻者便趋之若鹜，有收税的官家，有寻幽的隐士，有好事的游
客，寻访运动直到今天。所以，有了不少官方或非官方的"桃花
源"，有的在湖南，有的在湖北、安徽、浙江、江西等地。从空间
尺度上来说，桃花源是一种乡里尺度，适宜于一个家族的栖居。只
要我们把家族领地的"桃花源"放大，就是氏族部落和国家尺度的
理想领地，即理想化的"天府"或"天府之国"。

中国文化自西周前后基本取得定型定向之后，便进入一个持续
延绵的发展历程。不管如何改朝换代，甚或异族的入侵，中国的农
耕文化的发展却始终不曾离开其固有的模式，其持续性和稳定性被
历史学家叹为观止。而在这长达三千余年的历程中，桃花源式的
"盆地"景观类型，始终伴随着中华民族文化的发展。漫长的"盆
地"生态适应，进一步强化了中国天府模式的庇护、捍域和自然依
赖特征，以及对盆地内社会的认同感和归属感，并与欧洲的岛屿模
式和西亚的畜牧理想栖居地模式越走越远。

首先，关中盆地伴随中华民族文化之成熟。自西周到隋唐，关
中盆地几乎一直是中华文明之中枢。其作为王畿的时间前后历时共
近一千一百年，经历十一个王朝，几乎占去了中华民族文化从定型
发展到烂熟的整个时期，其中包括中国历史上最具有影响的朝代。
包括上述之西周、秦（作为封建时代第一个王朝）、汉（作为我国

农业发展的第一个高潮）和隋唐（作为封建文化之烂熟时期）。所以，可以说上述周人在关中盆地中的生态经验和适应性一直得到持续和强化。关中盆地的经验对"天府"模式强化之意义不言而喻。

其次，与桃花源同构，盆地作为中国农耕领地的普遍性。中国的各类地形中，山地面积占33%，丘陵和盆地占29%，而平原只占12%，它主要包括东北、华北、长江中下游和珠江三角洲。但这些大平原在农业文明到来初期，几乎都尚处在河水泛滥的极不稳定状态，不适于定居和农耕。即使在开发最早的华北平原上，黄河不断改道，在近二千多年的时间里，黄河竟基本上由北向南横扫过一遍。至于东北和珠江三角洲平原，则在唐宋之前，仍几乎处在蛮荒时代（相对于汉文化来说）。所以，在很长时期内，中国的农耕资源局限于山谷中的小平原和更大量的丘陵盆地，资源的有限性、资源分布的不均匀性，以及盆地的可捍性景观特点，毫无疑问地使中国大地上的农耕文化普遍带有对具有庇护、捍域战略优势的景观的偏好。

再者，逐鹿中原使天府进一步"桃花源"化。在开发较早的中原大地上，连绵不断的战争，使大平原上几度成为人烟断绝之地，居住者或被屠杀，或逃离，也就是说在大平原上的栖居者与栖息地之间难以形成长期稳定的适应机制。反之，在长江流域及其以南的丘陵山地和小盆地之中，则一直较为安宁，成为逃难者向往的天然庇护所，这在晋、宋南迁时犹为明显。陶渊明构想的"世外桃源"正反映了这种心态。事实上，无论是中原周边各列强的角逐也好，或是外族（游牧部落）的入侵也好，江南广大的丘陵山地一直成为被逐王室或中原居民的庇护之所，这既是中华民族文化的扩散过程，也是其对盆地适应的强化过程。这就使得中国人将安宁和谐的社会理想设计在一个可以庇护的、可捍性强的自然山间盆地之中。

用桃花源这一基本模式去认识中国历史上曾有的七个"天府"或"天府之国"区域，我们就可以一目了然了，大致可以分为三类：

第一类，全闭合、放大的桃花源，包括关中盆地、太原（汾河谷地）、成都平原（四川盆地），它们都是中国大地上最典型的几处尺度适宜、罗城（山脉）致密、重关四塞、而又有极其丰富的农业资源的盆地。前三者分别是周、秦、唐等在中国历史上具有极其重要影响的政权的发祥地和都城所在。成都平原则是西蜀国的偏安之所。在这些中等尺度的盆地里生活的人民都有很强的地方认同感和归属感，形成相当纯一的社会构成。

第二类，组合式的桃花源，包括江淮以南地区（江南）、闽中（福州及其西南一带）。它们是由一系列丘陵盆地构成，空间上山重水复，资源上皆为鱼米之乡，是中国人口南迁过程中向往的庇护所，也是"桃花源"理想的发源地。每个小盆地都有自己的家族、信仰和语言归属，形成相当稳定的自给自足的社会结构（图2）。

第三类，半开放的桃花源，包括华北北部（燕京一带）和盛京（沈阳）。在明清时的天府名分，从严格的意义上说，这两处天府不是特别理想，空间上没有桃花源的围合结构，又地处中国北方，气候与资源上略逊于其他几处天府。但它们分别处在大平原的一隅，

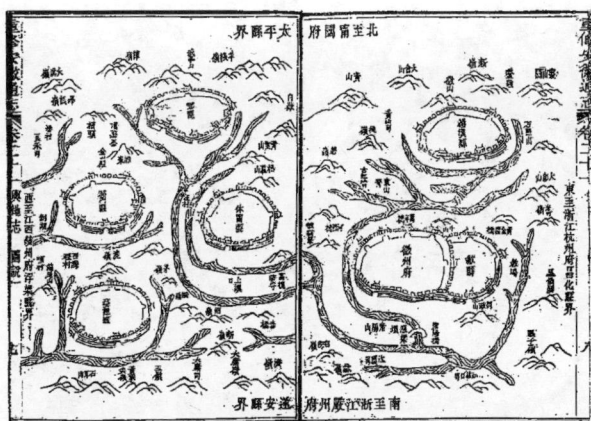

图2　江南组合式的桃花源（安徽黟县）。

北负崇山峻岭，南据黄河或辽河天险。同时，很大程度上与它们曾作为明清时期的都城和清政权的重要发祥地有关。重兵戍卫弥补了天然的围护结构之缺陷。同时，作为控扼华北大平原和辽河平原的战略要地，也与大国的领域尺度相适应。

四、天府景观的设计与经营

中国大地上没有一处天府是完美的，在很大程度上，它们都是天府的栖居者按照它们的理想设计、经营的结果。"桃花源"也是如此。这种设计也是在三个层面上展开的：

第一，丰富和完善天府的资源属性。最常见的是防洪水利和灌溉系统的建立。关中盆地的郑国渠，成都平原的都江堰，以及遍布四川盆地的灌溉网络，太原晋祠的引水灌溉系统，北京西部的玉泉山引水系统，江南盆地的灌渠和堤堰系统，等等。还有林地保育，土地的合理利用，作物的引种、栽培、间作等技术，都使自然天府资源属性得以丰富和完善（图3，图4）。

图 3　都江堰和成都平原灌溉系统。

图4 江南丘陵盆地里的堤堰系统（俞孔坚摄）。

第二，强化和完善天府的结构属性。常见的是垒城墙，固关隘，掘壕沟，以强化其庇护和可捍域性。

第三，强化栖居地人民的归属感和认同感。中国大小天府中以祖宗崇拜为信仰的宗族体系，是天府内民众形成归属感和认同感的草根基础。而每个盆地中对共同山神、水神、土地和部族首领的祭祀，又形成了更高层次的认同和归属基础，如成都平原的李冰父子神，太原盆地对晋祠不老泉的祭祀，江南丘陵盆地中对各自河神的供奉。

归根到底，天府的设计与经营旨在通过人与自然、人与人、人与神的协调，达到风调雨顺和天地—人—神的和谐，是一种生存的艺术。

伦理学视野中的新农村建设：
"新桃源"陷阱与出路*

引言

党中央国务院关于社会主义新农村建设的指导思想和方针路线是科学发展观与和谐社会理念的体现，本文作者完全理解统筹城乡经济社会发展、实行工业反哺农业、城市支持农村和"多予少取放活"的方针的重要意义，完全赞成中央关于建设社会主义新农村的二十字方针：生产发展，生活宽裕，乡风文明，村容整洁，管理民主；也完全赞成建设新农村规划的技术路线：即保证场地生态、历史、文化和民俗传承的充满活力的和谐新农村。

祸兮福兮，同样美好的愿望和目标，在不同的视野下会有完全不同的景象，看到的是完全不同的挑战和机遇，并会导致完全不同的策略和具体措施，结果也将是完全不同的：经济学家把社会主义新农村建设当作扩大内需、拉动经济的机遇和策略，因此加大资金投入，进行大规模的基础设施建设，开展农村产业化工程等等，被视为新农村建设的有效途径；社会学家把新农村建设当作缩小城乡差别、共享改革开放成果和建立公平、民主社会的机遇，因此呼吁乡村体制改革，建立以农民为主体的地方组织，打破城乡二元结构；

---

* 本文首次发表于《科学对社会的影响》2006 年 3 期，26—31 页。

城市建设者则借此以推进乡村的城市化建设，以村镇整治为重点，将城市设施扩展到农村，因此便派大量城市规划师和工程师，带着打破一个旧世界、创造一个新世界的豪迈与激情，把一个个美丽的蓝图强加给广大乡村，大到土地利用规划和山河整治，小到农民房的设计，等等。各种视角的讨论可谓多如牛毛，其中不乏真知灼见。

从村镇物质空间的规划建设的角度来讨论新农村建设是本文所关注的重点，这方面的论述，许多领导、学者也不乏高屋建瓴的指示和见地（仇保兴，2005，2006；汪光焘，2004，2005；李兵弟，2006；陈刚，2006）。本文则主要从土地伦理学的视野，来认识和预景社会主义新农村建设，视野的起始点仍然在物质空间层面上，即新农村城市化建设，但所延展的思考则涉及新农村建设命题的一些本质问题。

社会主义新农村建设是中华大地上的一个文明进程，而文明"绝不是像人们通常认为的那样，通过奴役一片持续、稳定不变的土地来实现的。文明是一种人与人、人与其他动物、植物和土壤相谐共生的状态，而这种状态随时可能因任何一个共生方的退出而终止"（Leopold，1933）。五千年古老的中国土地上，每一个乡村都是人与土地生命的共生体，高效而脆弱，任何干扰与改变都将给这种漫长时间进程中形成的、暂时的和谐共生状态带来严峻的考验。远的不说，中国近五十年来以大地景观改造为手段的运动多多少少被烙上新农村建设的烙印，诸如合作化、人民公社、农业学大寨、大地园田化等等，它们所描绘的图景曾经是何等美妙，但给大地生态和乡土文化遗产带来的破坏，给国土生态可持续性带来的危害，以及给草根信仰体系带来的破坏，都令那些经历过的人们歔欷不已，都曾对文明的进程带来事与愿违的阻碍。

一、认识"桃花源"遗产：土地伦理学视野下的中国乡村

东晋时代的陶渊明曾描绘过一个"桃花源"理想景观，这里有夹岸桃花落英缤纷的美景，有良田美池桑竹之属的丰饶，有须发童颜的健康和谐，有以酒相邀、不忌内外的邻里关系和友善社会，有只知有秦不知有汉的仁政理想。"桃花源"便是中国农业时代的理想农村，包含了和谐社会与和谐人地关系的双重理想。千百年来，正是这样的理想，指引着世代先民造地开田、引水灌溉、和睦乡里，在与自然及人类自身的相互作用过程中，经历无数成功和失败，用生命换得与自然和谐之道、与社会和谐之道。当今的广大中国乡村，有的已然如"桃花源"的丰饶、安逸与美丽，有的则在通往"桃花源"的途中，有的则曾是"桃花源"而今却在衰败之中，有的则穷山恶水、远离"桃花源"并永远不可能成为"桃花源"。但无论如何，它们都使中国大地充满了关于天地—人—神和谐共生的遗产与故事，使中国大地充满灵秀与精神。

约4000多年前，在中国的黄河岸边，一起包括山洪在内的大规模群发性灾害事件，掩埋了整个村落，留下了一堆惨烈的尸骨（夏正楷、杨小燕，2003）。在村落被掩埋的那一刻，一位妇女怀中抱着幼子，双膝跪地，仰天呼号，祈求神的降临。这神灵不是别的，正是大禹，他"左准绳，右规矩，载四时，以开九州，陂九泽，度九山。令益予众庶稻，可种卑湿"。他懂得如何与洪水为友，如何为人民选择安居之所，在合适的地方造田开垦，护理土地。也正因为如此，大禹被拥戴为中国封建时代第一位君主，堪称规划华夏大地景观之大神。也有因治一方之水土有功的而被奉为地方之神者，如修都江堰的李冰父子，他们懂得与神为约，"深掏滩，浅作堰"；更有遍布大小城镇和乡里的地理术士们，他们"仰观天象，俯察地形"，为茫茫众生卜居辨

穴，附之山川林木以玄武、朱雀、青龙、白虎诸神。也正因为如此，遍中国大地，无处不为神灵所居，也无处不充满人与自然力相适应、相调和的景观遗产和精神灵光。直到近代，凡亲历过中国广大乡村景观的西方传教士和旅行者，无不以"诗情画意"来描述和赞美（Boerschmann，1906；March，1968；俞孔坚，1998）之。

所以，对一个在经历了五千年天灾人祸之后，处于生态危机边缘的中华大地来说，要破坏和调整这种微妙的人地关系，其带来的后果可能是灾难性的。同时必须认识到，中国乡村不但是人地生态关系谐调的基本单元，是国土生态安全的基础，也是中华民族草根信仰体系的基本单元，是社会和谐稳定的基础。

我的祖母曾告诉我：当一棵树长大变老之后，会变成神，有精灵栖居。同样，鱼虫鸟兽、山水花木也会因为时间而成为神，有精灵附体；当一块石头陪伴我们的家园，日久也会变为神，有精灵栖居。我们的山、水、林和土地本身又何尝不是？祖辈们修建庙宇神龛用以供奉这些自然和先贤的灵魂，它们保佑着我们的幸福安康；乡民们将祖坟供奉在田间地头、风水林中，看护着山山水水和草木万物；我们曾相信是这些精神庇佑着我们的现世生活，还相信我们未来的生活需要这些精神的指引。正因为这些信仰和精神的存在，我们的生活充满了意义。不管历史上有多少次改朝换代，这种建立在土地上的精神联系，构成了中华大地上众多民族的草根信仰体系，支撑着一个超稳定的社会结构，才使中华文明得以绵延不绝，可谓举世无双。从整个文明长河来看这种超稳定状态，可能有利有弊，但对一个农业人口众多的大国来说，破坏这种草根信仰体系所带来的后果是不能不慎重预警并未雨绸缪的。

我们常说，可持续发展须有"全球化的思考，地方化的实践"，中国大地上的每一个乡村便是"地方化的实践"的最基本单元。这种持续稳定的人地生态关系是千百年来我们的农耕先辈们应对诸如洪水、干旱、地震、滑坡、泥石流等自然灾害，以及在择居、造田、耕作、灌溉、栽植等方面的经验结晶；是人与土地上的各种自然过程、生物过程及人文过程，经历无数的尝试、适应、失败和胜利而获得的"生存艺术"。这种艺术教导了我们祖先如何构建并维持"桃花源"，使得我们的乡村景观不仅安全、丰产，而且美丽；它使我们不但为丰饶富足而生活劳作，而且也为富有意义而生活劳作。如果把这门艺术分解为专项的"工程"或短时的财富"运动"，其破坏性的后果是不言自明的。

二、"新桃源"陷阱：新农村建设的另类预景

二十多年快速的城镇化使中国大地发生了翻天覆地的变化，1999 年的《北京宪章》把我们这个时代称做"混乱的城市化"，吴良镛先生用"大建设"加"大破坏"来形容。这种破坏是全面和多方面的，可谓三千年未曾有过，其中尤其以国土生态环境的破坏和乡土文化遗产的消逝最为惨重，并因此影响到社会和文化各个方面（俞孔坚、李迪华，2003）。就在人们反思城镇建设的得失之时，社会主义新农村的建设高潮又将来临，成千上万来自城市的规划师们已经带着中央和地方政府的意志、带着他们描绘的"美丽蓝图"，奔向无数的乡村，仅北京就派出了 200 多名的规划师和建筑师（谈绪祥，2006），这意味着广大乡村也将不再宁静，成千上万个城市边缘和远郊的传统乡村聚落，将面临前所未有的冲击。

在土地伦理学的视野里，在新农村建设高潮中，乡村人地共生体的生命危机体现在两个方面（文爱平，2006；俞孔坚，2006）：

（1）原本脆弱的乡村人地生态系统将面临破坏，特别是水系统。村落从选址开基，经过几百年甚至上千年与环境的适应和发展演化，已经成为大地生命肌体的有机组成。山水格局、沟渠阡陌、

护坡池塘、林木坟茔等景观元素，都使乡村生态系统维持在一个非常微妙的平衡状态。长期超饱和状态的耕作和人口压力，使这种平衡变得非常脆弱。因此，来自城市规划师们的"手术刀"对这样一个脆弱的人地共生体来说无疑是很危险的。以建设新农村名义进行的拦河筑坝、河道渠化、硬化以及不慎重的市政基础设施建设等，都会对原有自然水系统和生态系统带来严重破坏，对大地生态系统的自然服务功能带来严重的损害（图1，图2）

（2）乡土文化遗产景观将面临灭顶之灾，草根社会结构和信仰体系被破坏。所谓乡土文化遗产景观，是指那些到目前为止还没有得到政府和文物部门保护的、对中国广大乡村的景观特色、国土风貌和民众的精神需求具有重要意义的景观元素、土地格局和空间联系，诸如祖坟，村头的风水树、风水林、风水池塘，等等。每一条小溪，每一块界碑，每一条古道，每一座龙王庙，每一座祖坟，都

图1 典型的中国乡村，人与土地的共生体（湖北宜昌，俞孔坚摄）。

图2 新农村建设名义下的自然河流渠化和"城市化"工程，严重危害自然水系和生态过程（浙江某地，俞孔坚摄）。

是一村、一族、一家人的精神寄托和认同的载体，它们尽管不像官方的、皇家的历史遗产那样宏伟壮丽，也没有得到政府的保护，但这些乡土的、民间的遗产景观，与其祖先和先贤的灵魂一起，恰恰是构成中华民族草根信仰的基础，是一个国家一个民族稳定的基础，是和谐社会的根基。热爱祖国首先源于热爱自己的祖先和家乡的土地。

　　号称已进入"第二代欧式别墅"农民住宅的浙江华西村，四车道的宽广马路，兵营式的别墅群，被作为全国社会主义新农村的样板，大张旗鼓地在中央电视台的焦点访谈中宣扬。这对于广大的村镇干部和农民来说，是何等的诱惑！一旦乡村盛行追求欧式别墅、小洋楼之类（已经如此），其势头会比城市有过之而无不及；而再看看成千上万的、来自城市的设计师们又是怎样将极其恶俗、千篇一律的村镇布局和建筑模式强加给缺乏鉴别能力的广大乡村干部和村民（图3，图4）。如此等等，将会开启中国乡土文化景观的毁灭

图 3a，图 3b　典型的新农村规划：
呆板恶俗，城市设计师和建筑师设
计的理想图景（图像来源：胡伟）。

图 4 "新农村"样板工程：呆板恶俗，由城市设计师和建筑师设计与当地政府统一建设，是人与土地的割裂、居住与生产过程的割裂（湖北某地，俞孔坚摄）。

历程，中华民族几千年来适应自然环境而形成的乡土遗产、充满诗情画意的乡土村落将成为历史。随之，文化认同将随之丧失，草根信仰体系将随之动摇。

三、"新桃源"之路："反规划"

（一）目标与战略："反规划"建立国土生态安全格局与乡土遗产景观网络

本文强调中国乡村的山水格局、生态景观、乡土文化遗产和草根信仰体系，是中国乡土聚落"天地—人—神"和谐的基础。像以往历次关于土地的建设和改造运动一样，目前开展的、自上而下的新农村建设，对中国乡村人地共生体来说是一种干扰，必将给这一脆弱的人地关系带来巨大的冲击，如果能避免上述两方面的破坏，中国乡村大地生命和文明进程将得以延续，那么，社会主义新农村建设将是中国社会发展的一大机遇，否则，这样的新农村运动则很可能成为危机，危害文明的进程，重蹈"农业学大寨"、"人民公社"之覆辙。所谓"危机"正包含了这样两层含义。正是出于这样的认识，作者提出新农村建设中的"反规划"途径（俞孔坚、李迪华等，2001，2005）：在进行土地整理、拆村建镇、拓路开渠和各种市政基础设施建设之前，先进行"不建设"规划；应该首先从土地伦理学的角度，关照国土生态安全和维护乡土遗产景观。前者从物质上保障人民的栖息和安宁，后者从精神上保障人民的归属感和认同感，皆为和谐社会不可或缺的基础。

为此，提出以下两大策略：

（1）建立国土生态安全格局，在各个尺度上维护国土生态安全。

生态安全格局是指对维护生态过程的健康和安全具有关键意义的景观元素、空间位置和联系，包括连续完整的山水格局、湿地系统、河流水系的自然形态、绿道体系，以及中国过去已经建立的防护林体系等。它是一个多层次的、连续完整的网络。包括宏观的国土生态安全格局、区域的生态安全格局和城市及乡村的微观生态安全格局。这些不同尺度上的生态安全格局，共同构成保障国土生态安全和健康的生态基础设施。

（2）建立乡土遗产景观网络，保护中华民族民间信仰基础。

乡土遗产景观是指那些到目前为止还没有得到政府和文物部门保护的、对中国广大城乡的景观特色、国土风貌和民众的精神需求具有重要意义的景观元素、土地格局和空间联系。如古老的龙山圣林、泉水溪流、古道驿站、祖先、前贤和爱国将士的陵墓遗迹，等等。它们应该得到系统完整的保护，形成连续、完整的景观网络，成为人民教育后代和开展游憩的永久空间，并与未来遍布全国的自行车和步行网络及游憩系统相结合。

在中国广大乡村，在漫长的人地共生体的互动和演化过程中，生态安全格局往往和乡土文化遗产景观相叠加而存在，如村落背后的"龙山"，村落前面和边上的"风水池"和"水口"，都是关键的生态景观，也是村落民间信仰的重要依托，因而往往得到世代村民的保护。而对于外在者来说，这些景观元素可能都被视而不见，以至于在建设过程和国土整治中被彻底破坏。

(二) 措施

(1) 尽快由国务院领导成立专门机构，协调国土资源、建设、文物、环保、林业、水利、宗教等部门，来统筹"国土生态安全格局与乡土遗产景观网络"建设；

(2) 尽快组织编制"国土生态安全格局与乡土遗产景观网络"保护规划。这项工作必须在进行社会主义新农村建设规划之前，或至少同时进行，并优先实施；

(3) 尽快组织制定《乡村景观保护法》，以及《生态安全格局保护法》，作为对文物保护法和环境保护法规及风景名胜区保护和管理条例、历史文化名城保护法规等的补充。

(4) 尽快成立组织机构和专家指导机构，制定工作导则，开展相关规划和调研人员的培训工作，避免使这项事关国土生态安全和中华民族草根信仰基础的工作流于形式或不够细致。

结语

广大乡村是中华大地生态与社会文化生命系统的基本细胞，每一个这样的细胞都与中国大地上的山水格局和自然过程紧密相连，是国土生态安全网络的基本单元；也正因为这种人与自然的紧密联系，使大地充满了文化含义，大至"龙山"、"龙脉"，江河湖海，小至一石一木，一田一池，无不意味深长；分布于中国乡村的乡土文化景观是中国草根信仰的基础，是每一族、每一家、每一村民的精神寄托和认同基础，是和谐社会的根基，也是土地上文明进程的保障。因此，国土生态安全格局与乡土遗产景观网络保护规划，事关国土生态安全和社会和谐稳定，它是对国家既有的、局部的、国土生态与文化遗产保护的完善和提高，是系统化的工作，事半而功倍，虽非显赫工程，却事关每个乡村和平民，润物无声，泽及万代。

当然，上文的全部讨论是在"新农村城市化建设"命题下展开的，更侧重于物质空间的城市化问题的讨论。命题本身是一种外源需求导向的、政府意志下的运动，而非内源需求导向的、乡土或民间过程，与中国广大乡村的人地共生体的形成、发展和演变历史是相悖的，轰轰烈烈的新农村建设对这个人地共生体来说是一种外来的干扰，其成效如何本身值得怀疑；更不用说连自己生活的城市都没有规划和建设好的城市设计师们，会把我们的美丽乡村糟蹋成什么样子。毕竟，我们的目标应该是把城市建成生态化、人性化的宜居城市，而不是把乡村建成城市。

另一种更值得期待的"新农村城市化建设途径"是将物质建设过程留给农民自己，而将政府的美好意愿通过教育培训、鼓励和改善农民进城、改善他们进城就业的机会和条件来完成，把同等量的资金投入给农民及其后代的城市化和文明化，增强其在现代城市中的生存能力，授之以渔。这是一个关于如何将被动的、自上而下政府意志转化为积极主动的、民间意志和草根行动的过程，关于这一点，历史上的徽商在皖南大地上的新村建设，可以给我们许多启示，这方面的讨论已离本题太远，不再展开。

参 考 文 献

Boerschmann，Ernst（Transated by Louis Hamilton），*Picturesque China，Architecture and Landscape：a Journey through Twelve Provinces*，London：T. Fisher Unwin Ltd.，1923.

Leopold，A.，The Conservation Ethic，*Journal of Forestry*，1933；31：6，634—43.

March，A. L.，An Appreciation of Chinese Geomancy，*Journal of Asian Studies*，1968，XXVII，pp. 253—267.

陈刚：正确把握新农村规划工作方向，构建城乡覆盖的规划工作体系，《北京规划建设》，2006，5：10—12。

仇保兴：当前村镇工作的若干问题，《小城镇建设》，2005，11：11—13。

仇保兴：我国农村村庄整治的意义、误区与对策，《城市发展研究》，2006，1：1—6。

李兵弟：通过村庄整治改善人居环境，《小城镇建设》，2006，3：11—13。

谈绪祥：深入实际务实求真，探索新农村规划工作新方法——百名规划师下乡的工作思考，《北京规划建设》，2006，5：13—15。

汪光焘：坚持城乡统筹，落实宏观调控改进和加强村镇规划建设工作（在全国村镇建设工作会议上的讲话），《小城镇建设》，2004，8：4—8。

汪光焘：树立为农民服务的思想，因地制宜推进村庄治理（在全国村庄整治工作会议上的讲话），2005年11月12日，中华人民共和国建设部。

文爱平、俞孔坚：新农村建设宜先做"反规划"，《北京规划建设》，2006，5：189—191。

夏正楷、杨小燕：青海喇家遗址史前灾害事件的初步研究，《科学通报》，2003，48（11）：1200—1204。

俞孔坚、李迪华、韩西丽：论"反规划"，《城市规划》，2005，9：64—69。

俞孔坚、李迪华：《城市景观之路——与市长们交流》，中国建筑工业出版社，2003。

俞孔坚：警惕和防止"新农村"名义下的破坏性建设——关于保护和巩固和谐社会根基的两个建议，《科学时报》，2006年3月29日。

俞孔坚、李迪华：论"反规划"与城市生态基础设施建设，见杭州市园林文物局：《杭州城市绿色论坛论文集》，中国美术学院出版社，2002年。

警惕和防止"新农村"名义下的破坏性建设

——关于保护和巩固和谐社会根基的两个建议*

背景: 本文的两个建议起草于 2005 年除夕之夜,缘于阅读此前国务院公布的《关于推进社会主义新农村建设的若干意见》(2005 年 12 月 31 日),深感中国的乡土景观将面临前所未有的冲击,如果理解和执行上有偏差,对乡土中国的人文和生态很可能带来巨大的不可挽回的破坏。基于这样的急迫心情,给温家宝总理提了两个建议。这两个建议很快被批转到多个部门,特别是环保和文物局的领导都给予高度重视,并最终推动了包括国家环保局的"国土生态安全格局规划研究"和文物局有关大运河及乡土文化遗产研究和普查等工作。

尊敬的国务院温家宝总理:

党中央国务院关于科学发展观和建设和谐社会的思想非常英明,必将为中华民族的和谐、持续的繁荣带来深刻影响。伟大的目标始于足下,始于最基本的土地和人民。现特提以下两个建议:

(1)保护和谐社会的根基,尽快开展"国土生态安全格局与乡土遗产景观网络"保护规划的建议。

---

*　本文为作者给温家宝总理的建议,原载《科学时报》2006 年 3 月 29 日,这里为建议之一,另一建议在本书另文刊出。

（2）巩固和谐社会的根基，建立"大运河国家遗产与生态廊道"的建议（另文，见本书：建立"大运河国家遗产与生态廊道"的建议）。

尽快开展"国土生态安全格局与乡土遗产景观网络"建设的建议

二十多年的快速城市化和正在开展的社会主义新农村建设，已经和正在使中国古老的大地发生翻天覆地的变化，五千年来未曾有过，辉煌的成绩举世瞩目。明察发展中出现的一些问题，党中央国务院又及时提出了科学发展观和建设和谐社会的指导思想，无比英明。

人与土地的和谐关系是和谐社会的根基，这种和谐关系体现在健康安全的生态过程、秀美的自然环境、人对土地的精神寄托和归属感上。一个充满诗意与精神灵秀的土地是民间信仰和民族认同的基础。

挑战

中国国土的以下两个特点使维护上述和谐社会基础的任务异常艰巨：

第一，本来脆弱的土地生态面临更严峻的挑战。巨量的人口，有限的资源，特别是土地和水、林资源，几千年不断地开垦，使中国的土地生态异常脆弱，自然灾害频繁。在中国历史上，因自然灾害而流离失所的乡民往往是社会不安定的因素，而城市化对土地的侵占又将使这种人地关系矛盾进一步紧张。

第二，五千年的土地充满精神含义，是草根信仰的载体。古老的中国土地上，由于世代人的栖居、耕作，留存了丰富的乡土遗产景观，一条小溪、一座家山、一片圣林、一汪水池，都是一族、一村、一家人的精神寄托和认同，它们尽管不像官方的、皇家的历史遗产那样宏伟壮丽，也没有得到政府的保护，但这些乡土的、民间的遗产景观，与它们祖先和先贤的灵魂一起，恰恰是构成中华民族草根信仰的基础。热爱国家首先源于热爱家乡的土地，热爱家乡的土地是因为它有祖先和先贤的灵魂和精神，能产生认同感和归属感。

长期的灾害经验，使中国广大乡村保存了一些对保障土地生态安全有关键意义的景观格局和元素，如茂密的山林、蜿蜒的溪流等，它们也往往与当地的信仰体系紧密结合。然而，在过去的城市化和新农村的建设过程中，由于认识问题不足和缺乏科学发展观的指导，这些乡土生态和文化景观破坏严重。脆弱的中国大地生态景观和不可或缺的乡土遗产景观再也经不起更多的破坏了。

所以，在进行城市建设、市政基础设施建设，特别是在开展新农村建设之前，我们应该首先关照国土生态安全和维护乡土遗产景观。前者从物质上保障人民的栖息和安宁，后者从精神上保障人民的归属感和认同感，两者皆为和谐社会不可或缺的基础。

战略

战略之一：建立国土生态安全格局，在各个尺度上维护国土生态安全。

生态安全格局是指对维护生态过程的健康和安全具有关键意义的景观元素、空间位置和联系，包括连续完整的山水格局、湿地系统、河流水系的自然形态、绿道体系，以及中国过去已经建立的防护林体系等等。它是一个多层次的、连续完整的网络。包括宏观的国土生态安全格局、区域的生态安全格局和城市及乡村的微观生态安全格局。这些不同尺度上的生态安全格局，共同构成保障国土生态安全和健康的生态基础设施。

战略之二：建立乡土遗产景观网络，保护中华民族的民间信仰基础。

乡土遗产景观是指那些到目前为止还没有得到政府和文物部门保护的，对中国广大城乡的景观特色、国土风貌和民众的精神需求具有重要意义的景观元素、土地格局和空间联系。如古老的龙山圣林、泉水溪流、古道驿站，祖先、前贤和爱国将士的陵墓遗迹等等。它们应该得到系统完整的保护，形成连续、完整的景观网络。成为人民教育后代和开展游憩的永久空间，并与未来遍布全国的自行车和步行网络及游憩系统相结合。

措施

（1）尽快由国务院领导成立专门机构，协调国土资源、建设、文物、环保、林业、水利、宗教等部门，统筹"国土生态安全格局与乡土遗产景观网络"建设；

（2）尽快组织编制"国土生态安全格局与乡土遗产景观网络"保护规划。这项工作必须在进行社会主义新农村建设规划之前或至少同时进行，并优先实施；

（3）尽快组织制定《乡村景观保护法》以及《生态安全格局保护法》，作为对文物保护法规和环境保护法规及风景名胜区保护和管理条例、历史文化名城保护法规等的补充；

（4）尽快成立组织机构和专家指导机构，制定工作导则，开展相关规划和调研人员的培训工作，避免这项事关国土生态安全和中华民族草根信仰基础的工作流于形式或不够细致。

意义

国土生态安全格局与乡土遗产景观网络保护规划，事关国土生态安全和社会和谐稳定，它是对国家既有的、局部的、国土生态与文化遗产保护的完善和提高，是系统化的工作，事半而功倍。这虽非显赫工程，却事关每个乡村和平民，润物无声，公德无量，泽及万代。

附：新农村建设宜先做"反规划"*

记者：在一次会议上您提到"如果新农村建设搞不好，对于土地，对于整个中华民族的可持续发展来说，都将是一场灾难"，为什么您会有这种担忧？

俞孔坚：《中共中央国务院关于推进社会主义新农村建设的若干意见》（一号文件）于 2006 年 1 月 21 日正式公布，明确指出"十一五"期间（2006—2010 年）是社会主义新农村建设的关键时期。这是 2004 年以来中国连续第三个以农业、农村和农民为主题的中央"一号文件"，显示了中国领导人解决"三农"问题的决心。

我生在农村，长在农村，对农村情况比较了解。农村的基础设施建设、文化建设等都迫在眉睫。在这个时候，中央的"一号文件"提出了新农村建设的问题，文件本身非常好，而且从字里行间我们也可以感觉到，它在尽量避免某些问题发生，比如明确提出了一定要反对形式主义，要坚持节约，不要大拆大建，提倡生态建设等观点。为什么我要担忧？

首先是总结我国 20 多年来城市化和城市建设经验教训后所产生的担忧。城市化的决策本身没有错，可是为什么城市化却对土地的生态和文化遗产带来了很多不可逆转的破坏，甚至是千年未遇的灾难性破坏？城市犯过的错误，如果不吸取教训，很快就将蔓延到

---

* 　《北京规划建设》2006 年 3 期，作者文爱平。

乡村，更大范围的国土生态和乡土文化遗产将面临严重威胁。早在1997年我回国时就写过几篇文章，如"警惕暴发户意识下的城市美化运动"和"警惕暴发户意识下的河道硬化工程"，批评大广场、大马路以及城市化妆行为，当时引起了很大争议，不幸的是这一切还是在大江南北的城市建设中发生了。直到2004年2月，国家四部委——建设部、发改委、国土资源部、财政部联合发布了《关于清理和控制城市建设中脱离实际的宽马路、大广场建设的通知》，禁止再建大广场之类的大型展示性工程，全国城市才有所收敛，但并没有停止。

其次，乡镇干部的理解程度，也是我所担忧的。中国城市化的历史告诉我们，依目前某些领导的审美、价值取向、政绩观，发生这种形式主义的政绩工程、展示性工程是必然的。我已经在全国各地看到，这样的工程已经随处可见了。

再次，广大农村普通农民的认识水平值得担忧。我们可以想象一下，相对而言，今天城市劳动者的整体文化素质比乡村要高很多，城市里专家的密集度、公众的参与度，也远远高于乡村。可是，城市里依然发生了破坏生态系统、破坏环境、破坏文化遗产的情况，不言而喻，如果这种城市化发生在农村会怎么样？"新农村建设"很有可能的结果是城市化蔓延到乡村，虽然出发点是好的，但是社会主义新农村会被简单地理解为宽马路、大广场、小洋楼，以及人工化的河道、辉煌的建筑装饰，导致形式主义的化妆运动，导致展示性的样板式的政绩工程，因为投资在这种乡镇化妆运动，或叫乡镇美化运动上，能收到立竿见影的效果。

最后，我们高水平的规划师并不是很多，或他们根本忙不过来，如果一般的规划师去做乡镇规划，很可能由于时间和经济条件的限制，以及规划师认识水平的限制，助长破坏性建设的发生，与其如此，不如尊重原有的自然村镇的规划设计。这些地方需要的是内在经济、社会和文化条件的改善，而非华西村式的宽马路和大洋房。

记者：乡镇化妆运动的危害具体体现在哪些方面？

俞孔坚：诉诸于形式主义的乡镇化妆运动的危害可能比城市化妆运动更严重，体现在三个方面：一是原本就脆弱的乡村生态系统将面临破坏，特别是水系统。大规模的乡镇建设工程，会加剧这种破坏。而中国的广大地区是乡村，因此这种破坏带来的国土生态危机也就愈显严重；二是中华民族几千年来适应自然环境而形成的乡土景观或者说文化认同将丧失。因受教育文化水平的限制，一旦乡村盛行追求起欧式别墅、小洋楼之流，可能势头会比城市有过之而无不及，将会开启中国乡土文化景观的毁灭历程；三是随着乡土遗产景观的消失，民间的草根信仰体系将随之动摇。所谓乡土遗产景观，是指那些到目前为止还没有得到政府和文物部门保护的，对中国广大城乡的景观特色、国土风貌和民众的精神需求具有重要意义的景观元素、土地格局和空间联系，如祖坟，村头的风水树、风水林、风水池塘，一条小溪，一块界碑，一条栈道，一座龙王庙，都是一族、一村、一家人的精神寄托和认同，它们尽管不像官方的、皇家的历史遗产那样宏伟壮丽，也没有得到政府的保护，但这些乡土的、民间的遗产景观，与它们祖先和先贤的灵魂一起，恰恰是构成中华民族草根信仰的基础。热爱国家首先源于热爱家乡的土地，热爱家乡的土地是因为它有祖先和先贤的灵魂和精神，能产生认同感和归属感。草根信仰是一个国家一个民族稳定的基础，是和谐社会的根基，它不会因为朝代和政治的更替而发生变化。中国的农业社会一直就是建立在这种对祖先崇拜的宗法体系上，以及对万物崇拜的土地信仰基础上的，一直保持着一种超稳定的结构。尽管经历过多次运动，许多乡土遗产已经破坏，残留部分已是万幸，但如果我们现在大张旗鼓地把新农村建设理解成为农村的物质空间建设，就很可能把城市的模式，或者是欧洲城市的模式、华西村的模式带到中国的乡村大地上，风水林被砍掉、蜿蜒曲折的河道被填掉或被裁弯取直，有上千年故事的祠堂被拆掉，只要稍不注意，所有这些草根信仰的基础都会被彻底毁掉。

所以从这三个方面来说，都需要我们在社会主义新农村建设中好好考虑，谨慎规划。

记者： 乡村规划如何来做？您有什么好的建议？

俞孔坚： 那就是先做"反规划"。"反规划"不是不规划，也不是反对规划，"反规划"是指乡村规划和设计首先应该从规划和设计不建设用地入手，而非传统的建设用地规划。"反规划"就是优先规划和设计乡村生态基础设施，包括：维护和强化整体山水格局的连续性，保护和建立多样化的乡土生态系统，维护和恢复河流水系的自然形态，保护和恢复湿地系统等，保护遗产景观网络……

只有先建立一种生态和遗产景观安全结构，保障国土生态安全、民族文化身份的安全、宗教信仰、土地信仰、民间草根信仰的安全，这样才能为和谐社会的建立创造条件。2005年的除夕之夜，我给温家宝总理提了"关于保护和巩固和谐社会根基"的两个建议：一是尽快开展"国土生态安全格局与乡土遗产景观网络"保护规划的建议；二是关于建立"大运河国家遗产与生态廊道"的建议。这两个建议中提到的方法就是"反规划"，也就是先做保护规划，做不建设规划，必须在大规模的新农村建设开展之前，在宏观、中观和微观三个层次上来规划一个覆盖全国国土的景观保护网络。

这不是我心血来潮提出来的，而是借鉴了国际上的经验和考察了中国广大乡村现状之后的感悟。英国于上世纪70年代、美国于80年代就有了乡土遗产的保护规划。因此，要尽快组织编制"国土生态安全格局与乡土遗产景观网络"保护规划。这项工作必须在进行社会主义新农村建设规划之前，在开发商来临之前，或至少同时进行，并优先实施。

记者:"国土生态安全格局与乡土遗产景观网络建设"的"反规划"由什么部门来组织比较合适呢?

　　俞孔坚:我之所以给国务院写建议,就是想要由国务院来牵头。现在城市建设部门管不了国土这块,也就是说郊外是归国土资源部门管的,而河道是归水利部门管的,遗产是归文物部门管的,寺庙是归宗教部门管的,湿地是归环保部门和林业部门管的,所以一定要由国务院来组织领导专门机构,协调国土资源、建设、文物、环保、林业、水利、宗教等部门,来统筹"国土生态安全格局与乡土遗产景观网络建设",进行全国、区域及地方的三级系统规划,必须打破条块分割的局面。其实所有的生态问题最直接的人为原因,就是部门分割,条块式管理,把有机的土地肢解了,分割了,所谓"小决策"。如现在通州运河仅被当作河道对待,既没有生态价值,也没有美的价值,更没有遗产的概念,完全变成了一个排洪泄洪的河道。这就是条块分割所导致的,是部门的小决策所导致的。如圆明园防渗事件就是局部、部门的小决策导致的。中国660多个城市,有300多个城市缺水,其中有100多个大城市严重缺水,如北京、深圳。华北平原已经成了最大的地下漏斗,难道我们能把华北平原也防渗吗?不可能的。我们所说的"反规划"的概念,就是要打破条块分割的部门体系,非常完整地保护整个系统。目前进行的社会主义新农村建设,正是一个千载难逢的好机会。如果做好了,"反规划"的体系在农村建立,不仅可以解决广大乡村的生态问题,而且可以解决整个国土的生态安全问题。

　　记者:新农村工作做得好与不好,您觉得衡量标准是什么?

　　俞孔坚:具体的标准是由政府制定的。但是从我个人的角度出发,在当前背景下,我尤其强调两个衡量标准:一是能不能保护和改善生态环境,是否能保护自己的文化特色,有信仰,有认同感,有归属感?我一再强调"天地—人—神"的和谐,要实现这一理念，就必须保护生态环境和乡土文化遗产。二是农村劳动者的教育水平是否提高了？落后的风貌就是因为教育太差。所有的研究都表明，经济发展和生活水平的提高一定是和当地的教育挂钩的，经济收入是随着劳动者文化水平的提高自然提高的。教育问题解决了以后，社会主义新农村也将随之出现，劳动者本身的城市化远比村镇物质形态的城市化有意义。我们应该鼓励和帮助农村居民特别是青年进入城市，来实现全民族的城市化（本质上是文明化），而不是把乡村建成城市。

重建家园的精神空间*

引言

自 5·12 四川汶川大地震发生以来，在第一时间的抗震救灾工作取得举世瞩目的成就之后，科学理性的灾后重建已成为当前和今后很长一段时间内的工作重点。6 月初，国家汶川地震灾后重建规划组成立，国务院总理温家宝在国务院常务会议上审议并原则通过《汶川地震灾后恢复重建条例（草案）》。随着工作的深入和与灾区民众的广泛接触，我们却发现，城镇基础设施、村镇建筑等物质家园的建设相对来说是较为容易、并能在较短时间内完成的，而更为艰巨和长远的任务是如何建设一个精神家园，一个真正意义上的"家"，而非狭义的房子和物质意义上的家园。因为地震造成的破坏不仅仅是物质家园的丧失，更重要的是精神家园的丧失。这种精神家园的丧失体现在人的精神世界的参照系的破坏，包括人相对于自然的坐标系统的破坏；人相对于社会的坐标系统的破坏；人相对于信仰体系（"神"）的坐标系统的破坏。表现为安全感、归属感和认

---

* 本文最初发表于《新建筑》2008 年 4 期，28—30 页。

同感的丧失。

一、定义：精神家园——人诗意地在大地上栖居

一个精神的家园是充满诗意地在大地上的栖居。怎么样的环境、怎么样的居住使人感到充满诗意的栖居？哲学家海德格尔把作诗的本质理解为人在大地上的栖居，栖居的本质也就是作诗的本质，"作诗首先把人带上大地，使人归属于大地"。因此，栖居的过程是认同于脚下的土地，归属于大地，并在天地中定位的过程，栖居使人成其为人，使大地成为大地，栖居使人的生活具有意义，这样的栖居本身具有诗意。这种诗意的栖居被称做"天地—人—神"的和谐，是我们说的真正的家，而非房子。要达到这种状态，两个方面是最根本的：

其一是定位，是栖居者在"天地—人—神"中的定位：要在大地上、在天地间、在宇宙间，在人与人的社会关系中，在人与神的信仰关系中，找到一个具体的人的位置，找到栖居者的"立锥之地"；使人在不安定的自然环境中找到自己的定位，获得安全感。

其二是认同与归属，认同你居住的大自然，认同你居住的社区，认同你心中的那个神灵。

四川地震破坏严重的地区是具有丰富精神生活的藏羌民族地区，精神家园在某种程度上比物质家园更重要。地震带来的精神家园毁坏体现在每一个个体生命在"天地—人—神"精神坐标系统中的迷失。所以，重建精神家园意味重建"天地—人—神"参照系统，并使每个个体重获新的精神坐标，重获安全感、归属感和认同感。

精神家园的构成要素和特质

要素＼特质	定　位	认同和归属
天地（自然）	在天地中定位，在自然山水中定位，获得安全感	在自然环境（山川、河流、草木、当地的材料）中找到归属感和认同感
人	在社会中定位（社区、团体、家族）以获得安全感	在社会中找到归属感和认同感
神	在"神"（信仰）体系中定位以获得安全感	归属、认同于某种信仰、某种"神"

二、在"天地—人—神"关系中的定位

第一种定位是人在天地间的定位。千百年来，生与死的生存经验，使人类学会在大地上选择一块地方居住生活，并演绎为乡土文化和乡土景观。人抬头所见的星星和山峰是永恒的方位指示，房后的风水树、房前的溪流是伴随人生成长的坐标。整个中国大地，从国之首都，到各州府衙门，都知道自己的村镇、自己的家族来源于茫茫昆仑的一个分支，来源于黄河或长江的某个支流，总之，来源于某个可以倚靠和藉之以定位的地方。这就是人要在天地间找到自己的位置，要跟天地、跟大自然、跟山水、跟自然的结构有一种生命的联系。这就是生命之树，人只是生命之树上的一片叶子，或者是一颗小小的果实。这种人与天地的关系，在地震最严重的藏羌地区，具有根深蒂固的传统。强烈的地震导致山川毁容，异地安置而导致满目山川生疏，自然的坐标消失了，人因此迷失。因而在灾后重建规划时，如何使村、镇与山川大地建立起一种空间上的定位联系，是重获精神家园的一个基本条件。乡土景观的保护和修复是重获精神家园的有效途径。

第二种定位是每个人在社会、在社区中的定位。在藏羌地区，

村镇社区充满意义，充满温情，充满诗意。每个村民知道和自己一起打水的人都是怎样的，他熟悉村里的每一个人，他家庭里三代同堂，每个人都可以在社区、在家族中找到自己的位置。他知道姓氏传承到他已经是第几代，而且知道此前是谁、此后又将是谁，通过这种联系，形成了一个家族、一个社区的一种紧密关系。如今，亲人离世，邻居远去，在"人"的坐标系中，他失去了方位，失去了生活的意义。如果重建的社区中，他不知道他楼上住的是谁、隔壁住的是谁，他不知道在这个社区里头他将扮演什么角色——他便在社会中失去了自我，不知道自己是谁。在一个社区里找不到自己的话，那他居住在这儿也是茫然的，由此带来的便是诸如自杀这类在未来世界寻求定位的行为。所以，重建和发展家庭、家族和社区的草根关系，是实现重建精神家园的一个基本条件。

第三种定位是人与神的关系。对于受灾的藏羌地区山地居民来说，每一寸土地都是有"神灵"的，这种神灵本质上是人对土地的依赖与寄托。在大地上择居的人们，知道自己所归属的神灵是谁——他们房后那片山、那丛树、屋前的流水，甚至水中的游鱼和天上的飞鸟。他们可以将一堆刻上经文的石头（玛尼堆）奉为神灵，知道自己是跟神灵居住在一起的，土地和生命之神时刻守卫着他们的现在和未来，他们在神灵的庇护下生活，这就使住所有了含义。强烈的地震使曾经神圣的山川、树木、鸟兽面目全非，昔日保佑自己的神灵不复存在，人便因此失去了自我。尼采说：上帝死了，人也将死去。所以，重建和发展人与当地神灵的关系，重建草根信仰，是实现和谐精神家园的又一个基本条件。

三、在"天地—人—神"关系中的认同和归属感

使栖居具有意义，人必须认同和归属于自然，认同和归属于社

会，认同并归属于某种"神"。一个缺乏"天地—人—神"认同与归属的人，便是一个被遗弃的"孤儿"，一个失去精神家园的流浪者。地震使数以百万计的人成为精神的流浪者。

第一，认同于自然。山地民族，特别是藏羌地区，人认同并归属于自然。认同于自然的水，认同于自然的山，认同于自然的植物，认同于自然的动物。先民驯化牛，实际上就是对自然界生物的认同，用生物力，来耕种家园的土地；用山上的木头、河谷中的石材来构筑融于自然景观的房子，是对自然材料的认同；选择合适的地方安居，顺应自然的水与风，是对自然过程和格局的认同。认同使人及其家园融于自然，体现为乡土文化、文化景观、民族特色。所以，灾后重建应该尊重乡土文化、民族文化，包括乡土材料的利用，使栖居者感到这是他的家。这种认同还包括主动与自然过程和格局的交流，包括亲手建造居所，亲手搭建桥梁。因此，灾后重建不应该是外来人建好房子、村镇给当地人居住，那只能使当地人远离他的"地方"、他的场所，远离地方上的土地和自然过程，不可能建立起认同与归属的关系。重建应该是当地人的重建和能动的"栖居"过程。援建不应该被理解为包办。

第二，认同于社会。住在一个村庄里，或是城市中的一个大院子里头，他认同于居住在一起的那群人，当他走出这个社区的时候，他的语言、他的行为、他的所有表现实际上带着他那群人、带着他的社区、带着他的祖祖辈辈的音容笑貌和习惯。他周围邻居的所有习惯和信息，都会体现在他身上。因为他认同于他的祖父，认同于他的父母，认同于他周围的邻居和同伴。这就使人融于社区，融于社会。这就使世代的生活具有意义。因此，重建新家园，本质上是重建和谐的社区，让每个人都与社会建立和谐的关系，而不存在被遗忘的角落。

第三，认同并归属于"神"。这个神灵可能是土地爷、灶王爷，也可能是门前的玛尼堆，一潭圣泉，一座圣山，那是心灵的归属。藏羌地区是一个有故事的且令人敬畏的地方。作为规划设计师，我们可以是信仰科学的无神论者，但同时不必忌讳，也不应忌讳我们所服务的人们需要"神"的事实，特别是对地震破坏最严重的藏羌地区的人民。任何一个没有信仰的民族和个体，都会面临关于生命和生活意义的危机。这种"神"可以是无神论之信仰，但对于一个山地民族来说，这种神可以是某种一神教的神，也可以是祖宗之神，也可以是地方之神，更可能是土地之神、大山之神、大树之神。不管我们每个人带有什么样的信仰，我们都不应该不尊重别人的信仰，更何况是深受自然灾难蹂躏的个体和群体的信仰。所以，重建精神家园的一个很重要的方面是重建灾区人民的草根信仰体系，尊重他们的信仰，不失时机地让"神"去感化和慰藉受创伤的灵魂。认识这一点，我们就可以理解，为什么在文明的西方，灾难面前，第一个到现场，且最后一个离开现场的援救者常常是牧师。

汶川地震不是中国历史上的最大灾难，但我们却看到了中国历史上最宏大的救灾和灾后重建的场景，这是值得庆幸的！这要感谢中国社会过去三十多年的物质文明的建设；同时，我们也看到，也正是过去三十年的快餐式的村镇建设，埋葬了数万生灵，这是中国建筑史上永远不可抹去的耻辱。该告别一个只有"量"而没有"质"的时代了。而这个"质"远不仅是房屋的坚固性，还在于栖居的内在含义。期望在这快速的灾后重建运动过后，我们的人民不但可以逃避强烈的自然地震，更能在精神的地震中逃生，而这同样是设计师的重任。

遗产篇

世界遗产概念挑战中国：
第二十八届世界遗产大会有感*

《中国园林》编者按：2004 年 6—7 月间，在苏州召开第二十八届世界遗产大会，是中国首次出任主席国的遗产大会。作为大会主席章新胜部长的专家组成员，俞孔坚负责为有关自然遗产和文化景观类遗产专业方面的咨询、为主席的裁决提供专业意见。经历会议的整个过程后，俞孔坚博士的体会对于遗产保护和管理有重要意义。

近年来从中央到地方，我国对自然和文化表现出格外的重视，然而与国际的交流又使我们深刻感受到，国内对待世界遗产的申报和保护，尚存在很多偏差与不足。在亲历了有史以来参与国家最多、历时时间最长的第二十八届世界遗产大会之后，本人更加体会到，与发达国家认知世界遗产的程度相比，我们的观念相对落后。"一国一项"的申报限制虽然被打破了，中国的申报前景却并不容乐观，而更不容乐观的是我们关于遗产的认识。下面就几个方面，用随笔的方式，谈几点体会：

---

*　本文首次发表于《中国园林》2004 年 11 期，68—70 页。

一、关于《凯恩斯决议》和"一国一项"

四年前在澳大利亚凯恩斯举行的遗产大会上，为了平衡世界遗产在全球的分布，大会形成了一系列决定，核心内容就是"一国一项"，即规定已有遗产列入名录的国家，每年最多申报一项，没有遗产列入的国家，最多可以申报三项。包括中国在内的很多国家对《凯恩斯决议》表示不满，认为遗产的申报和提名应该从遗产的突出的普遍性价值出发，仅仅追求数字上的平衡违背了遗产公约的宗旨。鉴于各国对《凯恩斯决议》存在分歧，世界遗产委员会建议在2004年苏州会议上成立工作小组，对各国的意见和评论进行审议，以便做出修正。

在中国、印度和意大利等国的积极推动下，申报项目的数额终于有所突破，《苏州决议》允许在2006年的委员会大会上，一国可以提交两项预备世界遗产，但至少必须有一项是自然遗产。这一规定是因为每年全世界申报的文化遗产居多，不同的文化有着不同的历史背景，很难进行比较，因此通过审议也相对比较容易。但自然遗产的评判就比较严格，采用的是统一的标准。我国29项世界遗产里有25项都是文化遗产，存在严重的不平衡。修正决议里规定两项预备申报中至少有一项是自然遗产，就是为解决这种自然遗产与文化遗产之间的不平衡，鼓励各国多申报自然遗产。

"一国一项"的数量限制虽然放宽了，但制约条件更多了，中国的申报前景并不容乐观。表面上看'一国一项'的规则被打破，但同时又增加了很多附加条件。比如每年大会审议的遗产总数不能超过45项；至2007年，没有世界遗产或遗产数量少的国家的数量要减少30%。加入公约的缔约国里有40多个国家至今还没有遗产，以南美国家和阿拉伯国家为主，没有遗产或遗产数量少的国家，它们在申报上具有优先权。中国拥有的遗产数量已经达到世界第三，在申报项目的国际大排队中，势必会被往后排。

二、关于"遗产"概念的再认识

我们总习惯于强调自己是具有几千年历史的文明古国，用文物的标准来衡量文化遗产，而事实上，文物价值只是文化遗产价值的一部分，国际社会对自然遗产和文化景观的鼓励，显示出遗产保护价值多元化的发展趋势，人们不再仅仅对传统的历史价值、艺术价值和风景美学价值给予关注，近年来多次修改的《操作指南》中所体现的对生态、地质演进、生物多样性等价值的重视，要求国人对自然遗产的概念必须有更深的认识。

关于自然遗产，在很大程度上，我们还局限在过去的风景名胜的概念中，可早在 1996 年《操作指南》的修改中就明确规定了，除非特殊情况，美学条件不能单独作为列入世界遗产名录的标准。从自然遗产的角度来看，美学标准更是越来越被弱化了，一种濒危的物种，其价值可能远远要超过一道壮丽的风景。而我们从前忽视的恰恰是对生态、地质演进和生物多样性这三种价值的认识。

文化遗产的价值观同时也发生了改变，全球战略研究将人与环境、自然与文化之间的有机关系放到了突出位置，人们开始更加关注近代的和 20 世纪的文化遗产，以及反映人与自然关系的、综合性的、活的文化景观。如瑞典今年成功申报了一家上世纪 20 年代使用的无线电电台，这家电台完整地保留了当时一整套的设备和建筑物，代表了世界通讯发展历程中的一个阶段。这是我们没有想到的。还让中国代表没有想到的是，墨西哥著名现代派建筑师和景观设计师路易斯·巴拉干的设计事务所和他的住宅，共一千多平米的建筑物，也被列入了世界文化遗产。巴拉干在现代建筑运动中起过重要作用，而且影响了拉美地区现代建筑和景观的设计风格。许多人会质疑 20 世纪三四十年代的建筑是否能够得上遗产的标准，因为我们总在强调自己是具有几千年历史的文明古国，用文物的标准来衡量文化遗产，而事实上传统意义上的文物只是文化遗产的一部分，一种文化遗产、一种景观，只要在证明人类文明进程的某个阶段中具有其独特的意义，那么它就是一种具有普遍突出价值的世界遗产。

不断涌现出来的 20 世纪的遗产以及活的、反映人与自然关系的文化景观类遗产提醒我们，在现代城市改造中，我们的眼睛不能仅仅盯着被文物部门定义的文物，我们正在拆除的旧建筑，可能就是在近代重大历史时期中具有代表性的，就能够成为世界遗产。世界遗产运动对文化景观、文化线路、遗产运河等综合性、整体性的新遗产种类特别重视的趋势，也要求我们对遗产价值的认识需要有所突破。

今年被评为文化景观类型的一项文化景观类世界遗产，是葡萄牙一座有百年历史的葡萄种植园，由于种植园建立在海边非常贫瘠的岩石上，人们必须从岩石缝中挖出土壤，为了防风，葡萄架周围还垒起很高的石头围墙。这种特殊的种植方式形成了一种独特的景观，反映了人与自然的关系，是独特的活的文化景观。这让我们立刻联想到了我国哈尼族在山坡上开垦出的梯田。其实哈尼梯田也完全够资格进入这种类型的遗产名录，文化景观反映的就是人与自然的和谐关系，反映在独特的自然环境下产生的独特的技术、生存方式，这种人与土地整体的有机联系在中国大量存在，因为中国拥有悠久的农业文明，人与土地的联系是深刻而多样的。

近年来，世界文化和自然遗产保护运动从对单体文物的保护，发展到保护成片的城镇和村落景观整体和包含独特历史文化资源的线性景观，"文化线路"或"遗产廊道"的概念出现在人们的面前。

与此类概念相似的是美国的"遗产廊道",它是在历史文化遗产保护区域化和绿色通道概念日趋成熟的基础上共同提出来的。美国的绿色通道计划由来已久,它的功能分为生态绿道、休闲绿道和历史遗产廊道三个类别。经过长期发展,绿色通道已经由最初的美化、休闲等单一目标规划扩展成为包括栖息地保护、历史文物保护、教育和环境解释等等内容丰富的多目标规划。遗产廊道首先是一种线性的遗产区域或文化景观,在这些区域或景观中,人与自然共存,长期的发展形成了"人与自然的共同作品",这幅作品可以是河流、峡谷、运河、道路以及铁路线,也可以指能够把单个的遗产点串联起来的具有一定历史意义的线性廊道。

日本在苏州大会上申报的纪伊山地的灵场及参拜道,延绵 300 多公里,沿途坐落着神社、寺庙,一千多年来都被日本人奉为本民族宗教信仰的圣地。在我国的文化遗产宝库中,同样拥有丰富的线性文化景观遗产,大运河、丝绸之路、玉石之路、茶马古道、剑门蜀道、太行古道都举世闻名。然而,令人遗憾的是,这一重要的遗产种类在我国还没有引起足够的重视,没有人对这些文化线路进行专题研究,专业教育也是贫乏的,文化遗产保护体系中也不包括这方面的内容。

尽管国际上对世界遗产的认知走过了由孤立到整体的发展过程,而中国目前对世界遗产的认知很大程度上还停留于孤立的点。对京杭大运河的考察研究现在看来非常重要。作为中国唯一一条沟通南北的水系,京杭大运河流经北京、天津、河北、山东、江苏、浙江六个省市,连接了海河、黄河、淮河、长江和钱塘江五大河流,是世界上开凿最早、最长的运河,其历史可以追溯到两千四百多年前春秋时期吴王夫差开凿的邗沟。京杭大运河在中国的文明进程中起到了重大的推动作用,甚至比长城更具价值,应该尽快名列世界遗产名录。世界遗产就是一个民族的身份证,不管是文化遗产还是自然遗产都带有显著的民族特性。从某种意义上说，将大运河研究清楚了，也就把中华民族的"身份"搞清楚了。

三、关于文化和自然遗产作为民族的身份证

中国目前正面临一个民族身份丧失的问题，中国文化正在失去其显著的特性，走在北京、上海、广州和深圳等城市的大街上，我们却不知道自己身处何地。这种文化认同危机普遍存在于全球化时代的国际社会，而中国表现得尤为明显。而属于中国的世界遗产，是中国区别于其他文化国度特有的、不凡的特殊价值所在，是属于中华民族的身份证，是治疗当前中国文化认同危机的一剂良药。不管是文化遗产还是自然遗产都带有显著的民族特性。文化遗产是从文化意义上标识出一个民族的个性和一个民族的历史记忆；自然遗产则是文化遗产的本源，因为文化本身是适应自然的过程、自然的现象和自然的格局所发展而形成的，没有自然多样性就不存在文化多样性，正因为中国多样化的自然环境，才造就了中华民族所特有的、丰富多彩的文学、艺术和其他文化遗产。很难想象，如果没有桂林山水和黄山这样的自然风景，怎么会有中国的水墨山水画。所以说，这两种世界遗产本质上互相紧密联系，是一个民族身份证的两个方面。

当世界遗产代表着一个民族的身份时，对遗产的归属和保护也变得更加复杂，甚至涉及国与国之间的关系。对圣城的争夺是巴以冲突的原因之一，在我们申报高句丽文化遗产的过程中，则显现出了东北亚政治和外交关系。在各国将世界遗产看作重要的国家形象和民族文化成就的体现时，那么究竟什么样的世界遗产能够真正代表中华民族的身份呢？

我们已经拥有的 29 项世界遗产里，绝大部分是反映帝王将相和

封建意识形态的遗产，这是我们对待遗产认识的一种偏差。故宫、长城、兵马俑代表的仅仅是中国文化遗产中代表封建王朝贵族文化的那一部分，只把这些展示给世界，中国给人留下的还是封建帝王国家的印象，人民、土地却不知道在哪里。未来中国遗产的申报，应该挖掘代表人民大众的文化和精神，探索人与土地更深层次的关系。

四、关于遗产保护的国家战略

世界遗产的种种新趋势敦促着中国开展关于遗产申报和保护的国家战略研究。不难看到，我们的申报还没有完全站在国家的角度去履行国际公约，一些风景名胜区的积极性大多来自对经济利益的渴求，而经济落后的地区，即使拥有良好的世界级遗产，却没有能力进行申报。大运河申报的困难，更在于它跨越多个省市，没有牵头人进行地方联合。国家必须出面组织大量的专家，出台遗产申报的战略指导，把握遗产价值的高低，自上而下地告诉人们应该申报什么。

一项遗产申报成功，意味着一个国家的文化或自然资源得到了国际的承认，成为全球人类遗产最精华的一部分，保护，自然是毋庸置疑的。除去世界范围的一套保护体系外，联合国强调各个国家也应该建立自己的保护体系。当清楚了什么是最有价值的遗产、优先申报什么项目后，国家才能形成关于遗产保护的国家战略，更科学、更全面地建立起遗产保护系统。比如大运河，它联系着各个水系、码头和城市，历史文化价值、生态价值、联系沟通的价值和旅游休闲价值构成了大运河的综合价值，如果沿着这条遗产廊道从南走到北，人们就能够在优美的生态环境中了解中国两千年的文明史。因此我们一定要在必要的历史地理学、建筑学、城市规划学和区域及景观生态学研究的基础上，对大运河提出整体保护的战略对策。对其他遗产廊道，同样要划定遗产廊道范围，判别清廊道区域内各种遗产元素，然后重建廊道遗产元素的空间关系，同时还要制定所涉及的文化遗产的整体保护战略。

国土上的遗产，包括自然和文化遗产，是一个系统，在全球化和城市化背景下，世界遗产仅仅是这个系统的最精华部分。这个遗产系统在维护着国土生态安全和民族的文化身份。因此，必须呼吁，在国家和区域尺度上，尽快开展遗产地系统和网络的建设，用反规划（逆规划）的思想，为中华民族的万代子孙留下一个永远得到保护的"不建设"区域——一个彰显民族身份和保障人地关系和谐的永远留存的国土生态和文化的"安全格局"。

中国的世界遗产保护之路还要走很长的里程，而我们与此有关的教育和专项研究还相当薄弱，呼吁大学应该尽快进行相关的学科体系建设，开展教育和研究。特别强调，国家应该尽快建立景观设计学科，因为它在自然和文化遗产规划和保护研究中是不可或缺的。中国这样一个遗产大国，在国家专业教育设置体系中却没有景观设计学科和专业，这也是让国际同行所不能理解的。期望国家在这方面的投入和重视程度有所加强。

中国的自然保护亟待进行体制、规划方法和保护理念上的全面革新[*]

关于自然和生态保护的问题，必须从三个层面来认识和加强：一是国家的管理体制，包括权属、体制、政策、法规等上层建筑层面；二是具体规划方法论和规划体系及法规的制定等技术层面；三是关于保护的科学研究和保护区理念等基础研究层面。三者互为依托，缺一不可，目前，中国这三个层面都有待改进，尤其是第一个层面亟待改革。

关于第一个层面，我不得不说，中国的自然保护地（不仅仅指法定的保护区）普遍存在"共地悲剧"的问题。一些保护区虽然划为国家级保护区，但在管理上实际由地方负责，国家既没有在资金和技术方面支持它，又疏于管理，给它个名字就变成国家级，变成旅游、建设开发的卖点。这种保护实际上名存实亡，这就是中国自然保护区普遍存在的管理体制问题。中国的所有土地是国家所有的，从权属性质上保护区和开发区是相同的，只要通过规划的手段和程序，保护地就可以一夜之间变成开发区或建设用地。从生态和生物保护意义上讲，湿地、河滩地比农田重要得多，但是，在现行的土地政策和管理权属下，恰恰是这些生态敏感区最容易成为开发

---

* 本文根据作者接受"人与生物圈"的采访稿修改，首次发表于《人与生物圈》2007年1期，78—79页。

建设的用地。它们是国有土地，既不用交土地征用费，也不受基本农田保护条例的限制，也没有拆迁安置问题。所以，在城市或郊区，保护地的寻租空间甚至比农用地和其他集体土地大得多，变性也方便得多。

关于第二个层面，早在 2001 年，针对中国快速的城市化导致的环境和生态破坏，我们就提出了城市"反规划"的概念，即城市规划和设计应该首先从规划和设计非建设用地入手，而非传统的建设用地规划。"反规划"就是规划和设计城市生态基础设施，就是通过法规划定城市绿线，这条线划定后不能动。从某种意义上讲，我国的城市开发建设与保护的矛盾本身是中国规划法规、规划体系的问题。中国的城市规划现在基本还是沿用了上世纪 50 年代苏联的计划经济给我们的影响：多少人口给多少用地，然后划出一个建设范围。然后，随着人口的增长，不断修编，城市被动地蔓延，5 年、10 年、20 年，不断向外扩展蔓延。如果保护区刚好在这个城市建设范围之内或近郊，尽管它是绿地系统的一个部分，但由于整个绿地系统处在一个可变动的、发展的城市用地规划范围里，自身就永远逃脱不了被蚕食的命运，保护区也就缺乏永久性的法律保护。

我们过去一直沿用的城市规划法规明确规定总体规划指导一切其他规划，而城市规划又是国民经济发展规划的延伸，这种规划体系存在很多弊端。也就是说你那个自然保护区是可变动的，不断随着国民经济发展的需要的变化而变化。甚至连保护区（包括各类保护地）的规划基本上都是沿用国民经济发展规划方法来进行，把它变成发展规划来套用的，好像这个规划是可以调整的，可以不断随着发展的需要来调整的。按说保护区应该是永久的，这条线划定了就永远不可再动了，否则随着城市的发展保护区慢慢就缩小了。

关于第三个层面，现在，国际上，自然保护已进入到一个生态网络的时代，如果保护区是一个孤立的栖息地斑块，那么保护区再大也不能保护一个物种的安全。只停留在栖息地保护，还是不可避免孤岛化。如果不能把几个大熊猫栖息地斑块连在一起，这个种群最终也是要消亡的。生物保护从物种保护到栖息地保护，已经发展到景观生态格局的保护，所以必须建立国家生态安全网络，也就是景观安全格局的概念，不只是单一的栖息地保护的概念。

这个景观安全格局必须考虑三种过程：

第一种是非生物的自然过程，包括水、风、土、营养和信息流等，它们都会体现在景观格局中，如湿地作为大地景观元素，即使我们认识不到它是某种生物栖息地，但要认识到它是自然过程的关键性战略元素。湿地的意义远远不是物种的栖息地的问题，而是整个国土的生态安全问题。又比如，一条绿色廊道我们不知道有什么动物在用它，但它存在的意义就是保护了一个维护国土生态安全的最低安全标准需要的景观元素。非生物过程影响到生物的栖息地，所以保护区的概念应该从单物种保护到栖息地保护，再到景观格局的保护。

第二种是研究生物过程，生物的栖息、繁殖、迁徙。

第三种是文化历史过程，也应该纳入到保护体系的考虑之中，如你们谈到的大连蛇岛保护过程中注意到的人类与鸟的关系就是一种文化，经过上千年的演化，已变成这个景观体系不可分割的一部分，有的自然过程和生物甚至依赖这种文化过程而存在了。又比如原来村庄里的风水林、风水树、风水池塘等文化景观，都有它的生物保护意义，更重要的是还有它的精神或宗教意义，所以，保护体系的建立不光是生物或生物栖息地保护地的问题，还应该从文化景观的层面去认识。

关于中国工业遗产保护的建议*

随着中国社会的快速发展，文明程度的提高，文化遗产保护意识在不断增强，大量的古代文化遗产得到了很好的保护。同时，大规模的城镇建设，使大量具有重要历史、社会和文化价值的近现代工业文化遗产已经或正在被大量拆毁，留下千古遗憾。

为工业活动设计和建造的建筑、构筑物、生产工艺与工具、工业生产所在的城镇以及景观，以及相关的非物质遗产，与古代的文化遗产一样，都是中国文化遗产的有机组成部分，具有同等的重要性。应该研究、讲授它们的历史，认定最具代表性和特色的遗产地，以国际有关遗产保护宪章和中国有关文物保护和管理法规为指导，实施有效的保护和合理的利用。为此，大会建议各界政府和社会团体及个人，应充分重视工业遗产的重要价值，开展工业遗产普查、鉴定、保护、研究和宣传教育工作。

一、充分认识和重视工业遗产及其价值

工业遗产是具有历史学、社会学、建筑学和技术、审美启智和

---

* 本文为作者应国家文物局之邀起草《无锡建议》的初稿。首次发表于《景观设计》2006 年 4 期，70—71 页。

科研价值的工业文化遗存。包括建筑物、工厂车间、磨坊、矿山和机械，以及相关的加工冶炼场地、仓库、店铺、能源生产和传输及使用场所、交通设施、工业生产相关的社会活动场，以及工艺流程、数据记录、企业档案等。

工业遗产关注的主要历史时期是 18 世纪后半叶工业革命以来至今，但不排除前工业时期和工业萌芽期的活动。鸦片战争以来的中国民族工业、国外资本工业，以及新中国的社会主义工业，都在中国大地上留下了各具特色的遗产，它们构成中国工业遗产的主体。在整个辉煌的农业社会的发展过程中，中国的技术革新和发明，都曾为起始于英国而蔓延到全世界的工业革命或早期的工业活动起过重要的作用。中国近现代的作坊、资源开采，包括运河在内的运输设施等，都是工业遗产的构成部分。

工业遗产具有以下几个方面的价值：

（1）历史价值：对认识普遍的或某类工业活动和过程具有典型的、重要的意义。

（2）社会价值：工业遗产记载了普通大众的生产和生活，是社会认同感和归属感的基础。

（3）科技价值：它们在机械工程、工艺、建筑和规划等方面具有技术和科研价值。

（4）审美启智价值：在工厂（场）、建筑和构筑物的规划设计，工具和机器的设计和建造工艺方面具有美学价值和启发后代人创造思维的启智价值。

（5）独特性价值：有的工业遗产在场地适应、布局、机械和安装、城镇等工业景观、档案及留给人们的记忆和习俗等非物质遗产方面，都具有内在的独特性。

（6）稀缺性价值：某些遗产在工艺、场地类型和景观方面濒临消失，使该工业遗产独具价值而需倍加关注，那些早期的具有开创性的工业景观更是如此。

二、尽快开展工业遗产的认定、登录与抢救性整理工作

中国的城市建设已经和正在处于"退二进三"的过程中，大量工业面临停产搬迁，房地产开发随之迫进，许多有价值的工业遗产正面临不可逆的拆毁，大量珍贵档案在流失，尽快开展工业遗产的认定和抢救性整理刻不容缓，因此：

（1）中央和地方文物部门应尽快组织专家，在全国范围内开展工业遗产的普查、认定、分类，建立遗产清单。以照片、录像、图纸和文字等形式系统发掘整理遗产地的景观和档案，收集包括口述历史和当事人记忆在内的信息，建立工业遗产数据库。

（2）尽快建立工业遗产评估标准，以系统地认定存留的工业景观、聚落、工场、类型、建筑物、构筑物、机械以及工艺流程。在遗产评价和保护及利用措施上尽量与国际标准具有可比性，以便未来进入国际清单和数据库。

（3）尽快开展工业遗产保护和利用相关政策法规的制定工作。经认定具有重要意义的遗址和建、构筑物应通过法律手段予以强有力的保护。

（4）对重要的工业遗产地必须有明确的界定，并针对其未来的保护和利用制定导则。任何必需的法律、政策和财政手段都必须及时落实。在申报世界文化遗产和国家级文物保护单位及地方文物保护单位过程中，应充分重视工业遗产的重要性。

（5）尽快甄别和抢救濒危工业遗产，以便采取合适的措施降低被破坏的风险，并制定合适的修复与再利用计划。

三、完善工业遗产保护法规，建立专家咨询、公众参与和听证程序

（1）工业遗产与文物保护的关系：工业遗产既是文化遗产的有机组成部分，同时有其特殊性，在现有文物保护法规和准则基础上，补充制定针对工业遗产保护和利用的法规。

（2）保护与地区发展结合：在面临结构性改造的工业社区，应充分认识到这些改造对工业遗产的潜在威胁，并制定紧急行动预案，将保护工业遗产的计划与地方和区域的经济发展规划相结合。

（3）保护与利用相结合：最重要的工业遗产地必须避免有损于完整性和原真性的改造活动，一般性的工业遗产可以通过审慎适度的改造和再利用，使工业建筑获得经济可行的保护，政府可以通过法律规范、技术支持和经济政策给予支持和引导。

（4）应急机制：必须制定出能够快速应对的程序，以防止工厂关闭后导致重要遗产被拆迁或损毁。有关部门在必要的时候应该采取法律手段予以干涉。

（5）专家参与决策：各级政府应该成立专家咨询团，针对工业遗产保护提出独立的建议，针对所有重要工业遗产的行动，都必须征询他们的意见。

（6）公众和媒体参与保护：鼓励当地社区参与保护工业遗产的行动，媒体和社团在工业遗产的认定、保护、传播和研究方面有着重要作用，是工业遗产保护不可或缺的力量。

四、加强工业遗产的维护与保护工作

（1）完整性保护：工业遗产地的保护有赖于景观与工艺流程的完整性的维护，因此任何开发活动都必须最大限度地保证这一点。保

护工业遗产地需要对它曾经的用途以及各种工业流程有透彻的认识。

（2）真实性保护：就地按原样保护是首选措施。只有当社会经济发展有压倒性的需求时，才考虑拆迁和异地保护。不鼓励重建或者恢复到过去的某种状态，除非其对整个遗址的完整性有利。合理的开发干预过程必须可逆且尽量减小影响，不可避免的改变都应该记录下来，被拆卸的重要元素也必须妥善保管。

（3）通过再利用来保护：对工业建筑的再利用有利于可持续发展，工业遗产能够在衰退地区的经济振兴中发挥重要作用；通过产业用地的再利用，保持地区活力，可以给社区居民提供长期持续的就业机会和心理上的稳定感。所以，除非该遗产地具有特殊的、突出的历史意义，一般情况下允许对工业遗产地进行合理的再利用，以保证其持续得以保存。鼓励将工业地区的游憩与旅游活动和工业遗产保护相结合。

（4）保护非物质工业遗产：与古老或荒废的工业过程相结合的人工技艺是工业遗产的重要组成部分，应该详细记录，妥善保存历史记录和文献、企业档案、建筑图纸以及工业样品。

（5）工业遗产地生态恢复：开展工业遗产地的环境治理和生态恢复。

五、开展工业遗产保护的宣传普及工作

（1）专业教育：应该在技术学院和综合大学开设有关工业遗产保护的方法、理论和历史方面的专业课程。

（2）学生教育：鼓励中小学生阅读或参与编写关于工业历史和遗产的专门材料。

（3）公众普及：提高公众对工业遗产的兴趣以及对其价值的认同，是保护遗产最可靠的途径。有关部门应该积极通过展览、媒体

宣传，展示工业遗产的价值，并保证人们能方便地接近和参观重要的遗产。

（4）博物馆与展示：建立专门的工业和技术博物馆以及受保护的工业遗产地都是保护和解说工业遗产的重要途径，应该建立工业遗产线路，联系区域和全国的遗产地，解说工业技术连续传播的途径。

我们曾悲叹，为什么会拆毁古老的城墙、街道、古桥？我们曾千万次地感叹："要是能保留那样的古镇、那样的古建、那样的古庙该多好？"殊不知，我们当代人正在犯同样的错误，我们的后代将同样因为我们的粗心和短视而汗颜！我们习惯于把久远的物件当作文物和遗产，对它们悉心保护，而把眼前刚被淘汰、被废弃的当作废旧物、垃圾和障碍物，急于将它们毁弃。正像我们曾经不文明地对待古城古街一样，我们正在迅速毁掉工业时代留在中华大地上的遗产。较之几千年的中国农业文明和丰厚的古代遗产来说，工业遗产只有近百年或几十年的历史，但它们同样是社会发展不可或缺的物证，其所承载的关于中国社会发展的信息、曾经影响的人口、经济和社会，甚至比其他历史时期的文化遗产要大得多。所以，工业遗产保护具有非常重要的意义，我们应该像重视古代文物那样重视工业遗产。

一部泪水锈蚀的历史：
为《工业遗产》序[*]

一、面对锈蚀与破烂

1999 年的盛夏，我走进了广东中山粤中造船厂，这个占地只有 10 多公顷的造船厂，与本书中介绍的任何一个工业遗产相比都不足为道。这是个始建于 1953 年的小厂，已经倒闭，而此时，工厂已经被卖给拆迁商，拆迁费是 60 万人民币，只能变卖锈蚀的机器和破烂铜铁获得回报。即便如此，我仍然为厂区内锈迹斑斑的遗存所感动：那船坞、龙门吊、铁轨、烟囱、机器和水塔、上世纪 60 年代的红色标语、断墙上的毛主席画像，以及精致的木结构车间等等。厂区的空间和氛围把我带离了色彩与繁华的当下，来到熟悉却又陌生的过去。尽管厂区一片荒芜，我却听到时间在倾诉。于是，我将这种倾诉传达给当地城建决策者，探问他：难道这五十年的风雨运动的经历、前后几千人的在岗和退休工人的精神寄托、城市生命不可或缺的历史记忆、未来无数城市居民的地方归属和认同，等等，就值这 60 万人民币吗？它们是无价的！领导被感动了。于是，中山市花了 150 万与拆迁商解除了合约，赎回了被称为"只

---

[*] 本文是作者应工人出版社杜予先生之约，为该社出版的《锈迹——寻访中国工业遗产》所作的序。

有烂铜烂铁"的工厂。随后，登记并封存了废旧的机器，测量并保留了重要的厂房和船坞。通过精心的设计，厂区变成了一个魅力无限的公园和美术馆。这一独特的工业遗产公园，2002 年获得美国景观设计师协会颁发的年度设计奖。城市因此多了一处旅游点；市民因此有了一处特色鲜明"另类的公园"；退休的工人可以常常在此聚首回忆往事；年轻的一代因此缅怀祖辈创业之艰辛；稚童因此明晓吊机的原理；新人们因此有了一处迷人的婚纱拍照场所并将其作为终身的珍藏（图 1，图 2）……

图 1　中山岐江公园：生锈的船坞被改造利用作为公园的服务设施（土人设计，俞孔坚摄）。

图 2　水塔被改造利用作为灯塔和雕塑（土人设计，俞孔坚摄）。

但凡懂得珍惜过去的城市，必将获得丰厚的回报，获得无限的、而非短暂即逝的欢乐。然而，并非所有城市都如此幸运。

2004年3月23日清晨6时整，随着起爆电钮被按下的刹那间，"轰—轰—轰！"三声巨响，3座百米高的沈阳冶炼厂大烟囱在爆破中瞬间土崩瓦解。周围群众集体鼓掌，说："这3座烟囱早该拆了。"因为它们是污染和落后的象征，沈阳要除旧布新。随即，拆迁队伍和推土机进场，彻底在地球上抹去了这个始建于1936年的老厂。我则流下了眼泪，而流泪的也不止我一个。因为就在头一天我还流连于迷宫般的厂区，叹惋那精巧的冶炼工艺流程，观摩那看似怪异的机器设备，惊叹那宏伟的大跨度厂房和那3座足以标识沈阳的百米烟囱；同下岗工人追述悠久历史和传奇故事，与当地领导和专家憧憬如何保护和利用原厂区成为沈阳市的工业文化展览中心和博览园，并带动地区的城市复兴的可能……一夜之间，所有却都已成为过去。我也知道，后悔与叹息的阴影将从此笼罩在这个城市中，也将令一代又一代的后来的居民为之遗憾（图3，图4）。

于是，我想到当年北京市的广大干部和群众是如何欢呼着推倒城墙，拆掉街头的牌楼，美其名曰：拆除封建帝王遗迹，建设新城市。而从此，北京人甚至全国的人们却因此失去多少欢乐，又因此增添了多少叹息与遗憾。历史在无情地重演着。我们习惯于把久远的物件当作文物和遗产，对它们悉心保护，而把眼前刚被淘汰、被

图3 被拆之前的沈阳冶炼厂，难得的工业遗产，现已被当作城市垃圾和废铁彻底抹去（俞孔坚摄）。

图4 沈阳冶炼厂利用作为文化、展览设施，特别是作为园艺博览会场的设计方案（土人设计），没能得到采纳，方案汇报后第二天，冶炼厂烟囱爆破拆除。

废弃的当作废旧物、垃圾和障碍物，急于将它们毁弃。正像我们曾经不文明地对待古城古街一样，我们正在迅速毁掉工业时代留在中华大地上的遗产。较之几千年的中国农业文明和丰厚的古代遗产来说，工业遗产只有近百年或几十年的历史，但它们同样是社会发展不可或缺的物证，其所承载的关于中国社会发展的信息、曾经影响的人口、经济和社会，甚至比其他历史时期的文化遗产要大得多。

二、世界工业遗产运动

对工业遗产的认识从朦胧到觉醒，在世界范围内来讲也只有30多年的历史。1970年，美国景观设计师哈格（Richard Haag）被委托在始建于1906年的美国西雅图煤气厂8公顷的旧址上建设新的公园。他成功地说服当地政府和公众，不是简单地将原有的工厂设备全部拆除，而是尊重基地上的工业遗产，并对其进行生态修复。那些生锈、通常被认为丑陋的工业设备被大量地保留了下来，成为绿色背景中巨大的雕塑；一些机器被利用作为展示品和游戏器械；工业设施和厂房被改建成餐饮、休息、儿童游戏等公园设施。原先被大多数人认为是丑陋的工厂保持了其历史、美学和实用的价值，不但有效地减少了公园的建造成本，还实现了工业遗产的再利用。

更大规模的工业遗产保护和利用实践发生在 20 世纪 80 年代末的英国铁桥峡谷和 90 年代末的德国鲁尔工业区。目前，这两个地区都已被列为世界文化遗产。铁桥峡谷位于英格兰西部什罗普郡，是工业革命的发源地，集采矿区、铸造厂、工厂、车间和仓库于一区，其间巷道、轨道、运河和铁路密布。当局通过对原有的工业遗产进行保护、恢复遭受破坏的生态环境和建造主题博物馆的形式来发展旅游业。铁桥峡谷目前已形成一个占地达 10 平方公里，集 7 个工业纪念地和博物馆、285 个保护性工业建筑为一体的旅游目的地，每年吸引 30 万游客来此观光游览，从而带动了该地区第三产业的发展。

德国的鲁尔工业区是世界上最大的工业区之一，有近 200 年的工业发展历史，其煤矿开采和钢铁生产是全德国工业的支柱。从 20 世纪 60 年代起，煤炭和钢铁工业走向衰落，工厂相继停产关闭，经济转型与工业区改造问题迫在眉睫。在这个过程中，那些巨大而丑陋的机器厂房并没有被当成包袱全部拆掉，而是被作为珍贵的工业遗产得以保护、改造和再利用，厂区同时得到生态修复。总面积达 800 平方公里的工业区被连成一片，成为工业景观公园，举办国际建筑展。其中面积达 230 公顷的原钢铁厂区被完整地得到保护和利用，工业文化和工业遗存得到充分发掘和利用，为地域内的工业文化注入新的活力。正是其浓厚的工业文化氛围、独特的工业遗产景观吸引来自世界各地的投资商和观光客。衰败的老工业区因此得以复兴（图 5）。

这些来自世界发达国家的工业遗产保护和利用的实践经验，最终导致了国际工业遗产保护委员会于 2003 年发表了工业遗产的《下塔吉尔宪章》，并获联合国教科文组织正式批准，成为工业遗产保护与利用的纲领性文件。工业遗产被定义为：具有历史学、社会学、建筑学以及技术、审美启智和科研价值的工业文化遗存。包括建筑物、工厂车间、磨坊、矿山和机械，以及相关的加工冶炼场

图 5　德国鲁尔工业区钢铁厂改造成为工业景观公园（俞孔坚摄）。

地、仓库、店铺、能源生产和传输及使用场所、交通设施、工业生产相关的社会活动场所，以及工艺流程、数据记录、企业档案等。工业遗产关注的主要历史时期是 18 世纪后半叶工业革命以来至今，但不排除前工业时期和工业萌芽期的活动。

国际上广泛认为，工业遗产具有以下几个方面的价值：

（1）历史价值：对认识普遍的或某类工业活动和过程具有典型的、重要的意义。

（2）社会价值：工业遗产记载了普通大众的生产和生活，是社会认同感和归属感的基础。

（3）科技价值：它们在机械工程、工艺、建筑和规划等方面具有技术和科研价值。

（4）审美启智价值：在工厂（场）、建筑和构筑物的规划设计、工具和机器的设计和建造工艺方面具有美学价值和启发后代人创造思维的启智价值。

（5）独特性价值：有的工业遗产在场地适应、布局、机械和安装、城镇等工业景观、档案及留给人们的记忆和习俗等非物质遗产方面，都具有内在的独特性。

（6）稀缺性价值：某些遗产在工艺、场地类型和景观方面濒临消失，使该工业遗产独具价值而需备受关注，那些早期的具有开创性的工业景观更是如此。

三、工业遗产的中国含义

在此世界工业遗产保护和再利用运动的背景下，在国际工业遗产的《下塔吉尔宪章》精神基础上，2006 年 4 月 18 日，中国文物局在无锡主持召开了中国首届工业遗产保护与利用研讨会，并通过了《无锡建议》，从而使工业遗产名正言顺地登上了中国文化遗产的大雅之堂。

鸦片战争以来的中国民族工业、国外资本工业，以及新中国的社会主义工业，都在中国大地上留下了各具特色的遗产，它们构成中国工业遗产的主体。在整个辉煌的农业社会的发展过程中，中国的技术革新和发明，都曾为起始于英国而蔓延到全世界的工业革命或早期的工业活动起过重要的作用。中国近现代的作坊、资源开采、包括运河在内的运输设施等都是工业遗产的构成部分。但与欧美老牌工业国家相比，无论从规模或数量上说，中国的工业遗产都显得不足挂齿；但这丝毫不影响中国工业遗产的价值。与水到渠成、延续发展的西方工业化过程相比，中国的工业化或者说现代化进程有太多的起伏跌宕，并具有明显的历史阶段性，而每一阶段的工业遗产都被打上了当时复杂而矛盾的社会经济和政治的烙印，承载了太多的历史文化含义，讲述了太多可歌可泣的故事，因而具有独特的价值和重要的历史文化意义，应该得到珍惜（图 6，图 7，图 8）。

图 6　上海 2010 世博园区，原上海浦东钢铁厂的厂房和龙门吊被改造成"空中花园"（土人设计）。

图 7　上海 2010 世博园区，场地上的厂房和龙门吊（俞孔坚摄）。

图 8　上海 2010 世博园区，原江南造船厂的船坞被保护和利用作为潜水池和热带温室（土人设计）。

　　从发生学和历史学的角度，在中国社会发展的视野中，中国的工业遗产总体上可分为中国近代工业遗产（1840—1949）和现代工业遗产（1949 之后）两大类。其中近代工业遗产又分属以下四个阶段，即：

　　（1）中国近代工业产生阶段的遗产（1840—1894）：1840 年鸦片战争的失败，使清帝国从居天下之中的自我陶醉中惊醒，满朝文武开始寻求强国之策。然而，即使是最有头脑和进步的新派权贵，也没有从封建帝国专治的本质中去反思江河日下的根本原因，而是试图"制器之器"，"以夷制夷"，试图通过引进西方近代工业，来巩固摇摇欲坠的满清王朝，制衡西方列强。这客观上使中国近代工业的众多领域实现了从无到有的零的突破。兴办近代工业的主力是清政府中具有维新思想的以曾国藩、张之洞、李鸿章、左宗棠等为代表的洋务派官员创办的官办产业，以及满怀实业兴国思想的民族资本家，当时企业很大一部分由来自英国、美国、德国和俄国等资本主义国家的经济殖民势力及其买办创办。传统手工业发展遭遇现代机器大工业的冲击，但在轻工业领域仍然占据较大的市场份额。这一时期的工业遗产十分丰富，如本书中收集的汉阳铁厂、安庆内军械所、金陵机器局、江南机器制造总局、福州船政局、兰州制造局、兰州织呢局、大沽船坞、台湾机器局，以及同文书局等。

（2）近代工业初步发展阶段的工业遗产（1895—1911）：1895年中日甲午一战，李鸿章苦心经营 20 年的北洋海军全军覆没。随后的《中日马关条约》迫使国门洞开，日本和其他西方列强资本在华设厂不受限制，中国丧失了工业制造专有权。而中国民间资本在夹缝中求生，艰苦创业之精神和努力足以感天地而泣鬼神。工业投资的重点领域仍然集中在船舶修造、矿山开采等关乎国计民生的行业，轻工业则以纺织、面粉为主。这一时期的工业企业增多，每个行业内部也初步形成多足鼎立的局面。本书中的典型遗产包括：哈尔滨乌卢布列夫斯基啤酒厂、日耳曼啤酒股份公司青岛公司、横道河子中东铁路建筑群、昆明石龙坝水电站、南通往西大生纱厂、上海阜丰面粉厂、景德镇江西瓷业公司、唐山细棉土厂、北京东直门自来水厂、商务印书馆等。

（3）私营工业资本迅速发展阶段的工业遗产（1912—1937）：近代中国工业最终没有挽救、实际上反而加速了清王朝的灭亡。日本侵略势力在华投资占绝对优势，势力延伸到煤矿、铁矿、纺织、面粉等重要行业，其大量掠夺资源，排挤中国的民族产业。随着清帝的退位，民族资本不再甘于殖民主义者的凌辱，奋然崛起。北洋军阀政府以及后来的南京国民政府军政要员、归国华侨成为重要的工业投资者，近代工业逐渐走向自主发展。本书中收集的这一阶段的工业遗产包括：个碧石铁路、上海德大纱厂、中华书局等。

（4）抗战和战后短暂复苏时期的工业遗产（1937—1949）："九一八"事变后，日帝国主义成立工业综合体，疯狂掠夺中国资源，供给在华战争军需。由于华东地区主要城市沦陷，开展了一场由国民政府组织、爱国民族资本家积极响应的工厂内迁的壮举，促进了西南地区的开发和工业化进程。同时，为抗战而建立的兵工厂更记载了中华民族不甘受屈辱而奋起反击的历史。如本书中的黄崖洞兵工厂即此典型。

中国现代工业遗产类型是 1949 年新中国成立后社会主义现代工业发展历程的写照。浓重的红色文化，频繁而不平凡的政治变革，都在中国的工业遗产上打上了烙印，在世界工业遗产中独树一帜。这些遗产分属三个阶段：

（1）社会主义工业初步发展时期的工业遗产（1949 年新中国成立至 1965 年"文革"前）：在这一阶段，新中国对原外资企业、国民政府经营企业、民间私营企业以及手工业进行了不同程度的社会主义改造，并在苏联专家的援助下，兴建了一批大型重工业企业，初步形成了门类比较齐全的现代工业基础。大跃进时期"以钢为纲"的方针造成了严重的社会经济后果，但另一方面也留下了属于那个时代的特殊工业景观。包括 1958 年开始兴建的酒泉卫星发射中心，1959 年石油工业中的松基三井，1958 年开始兴建的核试验基地等。

（2）社会主义工业曲折前进时期的工业遗产（1966 年至 1976 年的十年"文革"）：社会主义现代工业在动荡中曲折发展。出于备战考虑在西南腹地新建重工业基地的"三线建设"运动，大大促进了西南地区的开发，形成了一批新兴的工业城市。这个阶段的工业遗产目前并没有得到应有的重视。

（3）社会主义工业大发展时期的工业遗产（1976 年"文革"结束，改革开放之后）：中国工业持续稳定发展，工业所有制结构发生了很大变化，个体与私营工业、乡镇企业、外资企业的崛起，国有工业比重下降，开创了多元化工业经济格局。随着工业化进程的深入，传统制造业在一定程度上活力降低，老工业基地产业转型过程中涉及大量工业用地重新利用。东北老工业基地的振兴、首钢搬迁成为学术界和社会共同关注的热点问题。尽管离我们很近，但是这个阶段同样有具独特价值的工业遗产。

从东部沿海和港口重镇，到西南山区隐秘的峡谷深壑；从中部丰饶的江河平原到西北干旱荒漠，遍中国大地无处不留有勤劳顽强的中国创业者艰难跋涉的足迹；自洋务运动先驱的"以夷制夷"，至当今改革开放的"招商引资"，中国近现代一百五十多年来工业化和现代化进程中洒满了泪水。那足迹既有艰辛与曲折，更有坚定与不屈；那泪水既有心酸与悲愤，更有豪迈和欢乐，因而广布在中华大地上的工业遗产是一部汗水与泪水锈蚀的历史。

2007 年 11 月 1 日完稿于波士顿海港宾馆

建立"大运河国家遗产与生态廊道"的建议[*]

构建 "大运河国家遗产与生态廊道" 的战略及其意义

国土生态安全和民族文化认同,是和谐社会的根基。构建"大运河国家遗产与生态廊道"对维护国土生态安全、强化民族认同感和归属感,具有战略意义。

大运河是世界上独一无二的遗产廊道,是中华民族文化认同的纽带。

大运河上下 2500 年,南北 3500 里,举世无双,它在中国各民族文化融合、各种宗教信仰的共存、国家统一、社会发展过程中一直起着积极而重要的作用,它是中华民族团结和睦、社会和谐的纽带。连续完整的大运河遗产廊道,是遗产保护、历史知识普及、爱国主义教育最好的教科书。

大运河是中国东部的区域生态廊道,是国土生态安全的重要基础设施。

大运河横跨中国南北多个类型的气候区域,勾连长江、黄河等五大水系,连接太湖、南四湖等东部最大的湿地群,是中国大地上

---

[*] 本文为给温家宝总理的两个建议之一,原载《科学时报》2006 年 3 月 29 日。背景说明见本书之"警惕和防止'新农村'名义下的破坏性建设——关于保护和巩固和谐社会根基的两个建议"一文。

唯一的南北向水系，其对东部区域的雨洪管理、旱涝调节、生物迁徙、生物多样性保护、环境净化等都具有不可替代的战略意义。

大运河是沿运城市稀缺的生态基础设施，是城市生态安全与居民休憩的战略性资源。

大运河途经中国东部人口最密集、城市化程度最高、经济最发达的地区。经过二十多年的快速城市建设，沿运城市及周边的水网已经受到不同程度的破坏，环境污染严重，开放空间缺乏，与此同时，城市居民对良好环境和休憩空间的要求将不断提高。大运河因此将成为连接城市与区域生态网络、改善城市生态环境和建立市民休憩空间的战略性资源。

构建"大运河国家遗产与生态廊道"的紧迫性

经过我们的系统实地考察发现，这样一条对国土生态安全和民族文化认同具有关键意义的遗产与生态廊道目前面临着严重的威胁，如不尽快统一规划、保护、管理和建设，必将造成难以挽回的遗憾。

（1）运河及沿线的许多珍贵遗产正在消失和遭受破坏。古运河河道有的地段已被开垦种地，有的已成为垃圾坑和排污沟，一些世界级的水工设施已遭严重毁坏。

（2）以运河为骨架的水系统和湿地系统正面临恶化。千百年的人工和自然过程使大运河与区域水系统形成了一个连续、完整、富有生命的生态景观网络。而在近些年的城市建设、市政基础设施建设和水利工程建设等过程中，这个生态景观网络已受到严重破坏，包括污染、截断、河道硬化渠化、水系填埋、覆盖等等，如果不进行系统规划和管理，大运河虽有形骸却无生命。

（3）城市扩张和急功近利的工程正在吞噬国家遗产。许多地方没有真正认识大运河的生态与遗产价值，而是片面追求眼前利益，开展各类破坏性的工程建设，包括夹运房地产开发、粗制滥造假古董开发旅游等等，严重损害了大运河遗产廊道的真实性，导致其生态服务功能的丧失。

（4）南水北调的历史机遇和挑战。这是继京杭大运河开凿以来又一次对以运河为骨架和主体形成的区域生态网络施加的人工干扰。这是对运河遗产廊道保护的一次挑战，同时也是一次历史性机会，如果明智地加以规划利用，会有利于运河断流和生态功能瘫痪区域的生态系统修复和运河遗产保护，从而实现生态与遗产廊道的建立。关键在于系统全面的规划和管理，切勿单一目标导向。

措施

（1）尽快由国务院领导成立专门机构，协调国土资源、建设、文物、环保、林业、水利、宗教等部门，统筹"大运河国家遗产与生态廊道"的建设。

（2）尽快组织专业队伍，系统研究和编制"大运河国家遗产与生态廊道"。

（3）尽快组织制定《大运河国家遗产与生态廊道保护法》或相关的管理条例。

（4）尽快成立专家指导机构，制定工作导则，开展相关规划和调研人员的培训工作，避免使这项事关国土生态安全和中华民族发展的工作流于形式或不够细致。

大运河的完全价值观*

引言

京杭大运河北起中国首都北京，南至杭州，沟通海河、黄河、淮河、长江、钱塘江等中国最重要的五大水系，是中国漫长的历史过程中社会赖以维系的漕运命脉，是世界上最长的人工河流。由于其在维护封建帝王的统治和社会稳定、促进经济发展和文化交流等方面的重要作用，京杭大运河的功能和地位历来为人们所重视。

但是，随着社会的进步、时代的发展，京杭大运河已经发生了重要的角色转变。从整体上来说，漕运的衰落使得大运河不再具有以往在中国南北交通运输上的重要地位；区域环境的变迁更使得运河多处断流；城镇的发展和对环境保护的意识淡薄使运河许多段几乎沦为排污沟；南水北调的进行又将使运河增加了一份输水通道的职能；中国东部城市带的快速形成又使运河面临前所未有的机遇和挑战。

前不久，国家文物局局长单霁翔呼吁重视大运河文化遗产保护，将历史文化遗产保护领域中长期科学和技术发展问题研究列入

---

* 本文发表于《地理科学进展》2008 年 2 期，1—9 页，原题《京杭大运河的完全价值观》，与李迪华、李伟合著。

国家中长期科学和技术发展规划（单霁翔，2004a）。近来，在苏州世界遗产大会上，单霁翔又提出要对大运河整体申报世界遗产的可能性进行评估（单霁翔，2004b）。这些都说明保护和利用大运河已经引起了文化遗产保护方面的高度重视。

价值认识是遗产保护和利用的依据和基础。在沧海桑田的历史巨变面前，如何全面重新认识京杭大运河的价值和功能，将决定我们对待这一举世无双的运河遗产的态度和行动。本文试图从理论和现实背景的分析出发，论述对京杭大运河的价值进行再认识的必要性，并以此为基础，对京杭大运河的遗产保护进行重新认识。

一、 大运河价值再认识的理论与现实背景

（一）世界文化遗产保护理论背景：新概念和新趋势

1990 年代以来，随着世界文化遗产保护全球研究的完成和世界遗产全球战略研究[1]的开展，世界文化遗产保护领域出现了一系列重要趋势。这些趋势包括价值认识上的多元化，遗产构成上的有机观，保护内容上的综合化，保护战略上的全面化，遗产运动的政治化等。对大运河价值认识来说，这些国际趋势集中体现在文化景观日益受到遗产保护界的重视，其中两种针对线性文化景观保护的新的遗产种类——遗产运河与文化线路的出现，则直接涉及京杭大运河的整体保护。

所谓文化景观，是"人与自然共同的作品"（UNESCO，1994）。

---

[1] 早在 1987 年，ICOMOS（国际古迹理事会）就和一些国家代表团合作，开始进行关于文化遗产的全球研究（Global Study，ICOMOS，1987—1993）。其目的是全面掌握和了解世界各国的文化遗产种类和状况，以为确保形成一个可信、平衡的世界遗产名录服务。这一研究在 1994 年发展成为全球战略（Global Strategy，ICOMOS，1992—1994；UNESCO，1994）。

总的来说，文化景观是人与自然共同作用的产物，是人类持续利用的成果，其形式、气氛、格局是使用者文化的重要反映，其结构、功能和组分又是自然生态过程长期演化的结果，对文化景观的保护，一方面，是保护人类文化的重要一环；另一方面，也有利于生态系统和生物多样性的保护。

遗产运河与文化线路是文化景观的发展和延伸，1994 年，在加拿大召开了遗产运河专家会议，通过了《遗产运河信息文件》（World Heritage Convention Information Document On Heritage Canals），文件肯定了遗产运河作为人类文化遗产的地位，指出：从技术或历史的角度看，一些运河的代表具备作为世界遗产的突出普遍价值。以这一文件为基础，国际古迹理事会和产业遗产保护委员会合作进行了研究，形成了《国际运河古迹清单》提交世界遗产委员会及其咨询机构作为审议提名之参考，在这一文件中，中国的京杭大运河占据突出地位。与此同时，提倡交流与对话的文化线路（cultural routes or cultural itinerary）概念也日益受到关注。在这样的背景下，显然应当重新认识京杭大运河的价值。

（二）中国文化遗产保护体系背景：存在严重缺陷急需完善

无论是自然遗产还是文化遗产，它都不是孤立地存在的，而是与其所处的环境构成了一个有机体，是活的。长期以来，我国的文化遗产保护研究主要把精力放在对古建筑、古遗址等的研究上，文化景观方面开展得相对不足，对于其动态演化的一面，对于其生态组分、功能和结构方面的研究就更少。而限于行政部门的条块管理模式，我国的遗产保护也缺乏对文化景观资源的全面掌握和统筹安排。由于大运河尺度巨大，加之在行政上主要归航运和水利部门管理，涉及问题广泛而复杂，客观上限制了文化遗产研究的深入开展。其根本原因是对运河遗产价值缺乏认识，因此难以形成从管理、研究到保护和利用的整体性、战略性的思路，从而影响进一步综合而广泛研究的开展。只有从遗产的有机观和整体观来重新认识大运河遗产的价值，才有利于大运河本身的保护和利用，有利于全面促进中国遗产保护事业。

中国有着悠久的文明史，其文化遗产丰富而多样。这些遗产不仅包括伟大的建筑和城市，更包括以京杭大运河、丝绸之路、茶马古道等为代表的、内涵丰富、历史久远的文化和交通线路，它们在世界文化遗产宝库中占有突出的地位。与此形成鲜明对比的是，中国文化遗产保护法规体系中基本上没有文化线路和遗产运河的地位。在以《文物保护法》、ICOMOS《中国文物保护准则》等法规条例为基础的中国历史文化遗产保护体系中，历史文化遗产主要在三个层次上加以保护：即文物保护单位、历史文化保护区、历史文化名城。显然，这些架构对中国丰富而且地位独特的线性文化遗产缺乏考虑，使得大运河作为文化遗产整体性的保护在法规体系方面处于空白状态。法规体系的缺陷，反映了文化遗产保护研究的不足。从这个角度讲，有必要重新审视类似京杭大运河的线性文化遗产的研究，重新认识其价值。

（三）中国东部快速城镇化背景：科学发展观期待大运河担当重任

1. 东部可持续发展与国土生态安全问题

近 15 年来，中国城市建成区土地面积年均扩张速度为 850km^2（谈明洪、李秀彬、吕昌河，2003），这表明以城市化为特征的景观改变进程正呈燎原之势展开。据研究，在未来近十多年时间内，中国的城市化水平还将从目前的 37% 左右达到 65%。在人口负重与土地资源贫乏的矛盾下，快速的城市化进程给中国大地带来了前所未有的生态压力，使中国的城市化进程危机四伏，严重威胁着中国东部区域的可持续发展前景（吴良镛，1999，2002；杨多贵等，2002）。由于大运河在该区域景观格局中的关键性地位，其沿线的如下几方面改变使东部可持续发展前景和国土生态安全面临严重危机：

（1）景观格局与景观基质急剧变化

非农建设用地发展迅速、耕地锐减是我国改革开放以来土地利用变化的重要特点。有关资料表明，我国 1986—1995 年间耕地年平均净减少 21.5 万 hm^2，1997—1999 年间更达到 27.8 万 hm^2（李平、李秀彬、刘学军，2001），其中很大一部分是城市化的直接后果，这一点在京杭大运河所在的东部地区尤为突出（陆大道等，1999）。据研究，在运河流经的东南部地区，在高速城市化作用下，我国建设用地中心近 10 年来向东南偏移达 27.98km（王思远、刘纪远、张增祥、周全斌、王长有，2002）。研究也表明，20 世纪 80—90 年代以来，京杭大运河流经的长江三角洲地区植被覆盖率下降相对较为显著，显然与该地区的城市化发展有关（朴世龙、方精云，2001）。

一些城市的土地利用变化更能说明这一趋势。以无锡市为例，20 世纪 90 年代后 5 年，该市土地利用变化就主要体现为耕地向林地、水域、建设用地的转移，同时伴有林地向建设用地、未利用地的转移，草地、水域向建设用地的转移等（战金艳、江南、李仁东、鲁奇，2003）。又如常州，有关资料显示，仅 2001 年，新开发土地面积就达到 3.7km²。城市化对景观格局的影响十分显著。

京杭大运河区域的基质主要是农田，包括黄淮海平原主产小麦的耕地和长江三角洲主产稻米的耕地。在城市化进程中被蚕食的土地大多为城市周围地势平坦、交通方便、水源充足、土壤肥沃的农田（张文忠，1999）。这一进程直接影响了区域景观的基质性质，对运河区域的景观生态造成巨大影响，使得大地景观格局正在发生着根本变化。

（2）自然景观破碎化与水系网络破坏

经过多年的开发，京杭大运河所在的中国东部地区已经是中国国土上受人类影响最为剧烈的地域之一，以耕地和建设用地为主的人文景观已经占据绝对优势（王思远、张增祥、周全斌、刘斌、王长有，2003）。在快速的城市化进程蚕食之下，城镇斑块不断扩张，农田、林地、湿地等斑块一直在不断缩减。

在这一由城市化主导的景观破碎化进程中，开发区模式和大规模的基础设施建设起着关键性的作用，表1显示的数据揭示了这一过程的深刻与迅速，在动辄以平方公里、公顷计的开发建设中，以农田、水网、林带、自然斑块和定居点斑块组成的土地镶嵌体被无情地切割开来，千百年形成的有机联系被割裂，残余不多的自然地斑块日益被分割蚕食，导致严重的破碎化。

表1 扬州、无锡、常州三市2001年新开发土地及公路建设情况
（据三市2002年年鉴）

地 名	扬 州	无 锡	常 州
新开发土地面积或耕地转非农用地面积	10.02 km² 耕地转非农建设用地	新开发 45 km²，19 km² 耕地转非农建设用地	新开发 3.7 km²
新增公路里程或公路建设情况	投入 10.48 亿元，公路密度达 1.21 km/km²	高速公路建设投入 11.8 亿元	新增 54 km

水系在大地景观生态系统中具有不可替代的独特作用，并因此被认为是大地的血脉，以麦克哈格为代表的现代生态规划思想和现代景观生态理论更是把水过程的连续性作为景观健康运转的重要标志。可惜的是，在快速城市化主导下的京杭运河景观演化过程中，水系网络受到的影响恰恰最大，后果也最为严重。城镇的扩张和农田建设上的盲目决策，使得大量河渠被填埋和改造；新一轮的城市美化运动和防洪工程上的错误认识，又使得为数众多的河道被渠化，堤岸被硬化，水系的裁弯取直更是屡见不鲜。原本连续的水系网络日趋断裂和零散，严重影响到水系生态功能的发挥。

2. 社会发展与国民身心再生需求背景：潜在的战略性休闲资源

游憩可以认为是人们利用空余时间、自由选择的、以恢复体力

和获得愉悦感受为主要目的的所有活动的总和，因此游憩又可以认为是一种身心再生，是对以快节奏和高压力为特征的现代城市生活所不可或缺的重要调整，更被现代主义认为是城市的四大核心功能之一。随着城市化进程所产生的强劲需求，游憩已经成为当代许多国家最大的产业之一。以美国为例，人均收入的 1/8 都用在了户外游憩上（贾黎明、陈鑫峰，2002）。京杭大运河所在的区域是世界上人口密度最高、土地资源最为紧缺的区域之一。在经济快速发展和急速城市化背景下，城乡居民的身心再生要求将是该区域发展面临的重要挑战。

人口和人均年收入是影响休闲游憩需求的重要因素（吴必虎，2001）。中国国内旅游市场正处在发育之中，东部沿海地区的游憩需求和出游率要明显高于西部（吴必虎，2001）。有关研究表明，人均收入在 400—800 美元之间时，国内旅游需求增长快速（吴必虎，2001）。随着经济的进一步发展和城市化进程的进一步深入，京杭大运河所在区域将迅速进入游憩需求高速增长的临界值，无疑将出现迫切的游憩需求。与此同时，由于高速城镇化的作用，大量基础设施的兴建，草地、水域、林地、湿地、农田等自然和半自然斑块被人工化的建成区替代，开放空间日趋紧缩，可利用的休闲地日趋减少，将在客观上使得未来这一供求矛盾更为尖锐。

据研究，京杭大运河在沿运城镇的感知度高达 92.33%（张帆，1999）。其丰富的文化和景观财富无疑是具有极高潜力的战略性休闲资源。整合这些丰富资源，整体地保护和建设未来南北连续的休闲通道，满足日益增长的城乡居民的身心再生要求，是运河区域可持续发展的一个重要机遇。

（四）大运河遗产保护背景：真实性和完整性危机
大运河作为遗产廊道的真实性和完整性的危机体现在：

（1）运河遗产廊道空间结构完整性面临威胁：运河部分区段（如济宁以北）因为断流、断航、河道治理改道等原因，正成为城市化和农田的蚕食对象。如聊城、临清、德州、沧州等地的运河近30年以来多都因为淤塞、水源等问题，经过了改道，其故道便成为城市建设或其他用地，这种蚕食威胁到了运河遗产廊道空间结构的完整性（图1）。

（2）河道污染严重：运河区域水污染主要来自于沿河城镇不断增加的排污。以山东段为例，仅1998年的沿运城镇排污总量就高达9.38亿 m³（庞煜等，2002）。其中多数入运；在江苏，只有宿迁和镇江段的水质达到了Ⅲ类和Ⅳ类标准，其余城市均为Ⅴ类或低于Ⅴ类标准（表2）；在浙江，自公开发布环境质量公报的1997年起，京杭运河浙江段一直被认为是"严重污染、水质很差，95%以上甚至全部河段水质均不能满足水域功能要求"（浙江省环保局，1997—2003）。污染破坏了水质，直接导致运河廊道生态功能的丧失和瘫痪。

表2 京杭大运河江苏各城市段2003年水质情况（江苏省环境保护厅，2003）

地 名	宿 迁	淮 安	苏 州	无 锡	镇 江	扬 州	常 州
水质级别	Ⅲ	Ⅴ	低于Ⅴ	低于Ⅴ	Ⅳ	Ⅴ	Ⅴ

图1 大运河沿岸的房地产开发，压迫着它的空间，给未来保护和利用带来困难（苏州，俞孔坚摄）。

（3）对具体遗产元素的威胁：一些构成运河遗产整体的重要实物正面临或已经遭受拆除、改建的命运（比如通州的古粮仓）。由于遗产廊道是不可分割的有机整体，这些威胁也影响了遗产廊道本身。

古代水利工程设施是京杭大运河价值的重要体现，是运河遗产的核心内容。但是，随着近代以来的不断开发和城市化进程，许多古代水利设施都因这样或那样的原因而被拆除。如山东地区是运河古闸坝最密集的区域之一，许多闸坝在世界水利工程史上都有一定地位，但至今遗留下来的极少。此外，一些曾经作为水柜起调蓄作用的湖泊、池塘也正因为生态环境变迁、城市化和过度开发等原因濒临干涸、消失的命运（图2）。

图2　坍塌中的古运河码头（山东台儿庄，俞孔坚摄）。

（4）对非物质文化遗产（intangible heritage）的威胁：非物质遗产是文化线路价值的重要组成部分。众所周知，运河地区有着丰富的非物质文化遗存，既包括地方特有的民间文化，又包括一些通过运河而传播的民间文化，前者如宿迁的淮红戏（又称百曲）、琴书，天津的杨柳青年画等，后者则如京剧、评剧、河北梆子等，随着城市化进程的不断发展，这些与运河廊道紧密关联的戏曲、民间传说、民俗、民间工艺等地方文化正在日益消失，这些非物质文化遗产受到的威胁也影响着运河遗产廊道本身的价值。

（5）以城市和旅游开发为目的的治理，对大运河历史文化遗产形成建设性破坏：一些个别区段进行的治理也多从城市开发的角度出发，往往以运河文化为旗号，效果却值得怀疑。以通州为例，在运河起点设计的以运河文化为主题的文化广场，大而不当，被有关学者称为是"文化广场没文化"（图3，图4）。

（6）出于美化或单一功能治理目的的建设性破坏：人们出于美化或治理目的对于运河加以整治，堤岸的自然形态因此消失（如北京通惠河已经全段堤岸硬化），破坏了生态效应的发挥（俞孔坚等，2001，2003）（图5）。

图3 通州运河广场，"文化广场没文化"（俞孔坚摄）。

图4 运河旅游街，没有生活内容的空洞展示，无助于运河真实性与完整性的保护（苏州，俞孔坚摄）。

图 5 运河沿岸的"园林美化"工程,危害运河的真实性(苏州,俞孔坚摄)。

(五)大运河本身将作为输水通道的背景:迫在眉睫的景观和功能改变

目前大运河廊道面临的最主要挑战之一是南水北调工程,这使得运河河道被以新的方式赋予了水道功能。运河廊道的景观属性因此将面临新的变异(俞孔坚等,2004):

(1)南水北调是继京杭大运河开凿以来又一次对以京杭大运河为骨架和主体形成的包括支流和湖泊、池塘、沼泽等湿地在内的运河区域生态网络施加的人工干扰。

(2)南水北调将在区域尺度上改变运河区域生态网络的功能和结构。调水改变河道的功能,进而影响到整个水系网络。水作为核心生态因子又影响和改变整个区域生态格局和过程。其影响过程可归纳为:调水→改变原来的水文情势→自然环境变化→社会经济变化(刘昌明等,1997)。这些都将对区域可持续发展造成重大影响。

(3)南水北调是对大运河区域景观生态格局的巨大挑战,更是重要机遇。大规模调水形成的人工干扰有机会使得已经成为生态基础设施的部分更加高效和具有前瞻性,并同时有机会对断流和生态功能瘫痪区域进行全面的生态系统修复,保护运河遗产廊道,从而实现区域可持续发展。

(六)大运河价值再认识的理论研究背景

国内关于京杭大运河的研究文献可谓浩若烟海,限于本文篇幅,不能逐一列出加以细致分析。这里仅从几个主要的方面归纳国内学者的研究重点。总的来说，国内大运河研究强调以下几个大的方面[1]：

（1）历史文化方面，包括考古、历史地理、水利科技史研究、综合性的文化研究等（傅崇兰，1985；安作璋，2001；姚汉源，1998；薛长顺，1997；侯仁之，2001；汪孔田，1998，1999；袁静波，1996；赵冕，2003；姚景洲、盛储彬，1999；王宜虎，2000；阙绪杭、龚昌奇、席龙飞，2001；陈东有，1994；高建军，2001；陆家行、刘振龙，1998；王永波，2002 等）。

（2）生态环境整治与水利航运，包括南水北调东线工程规划的有关研究，局部区段污染治理的研究，航运能力方面的研究等（邹宝山等，1998；张敏、钱天鸣、吴意跃，1999；季耿善、李旭文、傅江等，1994；熊正琴、邢光熹、沈光裕等，2002；钱孝星，1994；朱广伟、陈英旭、周根娣等，2001；张敏、钱天鸣，2000；柳洪、David Barnes Rob，1994；潘立勇、粟多寿、胡维佳，1995）。

（3）旅游与游憩，包括整体性的旅游开发思路和区段性的旅游开发构想等（张帆，1999；石岩磊，2003；黄震方、李芸、王勋，2000；赵西君、刘科伟、王利华，2003）。

（4）城市建设，主要是大运河作为城市重要水系和历史文化资源的研究（杨建军，2002）。

（5）发展战略和经济开发层面，包括未来的功能定位、角色转换、经济带的构建等（如杨戍标，2000；何为刚，1997）。

通过对国内学者研究重点的归纳，能够说明国内学界关于大运河价值认识的大致取向。不难发现，目前国内关于京杭大运河价值的认识还不成系统。这一现状显然不利于大运河作为世界级遗产廊道的保护和利用。

---

〔1〕 限于篇幅及作者目前研究深度，这里各方面仅列出部分文献。

二、用完全价值观对京杭大运河的再认识

如前所述，资源的价值是它能满足人们需要的属性。要认识大运河的价值，就应当从历史、现实与未来的多个视角，从可持续利用的角度出发，全面研究京杭大运河在满足人们现实和潜在的需求的功能，从而全面判断其相应的价值。任何单一的价值判断，以及由此而导致的单一的工程措施，都将会留下不可弥补的缺憾。

（一）大运河具有重要的文化遗产价值

文化遗产属性是大运河最重要的属性。从已经发表的研究成果看，目前专门关于京杭大运河遗产价值的认识和阐述尚不系统，比较系统的研究是《国际运河古迹清单》中关于京杭大运河的遗产价值认识部分。

《国际运河古迹清单》是世界遗产委员会及 ICOMOS 委托研究的产物，它集中了当今世界遗产运河研究领域权威专家意见的结果，可以说是世界遗产运河研究的权威文件。该文件在《世界遗产公约》《实施指南》（1996 版）文化遗产标准（6 条）基础上，对遗产运河拟订了 4 条价值评价标准，并以此 4 条标准为依据，对大运河的价值进行了评价，认为（ICOMOS，1996）：

（1）大运河在"是一件人类天才创造力的杰作"、"对（运河）技术发展产生过巨大影响"、"是一个杰出的构筑物或特征之范例，代表着人类历史上的重要时期"三个方面都具有突出普遍价值；

（2）大运河在"与具有突出普遍意义的社会、经济发展直接相关"方面具有很高的普遍价值。

因此，京杭大运河具有毋庸置疑的突出普遍价值，是标志着中华民族文化身份的重要文化遗产。这一价值，是京杭大运河最为核心和基本的价值。

（二）大运河具有作为区域城乡生产与生活基础设施的价值

除遗产属性以外，大运河的另外一个重要属性是作为区域城乡基础设施。这就决定了它具有作为基础设施的价值，具体表现在三个方面：

（1）作为输水通道的价值。随着南水北调东线工程的启动，运河将承担重要的输水通道功能。由于南水北调东线工程所具备的重大意义，运河的这一职能决定了它在当代中国历史发展中将再次发挥重大作用，作为生命之源的水的输送，将成为继漕粮运输之后的又一个意义非凡的文化景观。

（2）作为运输通道的价值。京杭大运河对于今天部分区段城乡的生产生活仍有着重要意义。

（3）作为工农业水源的价值。灌溉是运河历史上除运输以外的最大功能。其未断流的部分，至今仍是区域农业安全的重要基础。同时，运河也是部分城市工业用水的重要水源。

在这几个方面中，作为输水通道的战略意义决定了这一价值的核心性和首要特征，作为运输通道和工农业水源的价值也非常重要，但相对居于较次要地位。输水通道对水质的要求决定了它对沿岸景观格局和生态环境的要求，充分利用这一职能并加以综合筹划，无疑将大大促进大运河文化遗产的保护。与此同时，部分区段过量的水运使得运河不堪重负，已经出现危及文化遗产保护的趋势。不合理的农田水利建设也使得点源污染大面积发生，影响运河水质，工业和城镇排污更是导致运河水质恶化的罪魁祸首。

因此，要使大运河在保护遗产的前提下，充分发挥其作为基础设施的价值，就必须进行科学合理的整体规划，限制过量航运，根除工业污染，治理农业污染，构建能够满足遗产保护和输水通道要求的景观格局。

（三）大运河作为中国东部国土生态安全和可持续发展的生态基础设施

生态基础设施本质上讲是区域和城市所依赖的自然系统，是区域及其城市能持续地获得自然服务的基础。这些生态服务包括提供新鲜空气、食物、体育、休闲娱乐、安全庇护以及审美和教育等。它不仅包括习惯的城市绿地系统的概念，而是更广泛地包含一切能提供上述自然服务的城市绿地系统、林业及农业系统、自然保护地系统（俞孔坚、李迪华，2002，2003）。关于京杭大运河作为区域生态基础设施的价值，笔者已有专文另述，总的来说，京杭大运河对区域生态的重要意义主要体现在（俞孔坚等，2004）：

1. 作为对区域生态结构有着广泛影响的半自然生态系统

运河廊道长期横跨南北多种不同类型的自然、半自然、人工生态系统，通过长期的能量、物质、信息的流动和循环，河域本身形成了复杂、影响广泛的生态系统，形成了自身的生态调节能力。现在，其整体结构和功能虽然在人工、自然等多种外来因素的干扰下处在瘫痪状态，但台儿庄以南部分仍然发挥着包括航运在内的多种作用。其整体在系统的生态修复之后仍然有可能恢复其调节能力。

2. 作为运河区域城乡生态基础设施的重要组成部分

运河廊道是沿运多个城市环境形成的主要因素或主要因素之一（傅崇兰，1985）。同时，灌溉是运河历史上除运输以外的最大功能。历代修运河，"贡赋通漕"之外，兼利灌溉都是另一个重要理由。其未断流的部分，至今仍是区域农业安全的重要基础。运河不但是河域城市和乡村重要的自然条件，而且发挥着重要的生态服务功能，是沿运城市和乡村生态基础设施的重要组成部分。

3. 丰富的湿地生态系统存留

湿地是人类及众多动植物的重要生存环境之一，它具有极为丰富的生物多样性和多项生态服务功能，被誉为"自然之肾"。运河河道大多依据天然河道修筑，虽然这些天然河流在航运功能要求下大多被渠化，但经过长期的生态变迁之后，仍然存留了大量的沼泽、泥地。历代为蓄泄洪水，同时也沿河修建了大量的人工池塘或修建、利用湖泊作为蓄泄之用，这些湖泊、池塘或存或废，都发挥着重要的湿地生态系统功能。

4. 横贯南北的自然与文化景观剖面和绿色廊道

京杭大运河是中国东部为数不多的横贯南北的绿色通道，是唯一的沟通中国东部五大最重要水系的河流。这条绿色通道穿越了多个自然地理区域，在中国东部季风区域有着独特的标本价值，犹如一个剖面，清晰地展示中国大地景观的南北分异（图6，图7，图8）。

图6 运河上的田园（临清，俞孔坚摄）。

图7 运河上的人家（台儿庄，俞孔坚摄）。

图 8 运河岸边的林带（临清，俞孔坚摄）。

（四）大运河是未来联系南北和东部大量城镇的战略性休闲游憩廊道，是爱国主义和历史文化教育的重要资源，具有极其重要的身心再生和教育价值

大运河作为具有很高感知度的游憩资源，具有休闲游憩目的地属性。在快速城市化背景下，能够满足居民的身心再生需要，提供环境和文化教育、远足、自行车远游等服务的设施，将是未来东部各大小城市的重要稀缺资源。西方国家的经验和教训告诉我们，建立区域性和全国性的游憩廊道具有极其重要的意义，如美国东部的阿巴拉契亚通道、加拿大的全国性绿色通道系统都是这方面的重要范例。大运河作为中国东部高密度人口地区唯一横贯南北的、自然元素主导的、同时串联丰富的物质和非物质文化遗产的连续通道，无疑将具有极其重要的身心再生价值和教育价值，是极其重要的爱国主义和历史文化教育的资源。

要发挥大运河作为战略性休闲通道的身心再生和教育价值，就应以保护遗产为基础，以建设输水通道为契机，借鉴有关国家的成熟经验，通过区域协作，建设集生态与文化保护、旅游发展、文化产业开发等多种功能于一身的遗产廊道[1]。作为绵延三千多里的南北文化景观剖面，它将是一条独一无二的、教科书式的体验和学习廊道。

---

[1] 遗产廊道（heritage corridor）是目前盛行于美国的一种集遗产与生态保护、经济发展、休闲游憩等于一体的保护与发展战略，是一种行之有效的资源保护与利用及区域复兴平台（王志芳、孙鹏，2000）。

三、基于大运河完全价值观的保护和利用战略：建立国家遗产与生态廊道

在重新认识京杭大运河廊道价值的基础上，有必要从新的现实需要出发，保护和利用其价值。必须提高到国家战略来认识、保护和利用大运河（单霁翔，2004a）。基于以上讨论，本文认为：保护和利用京杭大运河，当务之急是采取以下措施：

（一）展开资源摸底，全面掌握大运河遗产廊道状况

目前对大运河的资源情况的掌握还远远不够全面和深入。从遗产廊道建设的角度讲，全面掌握资源情况是制定保护与开发战略的前提。因此，要建设京杭大运河遗产廊道，就需要展开详细的资源摸底，全面掌握大运河资源情况，以为进一步制定保护与开发战略奠定基础（图9，图10）。

图9 运河上的历史文化遗产（苏州宝带桥，俞孔坚摄）。

图10 运河上的工业遗产，往往被人忽视（台儿庄，俞孔坚摄）。

(二)"反规划"思想与大运河沿线城镇发展

所谓"反规划",就是逆向的规划思维过程,它是在传统规划思维方式难以适应高速城市化背景需要情况下提出的。"反规划"把保护自然生态和文化资源放在规划的首位,把追求人与自然的和谐共处作为规划的根本目标,与传统规划思维以经济驱动特征的正过程恰恰相反,"反规划"首先是强调对土地、对文化和自然资源的尊重(俞孔坚、李迪华,2003)。

对京杭大运河的整体保护来说,"反规划"思维的意义在于,以新的基于运河遗产全面价值的认识为基础,把遗产保护、城镇化与经济发展统一起来,在国土尺度上进行有关资源的整合和景观的整体规划。

(三)制定整体性的管理和发展战略

建设遗产廊道,就是通过包括遗产保护、环境整治、文化产业开发、旅游和解说系统的组织在内的一整套措施,整合地区的文化和景观资源,实现遗产保护与利用、经济开发与自然生态、旅游与地方文化等多赢局面。

运河遗产廊道的建设将意味着地区间的经济整合,意味着地方经济结构的调整,意味着旅游产业、文化产业将在地区经济中发挥更大作用。因此,建设遗产廊道,就必须妥善处理地区间的协作与竞争,制定整体性的管理与发展战略,保护京杭大运河文化遗产。

(四)以南水北调工程为契机,建立大运河遗产廊道区域间协作机制

区域整合与协作是遗产廊道建设的首要问题。区域协作的核心是建立有效的合作机制。目前正在进行的南水北调东线工程,可以

说是大运河遗产廊道建设的一个重要契机。南水北调东线工程本身要求沿运各省、市、区、县间的协调与合作，借此东风，建立大运河遗产廊道地区间协作机制，为大运河遗产廊道规划、管理、建设和资金募集搭建平台，是具有可行性而且十分迫切的。与该协作机制配套，逐步完成一系列的法律法规，并将逐步形成一系列的保护与开发战略和规划措施。从这个角度讲，可以说目前是大运河遗产廊道建设的最佳时机。

四、 结语

作为属于全人类的重要文化遗产，京杭大运河的保护已经得到了中央政府的高度重视，但像大运河这样尺度宏伟、价值综合、内涵深厚的遗产保护对象，其保护头绪之多、问题之复杂，绝非一般的文物保护单位、历史文化名城可比。要保护运河遗产的真实性和完整性，就必须对京杭大运河遗产保护的特殊性有充分认识，首先必须认识到运河是以遗产属性为核心的综合性资源，具有多方面、多层次的价值。

本文阐述了京杭大运河价值的四大基本方面，在这四个方面中，作为文化遗产的价值是运河资源价值的核心和首要价值；同时，运河是区域城乡重要的生态基础设施；运河又有作为区域基础设施的属性和价值，其中以输水通道的价值最为重要；从社会发展和未来国民的全面发展需求来看，运河是潜在的、对国民的身心再生和环境及文化教育具有极其重要的意义的战略性休闲通道。只有充分认识并处理好这些价值间的相互关系，才能完整地保护和利用好运河遗产廊道，使之在当代和未来中国文明进程中，有如其在历史时期一样，发挥巨大作用。

参 考 文 献

ICOMOS，*Global Strategy*，1992—1994.

ICOMOS，*Global Study*，1987—1993.

ICOMOS，*International Canal Monument List*，1996.

UNESCO，*Operational Guideline*，1994.

UNESCO，*Operational Guideline*，2002.

UNESCO，*World Heritage Cultural Landscape*，2004.

安作璋：《中国运河文化史》，山东教育出版社，2001。

陈东有：运河经济文化的形成，《中国典籍与文化》，1994，2：21—27。

单霁翔：全国政协会议开幕，单霁翔代表呼吁保护大运河文化遗产，《中国文物报》报道，2004 年 3 月 13 日。

单霁翔：中国筹备申报三千里大运河为世界遗产，新华社报道，2004 年 7 月 2 日。

傅崇兰：《中国运河城市发展史》，四川人民出版社，1985。

高建军：运河民俗的文化蕴义及其对当代的影响，《济宁师专学报》，2001，(22) 2：7—12。

何为刚：略论京杭大运河的过去和未来，《济宁师专学报》，1997，(18) 3：92—96。

侯仁之：古代北京运河的开凿和衰落，《北京规划建设》，2001，4：8—12。

胡序威：有关城市化与城镇体系规划的若干思考，《城市规划》，2000，1：16—21。

黄震方、李芸、王勋：京杭大运河旅游产品体系的构建及其旅游开发——以京杭大运河江苏段为例，《地域研究与开发》，2000，(19) 1：70—72。

季耿善、李旭文、傅江等：苏南大运河水污染遥感研究，《中国环境科学》，1994，(14) 6：471—474。

贾黎明、陈鑫峰等：太行山周边主要城市户外游憩需求的初步研究，《北京林业大学学报》(社会科学版)，2002，(1) 2/3：84—89。

江苏省环境保护厅：《江苏省环境保护状况公报》，2003。

阚绪杭、龚昌奇、席龙飞：隋唐运河柳孜唐船及其拖舵的研究，《哈尔滨工业大学学报》，2001，(3) 4：35—38。

李平、李秀彬、刘学军：我国现阶段土地利用变化驱动力的宏观分析，《地理研究》，2001，(20) 2：129—138。

李伟、俞孔坚、李迪华：遗产廊道与京杭大运河整体保护的理论框架，《城市问题》，2004，(1)：12—16。

柳洪，David Barnes Rob：大运河常州段水质变化及其影响因素，《上海环境科学》，1994，(13)：30—39。

陆大道等：《中国区域发展报告》，商务印书馆，2000。

陆家行、刘振龙：运河南旺枢纽文化考，《济宁师专学报》，1998，(19) 5：86—91。

潘立勇、粟多寿、胡维佳：运河徐州段重点水污染源的致突变研究，《环境科学与技术》，1995，4：24—27。

庞煜等：南水北调山东沿线水污染调查与分析，《给水排水》，2002，28（8）：18—21。

朴世龙、方精云：最近18年来中国植被覆盖的动态变化，《第四纪研究》，2001，（21）
　　4：294—302。

钱孝星：用特征有限元法预测大运河对某市潜水污染的影响，《环境科学学报》，1994，
　　（14）1：24—31。

石岩磊：关于实施什刹海与大运河通航的建议，《北京联合大学学报》，2003，（17）1：
　　139—140。

谈明洪、李秀彬、吕昌河：我国城市用地扩张的驱动力分析，《经济地理》，2003，（23）
　　5：635—639。

汪孔田：论京杭运河山东运道的开辟与经营，《济宁师专学报》，1999，（20）6：78—81，88。

汪孔田：贯通京杭大运河的关键工程——堽城枢纽考略，《济宁师专学报》，1998，（19）
　　5：92—96。

王思远、刘纪远、张增祥、周全斌、王长有：近10年中国土地利用格局及其演变，《地
　　理学报》，2002，（57）5：523—530。

王思远、张增祥、周全斌、刘斌、王长有：中国土地利用格局及其影响因子分析，《生
　　态学报》，2003，（23）4：649—657。

王宜虎：试论京杭运河鲁南段的开发在其腹地经济发展中的作用，《东岳论丛》，2000，
　　（21）2：69—71。

王永波：运河文化的运动规律及其启示，《东南文化》，2002，3：64—69。

王志芳、孙鹏：遗产廊道——美国历史文化遗产保护中一种较新的方法，《中国园林》，
　　2000，16（6）：36—39。

吴必虎：《区域旅游规划原理》，中国旅游出版社，2001。

吴良镛：《发达地区城市化进程中建筑环境的保护与发展》，中国建筑工业出版社，1999。

吴良镛：面对城市规划的"第三个春天"的冷静思考，《城市规划》，2002，（2）：9—14。

熊正琴、邢光熹、沈光裕等：太湖地区湖水与河水中溶解 N_2O 及其排放，《环境科学》，
　　2002，（23）6：26—30。

薛长顺：发展运河经济，繁荣商业文化——从扬州的发展探讨运河经济与商业文化的关
　　系，《江苏商论》，1997，（12）：28—30。

杨多贵、陈邵锋、王海燕、牛文元：中国区域可持续发展能力差距的系统学研究，《系
　　统辩证学学报》，2002，（10）2：10—16。

杨建军：运河地带在杭州城市空间中的功能和形象规划探索，《经济地理》，2002，（22）
　　2：170—173。

杨戍标：京杭大运河杭州段的治理与发展构想，《城乡建设》，2000，5：12—14。

姚汉源：《京杭大运河史》，中国水利水电出版社，1998。

姚景洲、盛储彬：邳州市发现京杭大运河古船闸遗址，《东南文化》，1999，4：39—41。

俞孔坚、李迪华:《城市景观之路——与市长们交流》,中国建筑工业出版社,2003。

俞孔坚、李迪华:论反规划与城市生态基础设施建设,见《2002杭州城市绿色论坛论文集》,中国美术出版社,2002。

俞孔坚、李迪华、李伟:论大运河区域生态基础设施战略和实施途径,《地理科学进展》,2004,(1):7—15。

袁静波:京杭大运河山东段——"济州河"和"会通河"探析,《济宁师专学报》,1996,(7)2:91—94。

战金艳、江南、李仁东、鲁奇:无锡市城镇化进程中土地利用变化及其环境效应,《长江流域资源与环境》,2003,(12)6:515—521。

张帆:对大运河旅游开发潜力的思考,《旅游科学》,1999,2:4—7。

张敏、钱天鸣:运河(杭州段)底质有机质与重金属元素相关性的探讨,《环境污染与防治》,2000,(22)2:32—44。

张敏、钱天鸣、吴意跃:京杭大运河(杭州段)三氮变化及影响因素浅析,《环境污染与防治》,1999,(21)10:44—47。

张文忠:我国城市化进程中应注意土地资源减少的几个问题,《中国人口、资源与环境》,1999,9(1):33—37。

赵冕:略论唐宋时期的运河管理,《华北水利水电学院学报》(社科版),2003,(19)4:9—11。

赵西君、刘科伟、王利华:浅析运河旅游资源的结构及开发对策,《西安电子科技大学学报》(社会科学版),2003,(13)4:45—49。

浙江省环境保护厅:《浙江省环境保护状况公报》,1997—2003。

周一星、曹广忠:改革开放20年来的中国城市化进程,《城市规划》,1999,(12):8—14。

朱广伟、陈英旭、周根娣等:运河(杭州段)沉积物中重金属分布特征及变化,《中国环境科学》,2001,(21)1:65—69。

善待圆明园遗址（9篇）

    圆明园，从康熙 64 年（1707）诞生之日起，便注定要成为永恒的话题。本书之所以用较大的篇幅，收集作者近五年来关于圆明园遗址公园的 9 篇短文，是因为圆明园及其遗址是一面镜子，它不但照见了一个王朝的兴衰，也照见一个民族如何结束两千年封建帝国的过去，艰难地走向民主与共和的历程。同时，更照见了一个民族如何艰难地徘徊在辉煌壮丽的宫苑梦境，迷恋于漂浮着胭脂的湖荡溪流，恍惚于弥漫着龙涎香的亭台楼阁。要走出这个迷人的太虚幻境，比结束一个封建王朝还要艰难。对于"万园之园"的曾经出现，国人似乎拥有太多的自豪和向往，却偏偏少了质问帝王们是如何通过搜刮民脂民膏，甚至不惜牺牲国家民族利益，来满足自己骄奢淫逸的生活的；对于它的被烧，我们似乎太多用狭隘的民族主义立场来控诉入侵者的强盗行径，却偏偏没有庆幸正是它的毁灭唤起了民族觉醒，并开启了走向现代中国的道路；对于它的遗址的保护和利用，我们错误地将一个民族复兴的信念寄托于一个腐朽遗骸的重生和穷途末路的亡灵的再现。在关于如何对待圆明园遗址的多年争论和实际工程中，我看到封建帝王和士大夫的遗老遗少及他们的代言人，是如何置大众的利益而不顾，对严酷的环境危机视而不见，惘然于遗址的历史文化价值，以"民族振兴"为幌子，伐乡土之林灌，除当地之野草，固湖底，毁山丘，热衷于恢复"康乾盛世"的"湖光山色"和奇花异卉；感慨圆明园曾经以其悲剧的过去换来的德先生和赛先生，何以来得如此艰难。

1 善待圆明园遗址

——《圆明园遗址公园恢复规划》专家座谈会上的发言

时间：2003 年 6 月 20 日。

背景：2003 年 6 月 20 日，相关领域的二十余位专家、领导与关心圆明园建设的热心人士齐聚圆明园，就"圆明园遗址公园的规划与保护"主题展开热烈讨论，提出了各种不同的意见和建议。座谈会由北京市圆明园管理处主办，国家文物局局长单霁翔、北京市文物局局长梅宁华，全国政协委员、"自然之友"会长梁从诫、北京大学教授崔海亭、俞孔坚，海淀区文化局副主任、文物所所长、圆明园管理处以及区人大代表等领导和专家出席了座谈会。圆明园管理处领导首先详细介绍了关于"认真贯彻落实《圆明园遗址公园恢复规划》，全面推进圆明园遗址的保护整治工作"的具体实施方案（见下图）。

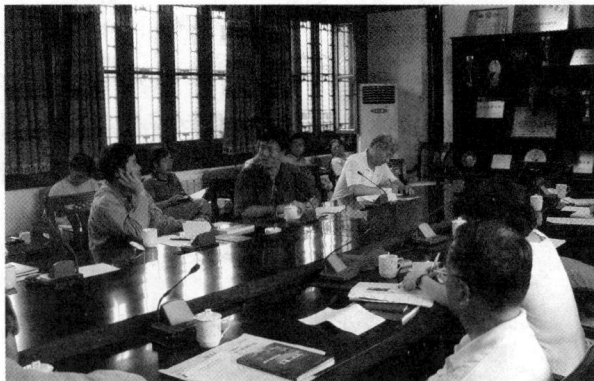

2003 年 6 月 20 日《圆明园遗址公园恢复规划》专家座谈会（刘君摄）。

此次会议特意在圆明园内举行，主要发起人之一的海淀区人大代表、空军指挥学院副教授李小溪忧虑地说："今天看到的圆明园让我心痛，一些园内特有的野生植被已被彻底毁坏，也许在不远的将来这块曾经属于我们的'城市的荒野'将不再存在，刚才讲的《规划》里还说要清理掉林下杂乱的灌木丛，我觉得那是很美的一种自然野趣，为什么不加以保留呢？"

北京大学俞孔坚教授更是尖锐地指出：复建圆明园实际上就是摧毁圆明园，摧毁它作为不可再生"遗址"的真正价值。俞教授强调"遗址"是圆明园最重要的价值，而将生态价值与遗址价值结合在一起，这在世界上将是独一无二的。圆明园就不再仅仅是遗址建筑，而是融生态、历史、文化于一体的特色公园，将给世界树立一个典范。关于圆明园西区改造方案，俞教授建议在园内建立完善的环境解说系统，吸取国外环境解说学的先进方法，让圆明园成为生态示范区，成为最真实生动的历史、遗迹教育基地。

全国政协委员、"自然之友"会长梁从诫提出：圆明园的精髓与价值就只有两个：一个是"荒"，一个是"废"，关键在于如何让它充满生机地"荒"与"废"。他说，圆明园一半是帝国主义烧的，一半是我们自己拆的。如果现在还不保护园内尚存的遗迹，还在搞什么拆掉残垣断壁，恢复建筑，将来又会是一大遗憾，百年的历史遗迹就这样被活生生地毁在自己手里，又能如何再找回？

北大环境学院崔海亭教授也强调要保护园内的天然植物景观，并引用俞教授的生态基础设施战略观点，告诫那些圆明园规划保护的实施者们，不要从局部着眼去给圆明园化妆，看似杂乱无章的东西，恰恰是最需要保护的。多保留它的生态真实性，稳定整个园内的生态系统的平衡，用园内本身具有的生物多样性的自然之美，体现圆明园遗址公园百年积淀的历史沧桑感。

在听取了众多专家的意见与建议后，国家文物局局长单霁翔诚恳地说，今天的座谈会让他很受教育，也让他反思原来认为的恢复园内山形水系，到底是对遗址的摧残还是保护？遗址经过重建还是遗址吗？还具有历史价值吗？单局长对俞孔坚教授提出的遗址结合生态加以保护及环境解说系统的建立给予了充分的肯定，并当场表示复建圆明园是个错误，不注重历史遗迹保护与生态建设的和谐，只会是好心办坏事。

单局长就圆明园遗址公园保护遗留的重大问题一一分析，指出下一步的具体工作：

（1）在对园内遗存了近百年的生活、生产垃圾的清运过程中，如何从技术上做到不对遗址造成破坏？

（2）园内水源的问题，原设想利用就近肖家河的污水处理厂，利用京郊水库、京密引水渠等方法引入水源，都不太理想，现正考虑能否从南水北调工程中得到解决？

（3）园内植被、植物景观与遗址之间的关系问题，如何利用先进的生态理念保护生物的多样性，实现人与自然的和谐；是不是一定要恢复当年的三个园子仍有待商榷，重建后的园子与百年前留下的遗址相比，还有多大意义？

在当日的座谈会上，《圆明园遗址公园恢复规划》中重点提出的八大方面之整体恢复圆明园遗址公园的山形水系、对拆迁后的用地严格按原样恢复、复建圆明园遗址，就被在座专家给出了如上所述的与规划方案相悖的颠覆性意见。

而目前，圆明园遗址整治工作已经列入了北京奥运行动规划和历史文化名城保护规划之中，而且圆明园遗址的整治工作连续四年被市政府列为"折子工程"。2006年基本建成遗址公园的目标使圆明园的规划建设问题已迫在眉睫。圆明园遗址公园面临在没有被严格、科学地认证和设计下，就要进入施工、赶任务的危急关头。"救救它吧！救救我们的圆明园！"的呼声响起（详见"景观中国网"2003 年 6 月 20 日报道，作者刘君）。

作为参加《圆明园遗址公园恢复规划》评议的专家，我在会上对《规划》提出了不同看法和建议，并整理成书面文字提交给有关部门，该建议继而以"善待圆明园"为题，在"景观中国网"上首度发表并广为转载，然而并没有引起有关部门的重视。2005 年 3 月，圆明园防渗工程在媒体曝光，引起全社会的强烈反应。应"自然之友"之约，将 2003 年关于《圆明园遗址公园恢复规划》的意见在《自然之友》通讯（2005 年 3 月 30 日）上再次发表，愤慨当年包括自己在内的所谓评委专家的意见根本没有得到丝毫重视，实际上《圆明园遗址公园恢复规划》也没有得到官方批准，而实施工程却已如火如荼。关于圆明园水系衬底的错误做法仅仅是一个如何对待这一国家和民族遗产的极其错误的态度的一个反映。所谓的"圆明园恢复工程"一开始就是错误的，关于这一点，本人早在两年前就给有关部门以诚恳的提醒和坚决的反对，结果毫无用处。我现在仍然再次重申我当时的观点，并一字不改地呈示给公众和有关部门。我的疑问是，为什么先进和科学的理念不能进入我们的决策体系，类似这样的愚蠢错误，何以不断发生？

"对待土地是需要感情的"，我的感觉是这样，在我回国的七年里，一直都在为尊重和保护这块土地而努力。

对于圆明园这个问题，我想大家都是好心，希望把它的遗址保护工作做好。但请大家回顾一下，关于城市与景观改造和建设的问题，从上世纪 50 年代开始，我们就不断地在犯错误，又不断地改正错误。现在最新的错误就是北京的水系整治的人工化和硬化，三年前我们就在反对，现在许多人认识到了，后悔了。为什么会这样呢？这主要是认知方面的问题，我们要借鉴国外的经验教训，接受专家的意见，然后才能真正地认识这件事。我说话比较激动，但我不是针对任何一个人。我觉得我们一定要认识足下的这块土地，尊重这块土地，善待这块土地。

现在来谈一下圆明园的规划，我想我的发言有以下几个方面的依据：

一是对遗址公园的认识，什么是遗址公园？如果把"圆明园遗址公园"改成"圆明园公园"那就是两码事了，这个首先要认识清楚，这是个依据。遗址有它的特殊性，我们知道古罗马遗址，没有人要把古罗马遗址改变，建设成古罗马，当然"二战"前墨索里尼试图重建罗马，但失败了。对待圆明园遗址最关键是"遗址"这个词。

第二个方面的依据是恢复和没有恢复的对比。东区恢复了，西区没有恢复，因为我对这个非常关注，我专门去看了，我的比较结果是恢复的（东区）并没有比未恢复的（西区）好在哪里。我认为花了这么多钱来恢复，而遗址的感觉消失了。必须承认这一点，另一方面杂草侵入了，真正的广布性"杂草"侵入了，而人们通常当作荒野植被的乡土物种却消失了，那是在大量的近自然植被被人工干扰后出现的现象。这是经过对比东部和西部的情况后得出的结论。如果像国外修建大面积的草坪，像修建高尔夫草坪那样做圆明园的人工草坪，我们也支付不起，需要大量的投入。而自然的可以在很大程度上自我维护，一旦把自然这个过程破坏掉后，必定会是杂乱的。

第三是我个人的体验，我 80 年代到北京来上学，经常到圆明园，那时候是水田、荷花、流水、湿地芦荡，那种沧桑感和带来的关于民族历史的震撼，远非今天恢复后的景观所能产生的。

第四方面是国际上新的潮流趋势，对于生物多样性保护这个问题，已经被联合国和各国提到最重要的议程上来了。而我的感觉是，在关于圆明园恢复规划中，我们还没有意识到对生物多样性的保护。

这些就是我做这个发言的依据。今天的圆明园正面临很多机遇和挑战：

第一个机遇：圆明园在空间上给北京提供了一个最大的生态基础设施的景观元素，即刚才崔海亭教授讲到的联系西山和城区的一个生态廊道，除此之外，通过善待它还可以引导一种新的环境伦理、土地伦理，这个观念是以前中国没有过的，如果圆明园管理处能在认识上再调整一下，圆明园在世界上就可以创造一个典范，由这个典范带动整个中国的环境文化、环境道德伦理的改变。

第二个机遇：圆明园遗址的保护可以成为一个独特的人文与自然景观，而且是不可再生的，无法模仿的。更为独特的是，它丰富的自然地形成的生物景观的多样性，恰恰与遗址结合在一起，这在整个世界范围内都是独一无二的。在17、18世纪的英国造园运动中本没有遗址，而是在发现古罗马遗址的震撼力之后，他们才去造遗址景观，而我们拥有的是真正的遗址。我一再强调它的不可再生性。它经历了一百多年，在这期间跟植物、水系、地形等自然生态早已融为一个整体，这样的遗址就不仅仅是一个建筑遗址，它的含义就扩大到了生态与文化的双重意义。

第三个机遇：奥运会快来了，到时候我们给世界看什么？给世界看一个再造的圆明园吗？没有意义。再造的圆明园已经有了，珠海有。而北京的这个"荒废的圆明园"是造不出来的，它的独特价值，在2008年的奥运北京将会成为一个真正的典范，代表一种真实的文化。

圆明园保护和利用带来的挑战也是巨大的。第一个挑战是如何保护。第二个挑战是如何利用。中国大地上曾留下了不少遗址，我们都没有一个恰当的途径来保护它们，反而把它们毁掉了，好心办了坏事。第三个挑战是有钱和没钱的条件下，如何来保护，如何把钱真正用到恰当的地方。第四个挑战是遗址保护的品位问题，它包含一种文化修养和环境道德。

如何来把握圆明园面临的机遇和挑战是最关键的。如果把握不好，将会留下很大的遗憾，就像毁掉北京的城墙一样遗憾，我希望好多还未发生的事情，能通过这次会议引起相关部门的重视。

现在我简单讲四点：

第一是对价值的认识。圆明园有很多种价值，最重要的是"遗址"两个字，而毁灭前的圆明园本身的艺术价值、造园价值并不高，专家们也早已论证过，因为它是照抄江南的古典园林，汇集而成的万园之园，没有独特性。再造的艺术价值是比较局限的，圆明园内西式园林部分是仿造巴洛克风格或洛可可风格，中式园林是仿江南文人山水园。所以恢复它有什么意义？再造一个圆明园有何意义？这是我们首先需要关注的问题。

第二个价值是它在中国近现代史上的历史意义。中华民族所遭受的那段耻辱历史是值得每一个中国人纪念的，圆明园遗址记下了这段历史。我们要保护和讲述的就是这段历史，而不是要将圆明园本身恢复建造得多么辉煌。

第三个价值是它的生态价值。一个可持续的生态群落是怎样形成的？圆明园被毁后，实际上是经历了一个生态演化的过程，人工栽培的奇花异木死了，它们自然要死，这实际上是想告诉你，在北京一个可持续的生态群落是什么样子？大自然会淘汰一个不健康的东西。在这个价值的认识里面，有一点是不能怪任何人的，只能怪这个时代，这是审美观、价值观的问题。时代的进步需要先进的审美价值观念，而国外已经就这个问题发生过强烈争论了，所以我们现在要借鉴历史、借鉴国外。在 18、19 世纪，英国就出现过一个同样的运动，把所有的农田、牧场、田园风光改造成公园，把牧场上郁郁葱葱自然生长的野草换成光滑的草坪，当时就出现了反对的思潮，在我《城市景观之路》一书里，详细讲述了城市美化运动的历史。后来，这种巴洛克式的审美观从欧洲传到美国，现在又从美国传到中国，但再过20年我们回头来看历史，会发现这种审美观是十分幼稚的。

有这样两幅画面，一幅是充满诗意的，让画家产生灵感的，一幅是光滑漂亮低级的外在美。让画家产生灵感的是什么呢？是大量的乡土野草，水边长满丛生的灌木，用现代语言表达就是丰富的生物多样性。而没有画意的光滑、"漂亮"的景观，是被打扮的，人工修剪的，对于画家来说，面对它是画不出充满诗意与灵感的作品的。而我们要把圆明园变成一个充满诗意与灵感的地方，而不是一种光滑的"漂亮"。这属于价值观问题，应该通过诗意、画意的景观，将真正美丽的东西展示给人们。

下面我再谈谈西区的问题。我专门去西区看过，环境脏乱，很多生活垃圾长年累月没有得到清理，园内的尽端路很多，路网不系统，走进去就走不出来了，这些是需要清理的。

而更重要的是，圆明园缺少一个解说系统。什么是解说系统？举个例子，金庸先生写了那么多小说，但没有一本小说能够通过影视手段获得完美表达。小说所要传达的语言、意境和产生的空间远远高于影视作品的视觉化系统。如何来保护与展现圆明园？这就需要一个解说系统，用文学和艺术语言来告诉人们圆明园是什么样子，而不是再造一个圆明园。造也造不出原来的样子，即使造出来也是索然无味的。我们可以借鉴国外，在国外这是一门专业学科——环境解说学（environmental interpretation），是授博士学位的一门学科。它讲如何解释环境，环境包括文化的意义、生活的意义、生态的意义。通过这样的解释，在人们的脑海里再造一个圆明园。这个圆明园是生动的、虚拟的而非物理的，是充满想象力的而不是唯一确定的，它的意义远远超过有形的物质空间，而再造圆明园实际上是对物质的挥霍。

我再谈谈我的一些具体想法。

第一是恢复山形水系的年代问题。是恢复到上世纪50年代还是60年代？这本身就不太现实，因为山上有植被啊，有已经存在了五十年至上百年的植被，如果你重新推平它们再植，那又需要另一个五十、上百年才能再现这一景象。所以恢复它的山形水系没有多大意义。再者，恢复山形水系的可能性有多大？我认为可能性不大。首先北京现在的地表水条件与一百年前的大不相同，不可能再恢复到一百年、甚至二十年前的水系。当年的北京西北郊遍地泉水和湿地，而今由于地下水的严重开采、地下水位下降，所以肯定不可能再形成当年的水景，如果要造水景，意味着必须做湖底防渗处理，那无疑是一种生态灾难，不但进一步破坏了遗址，也给区域生态带来破坏并且使北京市的缺水危机雪上加霜。其次，圆明园有大量的微地形系统，1982、1983年我曾数次到圆明园测地形，即使是用很密的点，也测不准。要表达这样的微地形，通常的地形图是不准确的，所以你恢复到所谓原貌是不可能的，也没有非常准确的科学依据可供操作。因此，圆明园的山形水系不能进行大规模重建恢复，而应以保护现状为主。

第二，建筑恢复。在遗址上重建原来的亭子就不再是遗址了，丧失了它作为遗址的最重要的价值。所以我认为在遗址这个问题上还是以解说系统为主，创造虚拟建筑景观。

第三，圆明园独特的生态价值的保护。野草的大量应用是我在广东中山做的一个项目。这是20世纪50年代的一个旧船厂，90年代倒闭以后，这里就自然形成了一个群落，我们当时就原样保留了下来，没有移动这些宝贵的植物群落，目的就是为了保护它的生态。北京如果也能通过圆明园把丰富的野生植物群落展示给大家，如何利用解说系统向游人解说这个野生群落，价值是非常巨大的，北京植物园不可能形成这个系统，只有圆明园才有，而我们还没有认识到它的这个价值。

前面我们主要讲了一个价值观问题。那么圆明园遗址规划具体需要做什么？在完善道路系统、彻底改善卫生状况的前提下，我仍强调一定要建立一个完善的环境解说系统，吸取国外环境解说学的先进方法，让它来解说生物，解说群落，解说遗址，让圆明园成为生态示范区，成为最真实生动的历史遗迹教育基地。

我再强调一下，"遗址"是圆明园最重要的价值，而将生态价值与遗址价值结合在一起，这在世界上将是独一无二的。圆明园就不再仅仅是建筑遗址和园林遗址，而是融生态、历史、文化于一体的特色公园，成为北京一处独特的历史与爱国主义教育、环境教育和生态休闲的景观，将给世界树立一个先进的环境伦理与历史和文化价值观的典范。

2 圆明园林灌被毁比防渗工程更具破坏性*

时间: 2005 年 4 月 11 日。

背景: 2005 年 3 月 28 日,圆明园防渗工程在媒体上曝光,引起全社会的强烈反响。专业人士和非专业人士的注意力都被吸引到防渗工程的正反意见上去,使一个非常重要的环境与文化遗产保护的思想运动,陷入技术争论的泥沼。而毁林和大规模的土方工程对圆明园的文化遗产和生态破坏,远比防渗工程大得多。为此,作者以大量真实照片为依据,于 2005 年 4 月 11 日,在《新京报》发表了《圆明园林灌被毁比防渗工程更具破坏性》一文,一方面力图阻止破坏性的修复工程,另一方面试图提高人们对乡土自然的价值观和审美观。遗憾的是,本人除了接到几通威胁和谩骂的电话外,圆明园改造工程并没有停止。当然,对乡土野草、野树的价值观的改变更有漫长的路要走。

正当全国各界对圆明园防渗工程提出质疑,而呼吁停止园林修复和改造工程时,笔者却痛心地看到,大肆砍伐园中林灌和肆意改造地形地貌的工程,仍然在热火朝天地进行着。

这个改造工程几乎用"三光"的方式,将西部圆明园遗址上的大量灌木和地被,以及足有 20 厘米直径的乡土乔木(包括榆树、

---

* 本文首次发表于《新京报》2005 年 4 月 11 日。

柳树、椿树）肆意伐掉，并连根铲除，然后用挖掘机造山，再大面积种植草坪和"观赏花木"。对一个具有极高历史文化遗产价值和生态价值的遗址公园来说，这无疑是具有毁灭性的，其破坏性可能远远大于湖底防渗工程。经过对圆明园西部的"恢复工程"进行详细的实地考察，所见所闻令笔者难以自制。

在此，笔者呼吁有关部门立即停止造山工程和砍伐林灌的行动。

为什么不能进行"三光"?

圆明园自从被烧至今已有近一个半世纪，之后尽管经历了一些人工干扰，但自然的生态演替过程却在悄然进行着，特别是在西部，已经形成了一个难得的北京地区乡土生物群落，形成了乡土乔木、灌木和地被构成的十分完整的近自然群落，丰富的乡土植物为多种鸟类和动物提供了优良的栖息地；同时，良好的乡土植被，对保护原有地形免遭水土流失，具有重要意义；进一步讲，对于一个遗址公园来说，这些乡土群落对烘托遗址的悲剧气氛和沧桑感是必不可少的。

所以，对乡土群落的"三光"，不但毁灭性地破坏了圆明园近百年来自然演进而来的自然遗产；同时，也对圆明园的历史文化遗产价值和景观体验带来毁灭性的破坏。

为什么不能如此"整形"和"美化"圆明园?

对原有乡土乔木、灌木和地被进行"三光"本身已是大错特错，而"三光"后又进行缺乏根据的地形改造，包括开挖水系和堆山，则是对遗址原貌的破坏，其性质与当年"水洗孔庙"一样，是对历史遗产和文物的破坏；同时，大量铺设人工草坪，不但需要精致的管理，包括大量的灌溉，将使本来缺水的北京和圆明园雪上加霜；而更糟糕的是，它将使圆明园"旧貌换新颜"，"遗址"景观不复存在。当然，它也将使圆明园背上沉重的管理负担。

笔者还是重申两年前的呼吁，无论从遗址保护、乡土群落保护和经济角度以及景观体验等诸方面考虑，都希望立即停止砍伐林灌和地形的"整形"、"美化"工程，以便给我们的后代留下一个宝贵的自然和历史文化教育的遗址公园。

3 在"圆明园湖底防渗工程听证会"上的发言

时间：2005 年 4 月 13 日。

背景：在强大的社会舆论下，国家环保总局出面干预圆明园湖底防渗工程，于 2005 年 3 月 31 日叫停圆明园湖底防渗工程，并要求其立即补办环境评价审批手续。继而于 2005 年 4 月 13 日 9 时至 12 时在环保总局举行公众听证会，73 人最终获准参加此次听证会，其中吴良镛等著名专家占到了三分之一，而清华和北大这两座著名学府的院士、教授各有 3 人，包含了建筑、环境方面的权威。另外，圆明园管理处有 6 名参会人员。圆明园及北京相关部门也将参加，在市民代表中，年龄最小的只有 11 岁。自然之友、地球村等比较知名的民间环保组织也在名单之列。此次听证会的内容包括圆明园环境综合整治工程，特别是采用湖底铺设防渗膜的方式可能对生态的影响，以及作为历史人文景观的遗址公园圆明园应该如何修复与保护。这是《中华人民共和国环境影响评价法》实施以来，国家环保总局首次举行公众听证会。人民网和新华网进行网上直播，下面是根据新华网的实录整理的文字。

我今天想从事实来说，我本科学的是园林，后获哈佛大学设计学博士学位。从上世纪 80 年代算起，我去圆明园不下五十次。圆明园首先是一个遗址公园，它是具有历史文化意义的遗址公园，它记载了历史事件；第二，圆明园经历了一百多年自然演进过程，这两点足以把圆明园定位为具有历史文化价值和自然生态价值的遗址公园。

关于对待圆明园的态度问题，我要向圆明园的整治者们指出三个问题。第一，有钱缺什么？缺审美；第二，有技术缺什么？缺伦理；第三，有知识还缺什么？还缺文化。这就是我对目前这种整治工程的整体评价，我希望把这三句话通过媒体传播出去。

我想用我看到的事实，来论证我上述的评价。这是我1981年时拍的照片，那时，没有经过整治的圆明园芦苇丛生，荷花满塘，建筑遗址与自然植被相映成趣，一派悲怆的遗址气氛（图1）；这是1992年4月拍的照片，乡土乔木、灌木和建筑遗址共生，一片难得的悲怆氛围（图2）。今天，这些地方已经完全不是这个样子，乔木和灌木都已被砍伐，建筑遗址和山石都被清理了，种上了外来的花卉和草坪，全然不是"遗址"的概念；2003年论证会上，参加的有各方专家，当时就定性为如何来保护遗产，如何真正做到圆明园遗址的保护，当时我们坚决反对有关规划的治理方案，但这么多权威专家的意见，一点都没有被采纳。

这是前不久圆明园尚未毁坏并可能马上被毁坏的灌木林的景观（图3），如果湖底没水，它会自己演替为北京独特的灌木林景观。圆明园已经有一个经过漫长自然演替过程而形成的乡土群落，有大量的乡土物种，它们是建筑遗址不可分割的背景和环境，是进行爱国主义教育不可或缺的景观，也是进行环境教育的难得场所。对待圆明园遗址公园和防渗的问题，不能仅仅从工程技术角度来讨论。

图1 1984年作者在圆明园，那时，没有经过整治的圆明园芦苇丛生，荷花满塘，高大的杨树林与建筑遗址和自然植被相映成趣，一派悲怆的遗址气氛（吉庆萍摄）。

图2　1992年4月的圆明园，乡土乔木、灌木和建筑遗址共生，一片难得的悲怆氛围。今天，这个地方现在已经完全被毁，树木全部被砍掉（俞孔坚摄）。

图3　2005年4月，圆明园林灌被毁之前景观，湖底如果没水的情况下，它会自己演替为北京独特的灌木林景观（俞孔坚摄）。

这是2005年4月8日，一株直径20厘米的乔木被砍伐的景象（图4）。林灌被砍伐完后，在几乎是"三光"的山坡上，园林工人们要铺上草坪和园林观赏花卉这些需要大量维护、耗费大量水资源的所谓园林花木。圆明园管理处的门口立着禁止采摘任何野花野草的告示，而此时管理人员自己却在大面积砍伐林灌，改造和平整山坡。原来浓密的林木和灌丛，此时连一棵树、一株草都没了，树根也被挖掉，大量的树木和根桩被运到园外（图5，图6，图7，图8，图9，图10）。

图4　2005年4月8日，足有20厘米直径的乡土乔木（包括榆树、柳树、椿树）被肆意伐掉（俞孔坚摄）。

图 5　挖掘机在重塑地形，原有地形和植被遭彻底破坏（俞孔坚摄）。

图 6　2005 年 4 月 8 日，林灌被连根铲除（俞孔坚摄）。

图 7　被"三光"的山坡（俞孔坚摄）。

图 8 破坏掉原有历史遗存并具有生态价值的湖岸,整治后的丑陋的湖岸工程 (俞孔坚摄)。

图 9 乡土物种被无情地"三光",代之以外来的"观赏"植物,耗费大量珍贵的水资源和劳力及经费。这是园林工人在拔除乡土野草 (俞孔坚摄)。

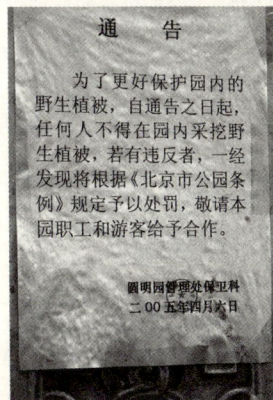

图 10 圆明园门口管理处贴出的"禁止采摘野花"的告示,而此时,大规模的林灌砍伐却正在发生 (俞孔坚摄)。

从此,大量的灌木没有了,原有的地形被彻底破坏。新造的山坡最后将被铺上草坪,这个草坪是要灌溉的。如果灌溉不到位,草坪和花木都会呈现荒芜的景象。要知道,乡土野草、灌木和乔木是不需要灌溉的,而它们却被无情地"三光",代之以外来的"观赏"植物,耗费大量珍贵的水资源和劳力及经费,这是何等的荒唐!我的讲话结束了,谢谢大家!

4　圆明园防渗事件强化国人的遗产意识[*]

时间：2005 年 4 月 17 日。

背景：圆明园湖底防渗工程的环境影响公众听证会将环保运动推入高潮。而此后，近一周时间内，没有任何官方行动，轰轰烈烈的圆明园防渗工程听证会后仍无下文。圆明园防渗工程的争论进入胶着状态。本人也接到许多电话咨询如何推进下一步环保行动，环保主义者们开始出现悲观情绪，而主要矛盾逐渐被掩盖和模糊。在这样的背景下，本人接受了《新京报》的采访，强调圆明园防渗事件对增强国人环保意识、遗产保护意识的重要意义。因此告诉人们，圆明园遗址公园已经被毁，即使如此，其意义也是不可估量的。

访谈动机（曹保印、王爱军原文）：3 月 22 日，世界水日。这本是平常的一天，没人会觉得它会和圆明园的命运联系在一起。然而，兰州大学客座教授张正春一声激愤的呐喊，让这一天不同寻常：因为湖底防渗工程的修建，圆明园正在遭遇环保危机。

圆明园，就这样再次以牺牲者的形象，悲凉地进入了我们的视线，持久刺激着我们的神经：我们是要帝王式的园林，还是要平民化的公园；我们是要悲剧式的民族遗产，还是要喜剧式的挣钱工具？我们是要健康的自然生态系统，还是要病态的人工制造场景？……

面对已面目全非的圆明园，我们必须回答这些问题。这些问题

---

[*]　本文核心内容发表于《新京报》2005 年 4 月 17 日，记者曹保印、王爱军（时事访谈员）。

的答案，不仅事关圆明园的命运，也关系着中国许多文化遗产的未来。

圆明园改造，从一开始方向就错了

《新京报》：圆明园西部的部分林灌被毁，与圆明园山形水系的恢复工程有关。对这种恢复山形水系的做法，你做何评价？

俞孔坚：所谓"恢复山形水系"，实际上是不可能的，也没有任何意义。原来，圆明园山上已经长满了植被，物种非常多，一片片的黄芦，一片片的荆条和紫穗槐等，非常漂亮。如果恢复山形，植被肯定要被砍掉，这就意味着终止一百多年自然演进的成果。恢复山形也没有依据，他们所依据的只是流传下来的图画，并不能够实际测出山丘原来是怎样堆的。何况，山形本身又不是十分精确的东西。

水系也是不可能恢复的。因为大环境已经变了。在圆明园被毁的时候，甚至上世纪 80 年代以前，地表水还是很多的。但是到了现在，地下水已经极度下降，接近枯竭，地表水已经没有了，所以，昔日的水景是不可能恢复的。既然现在是遗址公园，而不是从前的皇家园林，没有水又有什么关系？

圆明园遗址公园由两部分构成，一部分是它的历史文化，就是建筑遗址、地形遗址。另一部分是自然演化而来的生物群落，这也是遗址不可缺少的部分。两者不可分割的。不能说圆明园遗址的保护只须保护建筑的遗址，而不保护自然的遗产。所谓山形水系恢复工程的规划方向，从一开始就错了。

《新京报》：也就是说，包括防渗等在内的恢复山形水系工程，毁坏的不仅仅是文化遗产，还有自然遗产？

俞孔坚：是的。圆明园经过一百多年的演进，成了一个北京乡土的自然群落，要想让人们和子孙后代能够看到北京的乡土自然生物群落是什么样子，圆明园是独一无二的标本。可圆明园现在却彻底人工化了，贵族化了，现代化了，庸俗化了：灌木丛和乡土"野树"砍掉了，草坪铺上了，月季花、海棠花、玉兰花种上了。这也许曾经是没有烧毁之前的辉煌的圆明园的一部分绿化方式，但绝不是"圆明园遗址"应有的植被。

北京乡土不是皇家园林，不是海棠花、玉兰花。在北京这样半干旱的自然环境下，重建贵族式的圆明园，会把北京市拖累的。像圆明园现在的草坪和绿化美化方式，一平方米一年需要一吨水；再说，它让我们生活在一个虚假的空间中，离自然和遗址越来越远。海棠花上是没有鸟的，玉兰花上也没有，鸟是需要乡土灌木的。

防渗只是恢复山形水系的技术层面的事情。园方说防渗是不得已而为之，的确是不得已的，但前提是，为什么要恢复它的水？因为多年种植荷花、水稻，湖底长期有了淤泥，就已经是防渗的了，自然的防水层已经形成，更何况还形成了一个湿地生物群落。水岸上也有了丰富的植物群落，有柳树、栾树、榆树、荆条、紫穗槐等木本植物，还有丰富的草本植物，一个很自然的护岸已经形成了，没有了水土流失，同时与遗址乱石相结合，构成富有沧桑感的景观。如果"恢复"水系，就意味着全部破坏这种景观，意味着护岸重新做，防渗重新做，就是现在的结果。

《新京报》：你的意思，圆明园可以没有水？

俞孔坚：圆明园为什么一定要有水？圆明园一定要有水的想法就已经错了，因为它违背了遗址的概念。一定要让圆明园有水，是想看到康乾时的盛景。楼兰遗址，当时旁边还有河流呢。保护楼兰遗址，就要把河流也恢复了？这不是荒唐的事情吗？

圆明园要恢复水，其目的就是行船。在我看来，这是不懂遗址的价值。如果不是无知，就是利益的驱动。不懂遗址的价值，而专家指出了又不听，这就是"无畏"。

"文物"的概念，应该用"遗产"来代替

《新京报》：我们注意到，在此次圆明园事件中，环境保护部门的态度很积极，相比之下，文物保护部门则不够主动。这说明了什么？

俞孔坚：圆明园事件只是反映了我国文物保护、风景名胜区管理中出现的一些问题，不独圆明园，其他一些地方也是如此。这说明国家对遗产概念的模糊和重视程度还不够，并且反映出我们对"文物"的定义和认识是有很大局限性的。我们认为文物只是"物体"，而世界上关于遗产的概念早就不是这样了：文物只是遗产的一部分，环境也是遗产的一部分，遗产实际上是一个系统。而我们的历史文化保护的概念还很大程度上局限在孤立的物体。

《新京报》：文物的概念，应该用"遗产"来代替？

俞孔坚：的确如此。我们不但应该把文物的概念扩大到遗产的概念，相应地，国家还要成立专门的管理机构，这个管理机构是整体地保护遗产，而不是把单个的物体与整体的环境分割开。

这样，风景名胜区也应该定义为遗产。现在，风景名胜的概念在很大程度上局限于审美和旅游意义上，而美其实只是遗产的一部分，它还有生物多样性和生命系统演化的价值，反映地球演变的价值，反映历史文化和历史事件的价值，反映民族变迁的价值，反映文化交流和融合的价值等，它们都是自然和文化遗产构成的重要部分。

遗产是一个整体的概念，包括环境以及环境中的物体，包括自然的和文化的遗产，甚至包括生活其中的人和他们的生活。遗产可以是活的。自然和文化是不可分割的，如果只知道文化，不知道自然的系统，那是割裂的，因为文化本身就是对自然的一种适应。没有自然体系，哪有文化？没有北京西北郊原来的天然水文条件，哪有后来圆明园那样的布局？

《新京报》：在对遗产概念的认识，以及对遗产的重视程度上，

我们的观念是不是还有待进步?

俞孔坚:不错。比如,在这方面,我国的教育体制就存在严重问题,我们现在没有一个学位,甚至没有一个学科,是用来研究遗产问题的。事实上,文物是死的,而遗产可以是活的,遗产的概念可以包括生活在里面的人,以及整个自然演进的过程。我们对遗产的概念认识清了以后,就可以知道怎样更好地保护圆明园了。土地是美的源泉,劳动创造美,圆明园中原来的稻田和荷塘比现在的草坪美得多;只要通过严格的保护和认真的管理,用农田和生产性湿地代替现在正在恢复的湖面水域,将是未来明智的管理者的必然行动。当然要让管理者或决策者认识到这一点,尚须 10 年或 20 年的时间。这意味着,圆明园必须恢复到上世纪 80 年代以前湖区种田种地的景观。最经济、最简单、最能维护圆明园遗址公园性质的途径是:在原水面部分通过生态农业过程来维护圆明园的水系格局,而在原山上让自然演替形成北京乡土生物群落。让生态农业、自然演替和历史遗址一起,使圆明园成为一个活的遗产。

公地的悲剧要求决策与管理分离

《新京报》:有人认为,圆明园恢复山形水系的目的之一,是想谋求更多的经济利益。你怎么看?

俞孔坚:圆明园作为遗址公园,它的教育意义远远大于经济利益。圆明园是典型的、最好的教科书。你想,教科书必须以挣钱为目的吗?教科书不是武侠小说,也不是娱乐画报,因而,对圆明园,不宜把谋取利益作为价值取向。毕竟,它是自然、历史和文化合而为一的教科书。

退一万步讲,即使圆明园想挣钱,也要取之有道啊。古罗马遗址、古埃及遗址也可以挣钱,圆明园的做法之所以引起质疑,恰恰是因为把遗址毁了。靠什么挣钱?不是靠划船,不是靠做拙劣的、亵渎了中国园林艺术的护岸,不是靠名贵花木,而是靠更好地解释遗址，把遗址的悲怆感强化出来。靠什么强化？靠原有的乡土物种，靠成丛的灌木，靠成丛的榆树和椿树，因为这些北京乡土树种本来就有沧桑感。

现在，改造后的圆明园是把悲剧搞成了闹剧，把有着历史悲怆感的遗址变成了游乐园。你看莎士比亚的戏剧，最好看的还是悲剧啊，但如果你把悲剧演成了憨豆先生，哪还有莎士比亚？圆明园现在的做法，是砸了自己的金饭碗。不但如此，未来还要抱着这个破碎的饭碗，不断去修补，不断去维护，从而背上沉重的包袱。

《新京报》：在张正春教授通过媒体披露防渗工程前，很多人也都见到过它，但却没有人对此提出质疑。这是不是一种公地悲剧呢？

俞孔坚：这是一种公地的悲剧。圆明园的土地是国家的，所有权也是国家的，但管理权（更确切地说是使用权）却被下放到一个区，利益主体与所有权分离的改变使它成了一个公地悲剧。这是所有中国遗产都面临的问题。

《新京报》：怎样改变这种公地的悲剧？

俞孔坚：要改变这种状况，首先，建议由国务院成立遗产部。通过遗产部统筹这个事情，然后，理顺管理关系，统一监督、管理和使用遗产，并对纳税人负责。

其次，要把决策权与管理权分离。在保护和管理方面，独立专家应该具有参与甚至主导决策的权力，管理机构只是执行专家主导的管理委员会的决定。当然，专家说了话就不能随便不算数，对专家也要问责。这就意味着专家委员会必须是固定的，必须设立首席专家，有人专门承担责任。专家应该是独立的，必须独立地代表他的知识来行使权力，专家不能归属于任何一个利益团体。

再就是理顺监督机制。监督机制包括听证会、媒体报道、专家意见、公众意见等。决策权还是应该交给专家委员会，因为涉及到专业的问题。

圆明园事件，正唤起环境保护运动

《新京报》：环保是圆明园事件中最突出的问题之一，民众关注的热情很高。由此，可不可以说，它在一定程度上强化着民众的环境危机意识？

俞孔坚：可以这么说。圆明园事件的意义的确非常大，它可能大大强化今后一个世纪中国人的环境保护意识和遗产意识。

上世纪 60 年代初期，美国生物学家蕾切尔·卡逊出版了《寂静的春天》，主要讲美国的国鸟白头鹰的故事。当时，美国的环境被破坏以后，连这种国鸟都快死光了。寂静的春天，就是听不到鸟声了。卡逊把这个事情写出来，以国鸟的悲剧唤醒了民众。这才有了美国的环境保护运动，这个运动一直开展到现在，并且扩展到全球。

白头鹰是美国的国鸟，圆明园是国宝。如果连圆明园的遗址都破坏了，可见我们的环境破坏问题是何等严重。我希望圆明园的牺牲意义，能像当年美国国鸟的悲剧那样，把环保危机意识推向高潮。

和谐社会建设，需要尊重足下文化与野草之美

《新京报》：在圆明园事件中，你积极倡导足下文化与野草之美。你所谓的足下文化与野草之美是什么？它们的魅力何在？

俞孔坚：我所说的野草之美，就是善待脚下的自然，乡土的自然，也就是白话的美。野草来自这块土地，归属于这块土地，我们足下的土地。足下文化就是平常人的事情，讲的是关注平常人，他们的感情、他们的需要。白话的美，也就是自然的、平常的美，而不是花枝招展的美。一个成熟的民族，懂得审美的民族，最能知道珍惜这种平常的美。

可是，一百多年前的审美情趣，到现在还根深蒂固，所以有人认为皇家的是美的，金碧辉煌是美的，颐和园的木兰堂是美的。士大夫的景观、帝王的景观、贵族的景观成了我们要追求的东西，而

把平常的美忘掉了。圆明园要恢复山形水系，就是想恢复贵族的、士大夫的美，而我们需要的恰恰是平民的、自然的美。这个自然是真实的自然，而中国古代所说的自然，好多是假的自然，它是要贵族式地去维护、去照顾的。圆明园是当时一个强盛帝国用 150 多年时间、不惜帝国的财力造出来的，并赖以同样的财力去维护的。

不能再造贵族式的园林，因为它的维护成本很高，会给未来的圆明园背上沉重的包袱。如果维护不好，造成水土流失，草坪烂在那里，真正的外来杂草就会入侵，就会使土地荒芜。荒芜就是普适性的杂草侵入，然后再经过很多年的演进，最后真正的乡土群落才会恢复。100 年的时间相当于三四代人，圆明园把经过长期自然演替形成的乡土群落铲光，就意味着这三四代人不知道圆明园遗址是什么样子。说穿了，就是三四代人没有一本很好的历史与自然的教科书了。

我们现在要批判这种贵族的、士大夫的、暴发户的意识。它追求贵族和皇家的繁华，把地形堆得光溜溜的，还种上草、铺上花，并不考虑真正的自然应该是什么样的。

《新京报》：在圆明园里，常常可以看到"不准采摘野花野草"的标牌；而与此同时，管理者却大规模砍伐林木，毁坏植被。这种对比很是耐人寻味。

俞孔坚：我注意到了这种现象，还拍了对比照片。为什么普通的游客和老百姓连采一点野花野草都不允许，而管理者却可以开动五六台挖掘机来搞"三光"，这是与我们这个社会的性质相符的吗？所以，尊重普通人，如同尊重普通的乡土物种，这便是我倡导的足下文化与野草之美。做到这一点了，和谐社会与人地关系的和谐也就不远了。

5 圆明园工程事件在检验当代中华民族的价值底线

时间：2005 年 6 月 19 日。

背景：2005 年 6 月 16 日，知情人士向"自然之友"透露了环评报告内容，并传出"圆明园环评报告即将出炉，该环评报告将从总体上支持圆明园湖底防渗工程"的消息，称该报告最迟将于周一送交国家环保总局（见《新京报》2005 年 6 月 18 日，记者郭晓军、郭少峰）。而此前，圆明园防渗工程的设计者和一些水利专家又掀起了支持防渗工程的舆论攻势。就在 4 月 20 日，在北京东方广场 3 楼，11 位专家一边倒地支持圆明园防渗工程，发出了：圆明园搞经营有理、防渗无错的声音，试图推翻听证会的成果。称圆明园防渗工程的"公众参与"不但有失规范，而且浪费了"国家的管理资源"；有的专家甚至提出："不但要铺膜，还要把圆明园的杨树尽数砍掉。"理由是"杨树活 30 年就得枯梢，而且杨絮是非常不好的"；"在大生态不改变情况下，过分强调圆明园 350 万平方米的小生态是没有意义的"；"如果圆明园不防渗，对地下水的亏空（56 个亿）也只是杯水车薪"。"防渗工程是非做不可！"（见《中国青年报》2005 年 4 月 22 日，记者董伟）。这些专家的声音带来了十分消极的社会影响，造成大众的价值观的混乱。一时间，环保人士万分着急，担心一旦环评报告果真认同防渗工程，并被环保局接受，关于圆明园工程的天平将借"科学"的砝码，向支持防渗一方倾斜，环保运动将倒退，后果严重。6月17日下午，"自然之友"召集京城部分专家学者进行紧急磋商，本人并非"自然之友"成员，受邀参与这次会议，面对带有不安情绪的环保人士，本人提出必须先让社会明白："任何有害于完整性和真实性的工程都是错误的，即使环评报告100%支持防渗工程，也不能成为目前正在进行的圆明园改造工程的依据和借口。"这一提议通过《新京报》传达出去，被广泛转载。接着，6月19日，再次接受《新京报》记者郭晓军的采访。在此采访基础上，整理了两篇文章：《圆明园事件在检验中国当代的价值底线》和《环评不是改造圆明园的充分条件》。而当时，出于社会和谐安定考虑，媒体对圆明园的报道已被严格审查，所以，只有第二篇文章得以在7月6日见报。另一篇未能发表，现收入于此。

技术本身不带有价值和道义标准。而圆明园遗址的大规模改造恰恰需要以历史文化的价值判断和生态环境的道义为前提。

可以举个简单的例子来说明这一点，在还没有明确大熊猫该不该杀的情况下，就去讨论偷猎者捕杀技术的先进性，讨论其是用枪还是用刀子更科学合理，这显然是荒唐的。再举个例子，美国"9·11事件"，爆炸大楼的技术非常高明，但是我们在讨论这个事件的时候，绝不会因为其爆炸手段的高明而给予肯定，相反，应该毫无疑问地谴责这一恐怖事件，这是一个基本的道义，是文明人类在基本价值标准下的判断。

技术既可以被天使用来播撒美丽，也可被魔鬼用来行使罪恶。科学技术只有插上伦理和道义的翅膀，才能成为播撒美丽的天使。如果把圆明园肆无忌惮的改造工程理解为一个技术的合理性问题，同样是荒唐的。如果不是有人故意避重就轻，扰乱公众视听，以逃避重大的价值问题，至少也是无知的。所以，在认同圆明园是国家级文物和遗址的基本定性下，能否容忍其中的林灌大肆砍伐，能否容忍历史地貌被粗暴"整形"，能否容忍历史湖岸被彻底翻新，已经触及一个文明民族的价值底线和道义底线。

我认为的道义的底线包括4方面的内容：

一、一个民族到底有没有基本的价值标准和环境伦理。圆明园问题是一个非常明显的破坏遗址、破坏环境的问题，现在变成一个技术问题来讨论，这是借助技术的名义愚弄大众，把基本的价值观给忘掉了。

二、一个民族还懂不懂得基本的审美，还有没有美感。我实地考察过的圆明园的驳岸，管理者认为是在美化环境，而实际上是彻底毁坏掉了原来的驳岸线，取而代之的是以水泥彻底防渗，在我看来，圆明园管理处明显地把丑的当成美的，这是美丑不分，这种做法是在侮辱一个民族的审美观。

三、到底有没有法律底线。作为国家文物保护单位，遗址是受国家法律保护的，圆明园改造工程在未经文物部门允许的情况下擅自开工，是对我国法律的公然挑战。就像清华大学的李循教授所言，本身这个工程就是违法的，还探讨什么技术问题。

四、如果圆明园改造工程指鹿为马，颠倒黑白，则是对纳税人和公众的蔑视。圆明园贴出的一个公告说，禁止游客采摘野花野草，可管理处自己用五个推土机，大肆铲平灌木、林木。圆明园作为国家的公共资源，怎么能"只许州官放火，不许百姓点灯"？这是对公民意识底线的挑战。

第一，从专业角度来讲，防渗工程只是圆明园改造工程一个很小的问题。最大的问题是，圆明园管理处在破坏原来的大量植被，包括周边和防渗工程中以及包括西区的破坏，几乎把那里的原生林木、灌木等植被彻底毁坏。如果说，这是他们的无知，我们可以原谅，但是，他们说他们砍的是小灌木和一些枯死的树。

这是对我们的攻击和撒谎，这是无视公众批评监督，用撒谎、狡辩的方式对待公众的批评和监督。这种做法无论在法律和道义上都是不能容忍的。

假设他们不是无知的，原来的灌木、乔木在那里生长了100多年，已经形成一个乡土群落，有丰富的物种和上百种的鸟类和兽类栖居，现在彻底被毁掉了，生态破坏非常明显，破坏树木，其本质上就是破坏了环境，而环评报告并没有将其列入其中。

第二，破坏原生植被而改之以种上草坪、花灌木以及非本土观赏植物，耗费大量的人力、物力和财力，维护成本非常高，需要大量的水进行浇灌。以草坪为例，圆明园方面号称防渗工程是节水工程，事实上，为维护草坪，每平方米一年就需要1吨水，根本就不节水，而原生的灌木、乔木本是不需要浇水和管理的。如此5000亩的地方，以观赏园林的方式去改造，不仅劳民伤财，而且在经济上也是不可持续的。

第三，公园的功能是为城市解决生态问题，而不是相反。而圆明园的防渗工程却需要城市向其输水，本来北京市就严重缺水。防渗工程并没有从公园绿地在城市中的功能出发，而仅仅是从圆明园公园本身的发展出发。

第四，圆明园究竟需不需要水？作为遗址公园，圆明园方面要恢复以前的"山形水系"的景观是荒唐的。他们忘掉了圆明园是一个遗址公园，它的价值在于遗址价值，没有必要恢复到当年康乾盛世的景观。即使要修复，也应该按照文化遗产来维护其真实性，而原来的驳岸毁掉了，改成了水泥，这就破坏了遗址的价值。

为什么要在圆明园的湖里划船？我们可以去颐和园里去划船嘛。

要恢复原来有水的景观是不可能的，原来北京西郊到处都是有水的，现在地下水位下降，地表水的蒸发非常厉害，是降雨量的2到3倍，水面越大，蒸发量就越大，因此，最好的节水方式是让水返回地下，这样的蒸发量最小。如果大家都要有水面，这对于整个缺水的环境来讲是雪上加霜。

圆明园防渗工程号称是节水工程，只是从圆明园本身来考虑，而没有将其作为北京市的一个园林、绿地和水系来考虑。

6 环评不是圆明园改造工程的充分条件*

7月5日，圆明园环评报告公布。

在我看来，环评报告只是针对一个铺设防渗膜的具体技术问题，而圆明园作为遗址公园是具有多重价值的，一个通常意义的环评报告是绝对不够的。环评是一切工程的必要条件，但绝不是圆明园改造工程的充分条件。

在圆明园的多重价值中，最重要的是作为遗址的价值。所谓遗址是文化遗产的一种，联合国教科文组织对遗址的定义是：在历史学、美学、人种学或人类学方面具有突出价值的人类作品或自然与人的共同作品，以及包括历史遗迹的地区。圆明园尽管目前还不是一项世界文化遗产，但至少是国家级的文化遗产。它的价值包括历史学的、美学的和生态学的；它的主要功能是历史教育、自然教育、审美启智和改善生态环境（包括区域性的和地域性的）。任何试图恢复其当年"壮丽景象"的工程，同任何试图将其改造成为一个娱乐公园的工程，都是有悖于遗址性质的。

在对待圆明园的问题上，必须首先明确它作为遗产（遗址）的价值，然后才能谈改造工程在技术上是否可行。基于世界公认的标准，联合国教科文组织明确规定，文化遗产必须满足真实性（authenticity）检验。真实性就是反对复制作伪和假冒的原真特性。判

---

* 本文首次发表于《新京报》2005 年 7 月 6 日。

别真实性的判断依据包括：遗产的形式与设计、材料、利用方式、传统技术与管理、位置与环境、言语和其他非物质遗产、精神与感受，以及其他内在和外在的因素。

这样，对照不容否定的事实，我们只要用基本的常识，就可以对圆明园改造工程的是非做出判断：从形式和物质真实性看：防渗工程中彻底毁坏原有驳岸，代之以水泥勾缝的石质硬化护岸，是对真实性的彻底破坏：因为无论从设计形式、材料、技术和非物质精神感受以及和环境的关系上，都是彻底破坏性的和不可恢复的。稍有中国传统园林修养的人都明白，假借美化和改善环境为由的水岸改造工程是何等的丑陋，不但严重破坏了遗址的审美和启智功能，也亵渎了中国传统园林艺术，更无真实性可言。

从精神与感受的真实性看：除了形式和物质的真实性，经过100多年来的演替所形成的乡土植被，杨、柳、榆等落叶乔木，与原有建筑和假山遗址一起，共同形成了圆明园悲壮而苍凉的“真实的遗址感”。这种遗址感是精神的，是遗产真实性的有机构成部分。现行的改造工程伐掉大面积的林灌，代之以草坪、观赏花卉的园艺栽培品种及各种外来观赏树木。任何有基本文学修养的人都可以判断，这是对圆明园遗址真实性的莫大损害。

从利用方式看：作为遗址公园，圆明园的主要功能是历史教育、遗址的悲剧美学体验、北京的乡土自然教育和自然体验。现行的改造工程却以游乐甚至娱乐为功能导向，严重破坏了圆明园作为遗址公园的真实性。

所以，就圆明园本身来讲，首先应该从遗址和文化遗产的角度来看它的价值；就进行中的圆明园工程来讲，首先应该从历史学、美学角度，以是否损害遗址的真实性为基本标准，从设计和形式、材料和利用方式，从精神体验和感受等方面，来综合评价和判断。

而目前试图通过技术的环评来决定现行工程是否合理，是远远不够的，在某种意义上说是一种对公众的欺骗。因此，即使环评报告支持防渗工程，也只是盗用科学的名义来进行非道义的工程，更不能作为继续改造工程的依据和借口。

7　关于"圆明园东区的防渗工程环境影响评价"的几点意见

时间： 7月5日下午5时。

背景： 7月5日，圆明园环评报告公布。再次接受《新京报》采访，并以书面形式表达了对环评报告的意见。一方面肯定了报告的工作，同时，指出其不足，进一步强调环评报告即使百分之百赞同防渗工程，也不足以支持圆明园的整治工程。环评是必要条件，而非充分条件。旨在进一步唤起人们对遗产的认识。

（1）这个报告是有明确前提和限定的。

限定：它是关于"圆明园东区的防渗工程环境影响"的评价，不是圆明园正在进行的全面改造工程的评价，如不包括西区的砍伐林灌和地形整改、铺设草坪和种植花灌等对圆明园遗址公园的生态和遗址的真实性等有严重破坏的工程。

前提：圆明园在一个干旱缺水的环境下，需要有水或恢复当年"万园之园"的水景观。而对一个遗址公园来说，这个前提本身是不能成立的。

（2）在其所定义的前提和工作范围内，环评报告总体上讲是客观的、认真的；所下的结论是谨慎的，有一些结论是明确的，但许多方面是不明确和含混的。

（3）在防渗工程对主要的生态和环境的破坏方面，报告有明确的结论。

第一，防渗工程实际上破坏了原有大部分湖区的天然黏土防渗层，而黏土防渗是最生态和经济的防渗材料；所以，在部分湖区防渗工程本来就没有必要，而在其他部分湖区完全有更好的防渗措施，如利用黏土；再说，也完全可以避开渗漏严重的湖区，没有必要都蓄上水。

第二，防渗工程造成了水生生态系统的严重破坏；大量原有的水生生物，岸边的湿生植物，大片的芦苇、菖蒲、慈姑等被彻底清除，同时使大量动物种类消失，"整个区域的生物多样性锐减"。这对一个北京地区难得的半自然保护地来说，是最大的损失。

第三，报告明确指出，即使做了防渗工程，要维护水质，每年仍然需要 400 吨的补水，所以，所谓节水是十分有限的。

从这几点来看，防渗工程第一没有必要，第二破坏性很大；第三可以有更好的方式。

（4）对报告其他几点结论的评论：

（a）防渗工程的防渗性越好，对地下水的补充作用就越差，而北京缺的正是地下水，圆明园是一块难得的、较为干净的地下水补充源。所以防渗工程不但破坏了圆明园本身的生态环境，也失去了其应有的对改善北京城市环境的功能，却反而成了环境的负担。

（b）报告认为防渗工程对陆生生态的破坏不明显，这是因为：第一，环评工作并没有包括山体改造和西部"化妆"工程的视觉和审美评价；第二，有待更长期的观察数据来证明。

（c）报告认为防渗工程对遗址的美学价值有严重影响，但报告认为这种影响是可逆的。这个结论是不全面的，因为遗址公园最主要的审美标准是真实性，从材料、设计形式等各个方面来说，驳岸改造工程都有悖于真实性，是假冒或是彻底破坏原有遗址的。

（5）已经做完的工程怎么办？

从经济和技术角度，已经做完的工程怎么办，报告表达了一种无奈，如果拆掉会带来经济损失，同时会使湖底渗漏更加严重。我的观点是：

第一，从道义上讲：如果我们认为猎杀野生动物是违法的，而为了纠正和杜绝这种行为，必须将缴获的野生动物毛皮销毁，那么，我们为什么可以姑息圆明园改造工程中的这种违法和错误的行为？如果因为怜惜经济损失，在一个遗址公园内保留违法和错误的防渗膜工程，就像把缴获的野生动物毛皮拿到街上去卖一样，荒唐而失去基本的道义。

第二，从技术上讲，湖底渗漏不是坏事，北京需要地下水补充；圆明园也不一定需要有水，它需要一种遗址的真实性，而不是"万园之园"的真实性，更不需要娱乐公园的真实性。

为了防止圆明园生态系统的退化，保障遗址公园发挥基本规划功能，在目前北京市水资源十分短缺的情况下，圆明园必须采取综合的节水与补水措施，包括雨洪利用。

8　关于国家环保总局整改决定的看法

时间：2005 年 7 月 7 日。

背景：2005 年 7 月 7 日国家环保总局副局长潘岳向新闻界通报，同意清华大学的环评报告书结论，要求圆明园东部湖底防渗工程必须进行全面整改。潘岳指出，圆明园东部湖底防渗工程因未批先建违反《环评法》而被叫停后，圆明园管理处委托清华大学等单位对其进行了环境影响评价。环保总局对日前提交的环境影响报告书进行了认真的技术评估和审查，认为该报告书的结论是实事求是的。为防止生态系统的持续退化，在北京市水资源严重短缺、地下水不断下降的情况下，圆明园确有必要采取综合的节水与补水措施，以防止湖水的过度渗漏。但由于该工程是在重要的人文遗迹内实施，且事先未进行环境影响评价，缺少对湖底防渗工程合理性的充分论证，没有对各湖体的地质条件和环境影响等进行深入研究，因而未能选择更加适宜的防渗方式，铺设防渗膜阻碍了天然地层中地下水的下渗过程。整改内容包括：第一，对圆明园东部尚未实施湖底防渗工程的区域，不再铺设防渗膜，全面采取天然黏土防渗；第二，绮春园除入水口外，已铺的防渗膜应全部拆除，回填黏土和原湖底的底泥。湖岸边不能再铺设侧防渗膜；第三，长春园湖底高于 40.7 米的区域要立即拆除防渗膜，回填黏土，湖岸边也不能再铺设侧防渗膜；第四，对福海已经铺设的防渗膜进行全面改造。以砂石为主的回填区域，要去除掉表层的沙土，铺设上天然黏土，原湖底的淤泥要全部回填。潘岳表示，圆明园遗址公园记录了中华民族的沧桑历史，具有重大的生态、人文、社会价值。国家环保总局叫停圆明园防渗工程后受到社会各界的高度关注，该工程从叫停到听证、环评、评审直至决策的全过程，环保总局都依法向社会公开，希望能借此推进环境决策民主化的进程，并提供一个重要而公正的平台，使公众的各种意见建议能得以广泛而深入的交流；通过一种透明而公开的形式，使政府的执政行为能随时接受公众与舆论的监督，有利于提高我们科学决策、民主决策、依法决策的执政水平。环保事业不是少数人的事业，是全民的事业，需要全社会的共同行动。公众对圆明园工程自始至终的积极参与，说明可持续发展理念正在日益深入人心，对大幅度提高全社会尊重自然规律的认识水平，促进人与自然、人与人、人与社会的和谐，构建社会主义和谐社会具有重要的价值。

至此，具有里程碑意义的、全民参与的圆明园遗址公园保卫战告一段落，并获得前所未有的胜利。尽管这种胜利并不彻底，整改措施也并没有完全符合生态与遗产保护的要求，但毕竟在科学与民主的道路上迈出了可喜的一步，应该欢呼。为此，当日下午，以书面形式再次接受了《新京报》的采访，文字整理如下。

正确的决定：国家环保总局的决定是正确的、值得全国人民的欢呼，做了他们应该做的事，体现了执政为民的思想，表明了政府职能部门在落实科学发展观和科学决策、民主决策上的一大进步。无论对中国的科学民主进程，还是对环境保护运动来说，都是具有深远的历史意义而值得我们纪念的，在中国的环境保护运动史上留下了光辉的一页。

民众的力量：这也是一次公众参与环境保护行动的伟大胜利，是对中华民族道义底线的一次考验。事实证明，我们的媒体、广大民众、民间环境保护团体和广大专家，与政府部门一起，可以为中国的环境保护组成坚强的阵线。在中国全民环境保护运动史上永远值得纪念。

并没有完：圆明园的工程错误并不仅仅是东区的湖底防渗问题，还有更严重的破坏遗址和生态环境的问题，包括西区大量林灌砍伐和乡土植被的破坏以及地形和护岸的破坏，也应该做出更全面的整改，恢复乡土植被，用对待遗址的态度来认真进行恢复工作。同时，有关部门应该从技术之外的法律、管理等各个方面，更彻底地纠正圆明园工程的违法破坏行为，给全国人民一个更圆满的交代。

悲剧意义：圆明园第二次扮演了悲剧的角色，而这种悲剧的意义却是积极的，正如当年圆明园被烧毁而唤起中华民族的存亡危机一样，从而唤起了此后一百多年的民族自救和复兴运动；这次圆明园悲剧，唤起了民众的环境危机意识，并演绎为牵动全国人民的环境和遗产保护行动。使牺牲的意义得到的彰显，对中国未来的环境保护有非常重要的意义。

9　圆明园的出路：最宜作为北大和清华开放式校园

2007 年圆明园修复工程再次以"迎奥运"的名义堂而皇之地大规模开展起来，社会上关于圆明园的出路问题，争议再起。应《北京科技报》之约，2007 年 12 月 26 日，作者又发表了《圆明园最宜作为北大和清华开放式校园》的文章。

试图恢复和维护圆明园往昔碧波荡漾的皇家园林景观，即使有可能，也是不可持续和不符合当代环保理念与遗址公园性质的。而圆明园目前的经营与管理方式也与遗址公园的性质相去甚远。从遗产保护和可持续的经济与环境理念，以及社会进步和中华民族长远的发展考虑，圆明园未来的出路有上、中、下三策。

上策：作为北京大学和清华大学开放式校园的延伸。理由是：第一，两校校园都是在原清代皇家园林基础上选址兴建，并含有圆明园的部分园林，与圆明园仅一道、一墙之隔，有着本来的历史和地理联系；第二，作为中国最高学府，北大、清华校园的使用功能与圆明园遗址公园的公共教育性质和开放性质相兼容；第三，从目前国内外的经验和北大、清华两校园的管理现状来看，历史文化遗产和遗址交给大学来管理是最安全和最能发挥其教育价值的。人才培养和教育事业乃国家长远发展之大计，两所大学，特别是北京大学的校园面积与同规模的国际一流大学如哈佛、斯坦福等相比，不足其五分之一，甚至十分之一，拥挤的校园已经严重影响学校的正常教学活动，更谈不上满足未来必须面临的发展需要，以至于导致目前北京大学为发展新学科，不得不拆除原有建筑，加盖新楼，结果导致校园历史风貌的损毁；第四，目前的圆明园相当于北京大学校园的四倍，内有大量的平地，使用率非常之低。这些空地如果仍用常规的园林绿化方式去种植和管理，将耗费大量的人力和物力，而且不可持续。而这些空地恰恰是建设研究院和系馆等教学和科研设施的最佳场所，不但不会损害原有场地上的遗址，而且，通过精心设计，还可以相得益彰。两校内的未名湖（勺园）、清华园就是保护与利用相结合的典范。因此，将圆明园作为北大、清华两校的校园，明确管理职责，必将大大改善圆明园遗址公园的保护和利用，同时缓解两校，特别是北大校园用地紧张矛盾，真正发挥圆明园勿忘国耻、振兴中华的价值。

中策：复耕圆明园湖区。占地 5000 多亩的圆明园遗址公园，有近 3500 多亩属湖面，这些湖区大多已无水可蓄，即使做了防渗膜的部分湖区，在目前和未来北京严重缺水的现实面前，也必然不可持续。对于偌大的平坦湖底，最好的管理和利用方式是复耕种植五谷。当然对原有湖岸的驳岸和陆地上的地形要谨慎保护其原貌。理由有四：第一，农耕景观与遗址景观相兼容。浅根性的农作物，构成整齐纯然的背景，使圆明园遗址公园的地形和建筑遗址得以更充分的展现，农耕景观不会破坏遗址的完整性和真实性；第二，与历史相符。在成立圆明园遗址公园之前的相当一段时间内，这些湖区土地就被开垦种植稻米、莲藕，是丰产的良田，复耕具有历史真实性；第三，社会文化意义。在耕地极其紧张的今天，珍惜与合理利用每一寸土地是时代的召唤，湖区复耕反映了民族忧患意识；第四，休憩价值的提升。国际的研究表明，城市中的农田景观比通常的园林景观对城市居民来说更具有吸引力，同时对青少年的教育意义、土地意识的培养更具有价值，更何况在一个曾经是皇家园林里的农田景观呢！第五，经济上的可持续性。丰产的农田不但有可观的经济收入，解决就业，同时，其管理技术要求和成本都比园林绿化、美化要低得多。因此，恢复湖区农田景观，将其作为遗址展示和体验的背景，不但适宜，而且可行。

下策：生态恢复，建立自然与历史遗址的双重保护地。目前，圆明园公园内的大量乡土植被在前一段的整治过程中，已经被破坏殆尽；而取而代之的园林草坪和"观赏花木"，也因为管理的要求不能满足，而不能健康繁衍，最终将很快在自然演替的过程中被淘汰。圆明园毗邻西山自然区域，土壤和水分条件很好，如果遵循生态与环保理念，经过十几、几十年的时间，可以恢复成一个近自然的生物栖息地。大量的鸟类和小动物将随之而来，以此为家。所以，长远来看，圆明园可以恢复成一处北京平原地区难得一见的自然栖息地，与园中的建筑和地形遗址相得益彰，成为一处具自然与文化双重功能的教育基地。历史文化遗址在自然而生态的基底上，形成一个遗产网络。我们需要做的只是建立一个环境解说系统和一个步道系统，讲述自然与历史的故事。

19世纪圆明园被烧是圆明园的不幸，它换来了中国人民反帝反封建的救国运动；今天，如果圆明园遗址不能被用作北大和清华大学的开放式校园（圆明园遗址保护与利用之上策），我们的后代将为我们这代人的狭隘和短见而遗憾。这绝非因为本人是北大一员之偏见，而是作为一个了解、热爱圆明园，期待祖国振兴的中国公民的坦言。

上述理想的实现有赖于社会各界以及各级主管部门的广泛认同和精心规划。

怀念周维权先生[*]

2007 年仲夏，洱海之西，薄风阵雨中，我行走在苍山脚下的田野里；葱绿的稻田上，镶嵌着一块块方正的玉米地；几把彩色的雨伞在田埂的线谱上跳动，由近及远，消失在绿荫掩映的村落里；白雾沿着山坡的林冠升腾入空，一切尽在飘忽与迷幻之中。我一直在想一个人，周维权先生，他就来自于我脚下的土地，却刚刚从我所来的北方大地上仙逝，轻轻地，不声不响，却如这眼前的白雾那样纯然清新。我的眼睛一直模糊，不是因为这雨，而是因为悠然而持续的悲凉和敬意。

与周先生无任何学界的门户之缘，我对他的怀念与哀思，发自我内心深处对这位前辈深深的敬意。这种敬意源自他精彩至理的文字和与他的有限、却至今清晰在目的几次接触。一次是我本人 20 年前的硕士论文答辩会，他是我的导师陈有民先生的好友，当时周先生与王秉洛先生，还有已故前辈汪菊渊先生同为我的答辩委员会委员。我的研究题目是风景美学的定量化探讨，当时在国内鲜有先例。周先生听完我的汇报，闭目沉思良久，然后轻轻地、用非常平

---

* 本文先后两次被《中国园林》和《风景园林》拒绝刊登，理由是文章引用了周先生关于中国古典园林"国粹"反思的话，以及作者倡导"五四"新文化精神。不得已，将文章发到网上，流传甚广，后来在《中华建筑报》（2007 年 9 月 15 日）以"鸣鹤于九皋，声闻丁野，周维权先生千古"为题得以刊出。

和的声音，问了一个关键的问题："风景是连续的，你的49张单一幻灯的逐个评价能代表人的连续感知吗？"我用电影蒙太奇的原理说明连续的场景可以由多个离散的画面来构成，因为人的感觉本质上是主观的，这种主观的感觉是因为人的生理能力所决定的等等。先生听完，点点头，静静地微笑着，靠在座椅上，然后就是鼓励的话语。这画面至今如此清晰。此后，便是几次会议的野外考察同行，每次他的脖子上都挎着过了时的135相机，收集资料，总让人感觉是个学生的样子，谦逊而安静地在不断汲取着营养。

十多年后的2001年夏天，我邀请周先生做我的学生王志方和孙鹏的答辩委员会委员，学生的研究题目是云南的乡土景观，当然是先生最熟悉的领域了，又是关于先生家乡的。他欣然同意，并认真帮助指导他们的论文。答辩完后，我请周先生与我的所有学生一起吃饭，在一个十分拥挤、简陋的餐馆里，除了周先生，我就是年纪最大的了，所有在场的人都是周先生孙子辈的。周先生上座，我们挤在一起，很热，却如此开心。先生话语很少，却总能感觉其智慧的灵光，并给人以鼓舞。然后他坚持要自己走路回家。我还听云南建水当地的领导说，周先生后来还专门跑到我学生研究的哈尼族村寨黄草坝，去实地考察，验证我学生的工作。那时，先生已有75岁高龄了，令我感佩不已。

最让我油然而生敬意的是先生对中国古典园林的透彻研究和至深的理解。当我读到周先生《中国古典园林史》（第二版）的最后一段总结性文字时，不禁拍案叫绝，感叹一位老前辈竟然有一颗如此蓬勃向上、创新求真的心。先生说："人类社会过去的发展历史表明，在新旧文化碰撞的急剧变革时期，如果不打破旧文化的统治，'传统'会成为包袱，足以强化自身的封闭性和排他性。一旦旧文化的束缚被打破、新文化体系确立之时，则传统才能够在这个体系中获得全新的意义，成为可资借鉴甚至部分继承的财富。就中国当前园林建设而言，接受现代园林的洗礼乃是必由之路，在某种意义上意味着除旧布新，而这个'新'不仅仅是技术和材料的新、形式的新，重要的还在于园林观、造园思想的全面更新。展望前景，可以这样说：园林的现代启蒙完成之时，也就是新的、非古典的中国园林体系确立之日。"

这文字像是宣言，何等铿锵，让人不敢相信这是出自一位身材矮小单薄而略显柔弱的老人；这文字如同"五四"新文化时代，同样来自清华园里的呐喊，让人不敢相信竟然出自一位从不大声说话、平静若秋水的前辈。其睿智与深邃，源于先生对历史的精深探究；其高远与先知先觉，源于其广博、宽容与深厚。

当下，应大理州政府之邀，来此苍山洱海，先生之家山故土，进行景观规划与乡土遗产研究。学生们与我走上了周先生曾经走过多次的田埂，探寻先生曾经探访过的村寨，触景生情。问那一平如镜的洱海，堪比先生之宁静乎？看那缠绵迷雾里的苍山，堪如先生之深邃乎？

"鸣鹤于九皋，声闻于野。"周维权先生者，真学者也！

2007 年 7 月 30 日于北京

代后记：
土地与城市十年：求索心路与践行历程

过去十年，作为一个城市规划与景观设计学的实践者、教育者和科研人员，我有幸见证了中国大地上翻天覆地的巨大变化，并有幸参与其中，成为这种巨变洪流的一小分子。以个人角度来回顾和认识这十年来中国大地景观的演变，以及城市和景观规划设计学科和实践的发展，是一件每个人能做、且需要做的事，由此可以构建关于这种认识的群体智慧。本文更确切地说是一个心路历程，是一个面对中国重大问题的思考和求索答案的过程。

一、城市十年的宏观背景

有关公开的统计数据告诉我们，过去十年，中国的 GDP 增加了约 12 万亿，城市化人口增长近 10%，相当于 10 个澳洲的人口，城镇建设用地增加了 280 万公顷，相当于 5 个上海；而与此同时，耕地减少了 250 万公顷，相当于 1.4 个浙江省的耕地。在这十年中，我们看到高速公路在中国大地上蔓延，到 2007 年底，高速公路总里程达到 4.1 万公里，居世界第二位，中国的行车族在享受四通八达的畅快的同时，我们却看到广大的土地变得破碎，乡土社区被分离，自然过程和生物流被切割。2006 年 5 月 20 日，三峡大坝最后一仓混凝土浇筑完毕，这标志着世界上最大的水利枢纽工程主体工程完工。除了建成世界最大的大坝外，中国还有世界上最多的水坝，共计 2.5 万多座（而美国仅有 8700 多座），中国地表水系统发生了毁灭性的改变，大量河流死去。1998 年中国经历了 20 世纪最大的一次洪水（长江洪水水位最高，尽管洪水总量不是最大），"严防死守"成为妇孺皆知的口号；于是，在此后的十年里，我们看到的是百年一遇、五百年一遇的防洪堤牢牢锁住了长江、黄河、珠江和漫长的海岸线；随之，我们又看到长江的白鱀豚消失了，太湖蓝藻泛滥了，洞庭湖的鱼大片死亡……这十年里，全球气候变暖的阴影笼罩整个世界，并越来越令人毛骨悚然，如果海平面的上升和沙漠化尚离我们较远而使我们无动于衷的话，当看到发生在眼前的日益干枯的河流、大面积消失的湿地、日益下降的地下水位时，我们的危机感就不再是杞人忧天的了。作为对干旱缺水的应对，我们看到南水北调工程在延伸，不久，将成为中国大地上又一道"亮丽的风景线"，横跨南北。从 1999 年昆明世博会开始，到 2008 年北京奥运会和即将举办的 2010 年上海世博会，中国城市的美化运动可谓此起彼伏，我们看到因此而出现的超尺度的公共建筑和市政建设，大马路和大广场，创造了这个时代中国式的城市景观。2006年初，《中共中央国务院关于推进社会主义新农村建设的若干意见》作为中央一号文件发表，由此，景观巨变的洪流从水、路网络和城市，蔓延到广大乡村和土地；而就在此时，发生在四川汶川的大地震，使山川毁容，城市毁灭，道路断绝，恐怖的景观埋葬了 8 万生命。所有这一切，都发生在过去的十年中，中国大地景观的巨变，五千年未尝有过。

城市和景观是社会形态的反映，是社会的价值观、审美观和整体意识形态在大地上的烙印。从这些大地景观格局与过程的巨变中我们也在觉醒，在认识人与自然和谐的意义，在领悟生存的真谛。在经历 1998 年的大洪水后，1998 年 10 月 20 日，中共中央、国务院发布了《关于灾后重建、整治江湖、兴修水利的若干意见》，随后，从 1999 年开始，党中央、国务院为改善生态环境作出了实施退耕还林和退耕还湖的重大决定，国土景观因此发生了许多积极的改变。2004 年 2 月 16 日，建设部、国家发改委、国土资源部和财政部联合发出通知，明确提出暂停城市宽马路、大广场建设，尽管城市化妆运动并没有因此而终止，城市景观却因此成为国家高层关心的议题。2003 年，党的十六届三中全会上首次提出科学发展观的思想，并于 2007 年党的十七大会议上写入新党章；同年，胡锦涛总书记在十七大报告中，提出要"建设生态文明"，这是首次把"生态文明"这一理念写进党的行动纲领，中国大地景观必将因此而翻开新的一页。

中国的景观设计学科和职业的建设和发展，正是在上述宏大的社会和经济巨变及其投射在大地上的生动背景上展开的。在有限的篇幅里，要全面展现这一史诗般的宏大场景，显然比较困难。我只能从个人的经历，类似于一场大剧中的一个群众演员，来回顾一下自己是如何踩着时代跳动的节律，扮演着自己的角色。

二、十年求索的个人经历

国土生态安全和人地关系和谐是中国的头等大事，不明智的土地利用和城市扩张使大地生命有机体的结构和功能受到严重摧残，使大地生态系统的服务功能全面衰退，包括洪涝和干旱灾害频繁、地球生命系统的自净能力下降、物种消失、城市特色破坏等等。十多年来，正是针对中国严峻的人地关系、国土生态安全和城市化等重大命题，我自己及所在团队进行不断的理论与实践探索。本人力图在生态科学与景观、城市及区域规划实践之间架起桥梁，使关于生命土地的科学认识在景观界面上体现为物质空间的结构语言，最终使土地利用及城市发展的规划更科学明智。首先在国际上系统地提出景观安全格局的理论与方法，继而提出"反规划"理论和基于生态基础设施的规划方法论，并全面地应用在国土规划、城市与区域规划、新农村建设规划中，在多个部委和城市的规划建设决策中起到积极作用；完成了多项具国际影响的示范工程。

（一）景观安全格局

中国人地关系紧张的矛盾的解决途径，不仅仅在量的关系中，更重要的是在空间格局的关系中。为此，早在哈佛大学就读博士期间，我的博士论文提出景观安全格局的概念（Landscape Security Pattern），试图通过建立关键性的景观格局来维护国土生态安全。受中国围棋空间战略的启发，本人提出通过对空间关键性的格局的控制，以高效地保障某种自然和人文过程的健康和安全的设想，即景观安全格局（Security Patterns），后陆续发表在国内外学报上。景观安全格局研究的特点是把水平景观过程作为一系列控制的过程，这些水平过程需要克服空间阻力来实现对景观的覆盖和控制，要达到最有效的景观覆盖和控制机会，就需要占领具有特殊战略意义的元素、局部、空间位置及联系。在中国土地极其有限的背景下，景观安全格局在如何高效地利用土地，特别是对协调保护与土地开发之间的矛盾具有实际应用价值。1998 年以后，我又先后主持两项自然科学基金，继续开展景观安全格局研究，并付诸大量的规划实践。这一基础性的方法论探索，为以后关于国土、区域及城市的景观生态规划和生态基础设施网络的建立奠定了基础。当然，许多技术性的难题还有待克服。

（二）生态基础设施

中国国土生态安全问题的主要根源在于部门之间的条块式管理，及以单一功能为目标的"小决策"，体现在土地上各种生态过程和景观格局的分裂和破碎。为此，在景观安全格局的理论研究和大量城市与区域景观的规划实践相结合的过程中，本人和北大景观设计学研究团队系统地提出和完善了生态基础设施概念（Ecological Infrastructure，简称 EI），用以整合生态系统的各种服务，将各个单一过程的景观安全格局在大地上整合成为完整的景观安全网路，并提出建立城市、区域和国土 EI 的空间战略。

EI 是城市及其居民能持续地获得生态系统服务（Ecosystem's Services）的基础，这些生态系统服务功能包括提供新鲜空气、食物、体育、游憩、安全庇护以及审美和教育等等。它不仅包括人们习惯的城市绿地系统的概念，还更广泛地包含一切能提供上述自然服务的城市绿地系统、林业及农业系统、自然保护地系统，并进一步可以扩展到以自然为背景的文化遗产网络。正如城市开发的可持续性依赖于具有前瞻性的市政基础设施（道路系统、给排水系统等），城市生态的可持续性依赖于前瞻性的 EI。

生态基础设施这一名词本身并非本人首次提出，国际上有人曾经用过 EI 名词，但都只作为一个描述性词汇出现在生物保护领域中。本人的贡献在于将 EI 进行了系统而明确的定义，并将其作为整合各种生态系统服务功能和遗产保护功能的景观格局，进而发展成为一个引导和定义城市空间发展的基础结构，体现在：

（1）将 EI 与综合生态系统服务功能结合起来，强调基础性景观结构的综合服务功能，包括雨洪管理、生物保护、遗产保护和休憩等，使 EI 具有科学的功能衡量指标，提高了国土规划、城市与区域规划，特别是国土生态安全规划的科学性。

（2）将景观安全格局作为判别和建立生态基础设施的基本技术手段，并与地理信息系统和空间分析技术相结合。

（3）将 EI 作为国土生态安全，城市和区域发展的基础性结构，并在宏观、中观和微观三个层次上与现行国土和建设规划相衔接，成为生态文明建设的空间基础结构。

最近北大景观设计学研究院完成的、环保部委托的科研项目"国土生态安全格局研究"，以及北京市国土局委托的"北京市生态安全格局研究"，使我们检验了从国土到区域和地方各个不同尺度的、生态基础设施网络建立的系统方法。有望在不久的将来，推广到全国各地的国土与城市规划中。

（三）城市"反规划"理论与实践

导致系统性的中国城市生态与环境危机的主要根源之一是现行规划方法论和规划体制，必须对以"人口—规模—性质"为导向的、计划经济体制下形成的物质空间规划方法论进行全面的反思。现有城市与区域发展规划方法（即"人口—性质—布局"模式），并不能使具有综合服务功能的生态基础设施得以实施，生态与和谐的理想很难在旧的发展规划模式下实现，为此，提出"反规划"途径，提出并实践了从"逆"的规划方法和"负"的规划成果入手，通过建立生态基础设施，引导和定义快速城市化背景下的城市空间发展。该途径强调：

（1）一种"逆"的规划程序——首先以生命土地的健康和安全的名义和以持久的公共利益的名义，而不是从眼前的开发商的利益和发展的需要出发，来做城市和区域的土地规划。

（2）"负"的规划成果——颠倒城市建设与非建设区域的图底关系，在规划成果上体现的是一个强制性的不发展区域及其类型和控制的强度，构成城市的限制和引导性格局，而把发展区域作为可变化的"图"，留给市场去完善。这个限制性格局同时定义了可建设用地的空间，是支持城市空间形态的框架。它不是简单的"留白"或仅仅是不建设区，而是生命土地的完整的、关键性结构。

（3）综合的解决途径："反规划"途径试图通过建立生态基础

设施——一种保障自然和人文过程安全和健康的综合的景观安全格局——综合而全面地解决国土生态安全问题、城市生态特色以及形态问题。

经过多年的研究，我们已经形成了一整套的可操作的方法和大量案例。"反规划"是中国版的景观都市主义（Landscape Urbanism），也是中国当前生态规划的可操作途径。"反规划"一经发表，便在城市与国土规划、文物保护和环境保护领域引起强烈反响。出现两种完全不同的评论，并引起规划界一些权威的强烈抵制和封锁。而另一方面，我也看到"反规划"得到许多地方和部门的广泛欢迎，我们看到北京的总体规划始于"反规划"，深圳大张旗鼓进行"反规划"，还有台州、东营、菏泽等城市的领导，都在"反规划"中找到了走出传统规划死胡同的路径。在由发改委主持的中国主体功能区的规划中，我们同样看到"反规划"所起的作用。近几年来建设部从《城市规划编制方法修编》到《城市规划法》的修改，都或多或少受到了"反规划"思想的影响。最近国土部门的土地利用规划也在认真汲取"反规划"的一些思想和方法。"反规划"宣告了：是景观而非建筑，将决定城市的发展形态和特色；是生态过程和格局，而非人口与社会经济的预测和假设，应该并终将决定城市的空间发展和布局。

（四）生存的艺术及对传统价值观的批判

千百年以来，我们的先民不断地和自然界较量与调和以获得生存的权利，便是景观设计学的核心，是一门生存的艺术，而这门"生存的艺术"，在中国和在世界上，长期以来被上层文化中的所谓造园术掩盖了、阉割了。虽然造园艺术也在一定程度上反映了人地关系，但那是片面的，很多甚至是虚假的。因此，要确立景观设计学作为生存艺术，必须拨开云雾见太阳，必须从批判和揭露封建士大夫的传统园林开始。为此，从 1997 年回国开始，本人对所谓园林"国粹"写了一系列的批判性文章，并同时对中国过去几十年的城市园林绿化误区进行了揭露。这种揭露体现在包括对圆明园防渗工程的批判中。传统园林的审美观和价值是当代中国城市环境建设、城市化妆运动等种种误区的重要根源，是新文化思想运动必须、却没能扫除的封建残余。这些批判也为当今某些视中国古典园林为国粹的遗老遗少们所不容，甚至挟风景园林学会名义，发布红头文件，对我于 2006 年在国际 IFLA 大会和 ASLA 年会的主旨报告大泼污水，大扣帽子。实际上他们在很大程度上误读和歪曲了我的立场和观点。我的立场是传统园林是一份宝贵的遗产，切勿以继承和发扬祖国优秀传统的名义，赋予遗产以解决当代中国所必须面对的环境问题的重要使命。中国需要新的园林，甚至新的学科，这门新的学科，即景观设计学。它在中国另一种传统中找到其源头，这种优秀的传统是关于人与土地关系的生存的技术与艺术，而不是帝王士大夫的消遣艺术。这种生存艺术的传统是中国大地之所以充满诗情画意的真实基础，是丰产的、安全的、美丽而健康的"桃花源"的基础。

在当代中国，人与自然的平衡再一次被打破，农业时代的"桃花源"将随之消失，中华民族的生存再一次面临危机，包括环境与生态危机、文化身份丧失的危机和精神家园遗失的危机。这也正是景观设计学面临的前所未有的机遇，景观设计学应该重拾其作为"生存的艺术"的本来面目，在创建新的"桃花源"的过程中担负起重要的责任。为了能胜任这个角色，景观设计学必须彻底抛弃造园艺术的虚伪和空洞，重归真实的、协调人地关系的"生存艺术"；它必须在真实的人地关系中、在寻常和日常中定位并发展自己，而不迷失在虚幻的"园林"中；在空间上，它必须通过"反规划"来构建生态基础设施并引导城市发展，保护生态和文化遗产，重建天地—人—神的和谐。正像古代的"风水"格局维护大地自然过程的健康和安全一样，当代中华民族的生存依赖于建立一个能维护生态过程安全与健康的生态基础设施，这因此也将是当代景观设计学的核心内容。

（五）批判城市化妆运动，倡导足下文化与野草之美

认识到中国城市之所以贪大求洋之风盛行，城市景观庸俗堆砌，根源在于小农意识、暴发户意识和封建极权意识之积垢。不扫除这种积垢，高品位的城市景观就不可能形成，节约型的生态城市就与中国无缘，广大乡村的乡土文化景观和乡土自然景观也将得不到保护，中国的人地关系危机将不可能解决。我们的城市、建筑和景观，如同当年胡适批判过的文言文一样，充斥着"异常的景观"或称之为景观的文言文。它们言之无物，无病而呻，远离生活、远离民众，远离城市的基本功能需要；它们不但模仿古人，更好模仿古代洋人和现代帝国洋人。看那些远离土地、远离生活的虚伪而空洞的所谓"诗情画意"的仿古园林，交配西方巴洛克的腐朽基因，附会以古罗马废墟和圆明园废墟的亡灵，再施以各种庸俗不堪的、花枝招展的化妆之能事，便生出了一个个中国当代城市景观的怪胎。而要扫除封建积垢，创造当代中国的景观和城市，就必须将新文化思想运动进行到底，彻底批判两千年来的封建意识形态，在专业上要批判帝王和封建士大夫的传统造园思想，倡导足下文化与野草之美，回到土地，回到平常，回到真实的人地关系中，创造新中国的新乡土。这种新乡土是源于中国这方土地的、满足当代中国人需要的、能用当代技术与材料、最有效地解决当代中国所面临的生态与环境问题、能源与资源问题，也就是中国人的持续生存与生活问题的新景观。

（六）乡土文化景观与工业遗产

基于对乡土景观和白话景观的认识，我们开展了乡土文化景观的研究，并从中学习。我发现乡土景观魅力始于 20 年前的"风水"研究。在很大程度上，"风水"是一种乡土景观，它不同于士大夫和皇家的建筑和景观，深层的含义乃是其生存的艺术。为此，我从人类系统发育过程中的生存经验和民族发展的文化生态经验两个层面对"风水"模式的深层含义进行了揭示，提出理想"风水"模式乃是中国人生物与文化基因上的图式。1998 年之后，关于乡土景观的研究扩展到了更广阔的田园和聚落，并更多的与规划设计实践相结合。从研究云南红河地区的乡土文化景观开始，到川西平原乡土文化景观的研究和设计实践、藏区文化景观的研究和设计实践，再到最近，针对新农村建设可能带来的乡土景观的破坏，而对广东顺德所做的马岗村规划案例研究，都反映了本人对乡土景观的迷恋。这种文化景观的核心部分是田园，是一种生存的艺术，是真善美的和谐统一，是千百年来人类与自然过程和格局相适应的智慧结晶，它承载了特定地域人们的生存与生活的历史，同时也为当代人应对生态环境和能源危机带来新希望。

面对新农村建设高潮的来临，我预感到大规模的乡土景观破坏即将来临，于是，当 2006 年中央一号文件一出台，便向国务院领导提出了关于保护和谐社会的根基的两项建议，即《尽快开展"国土生态安全格局与乡土遗产景观网络"建设的建议》和《关于建立"大运河国家遗产与生态廊道"的建议》，获得国务院领导的高度重视，并分别为国家有关部门所采纳，积极推动国家文物局开展第三次文物普查并注重乡土文化遗产，也积极推动了大运河国家遗产廊道的研究和大运河申遗工作，并推动了国家环境保护部门进行国土生态安全格局研究。

也是基于对乡土景观和白话景观的认识，我们开展了中国工业遗产的研究和改造利用实践。中国的工业遗产长期以来没有被列入国家文物保护系统，大量看似平常的、生锈而"丑陋"的工业遗产在快速的城市化进程中被彻底毁弃。正像我们曾经不文明地对待古城古街一样，我们正在迅速毁掉工业时代留在中华大地上的遗产。为此，从1999年开始，北京大学景观设计学研究院和土人设计就开始了工业遗产的研究和保护实践，其中完成了广东中山粤中造船厂的改造利用工作（岐江公园），此后，又主持了沈阳冶炼厂旧址设计，苏州太和面粉厂改造设计，北京燕山煤气用具厂旧址利用设计，上海2010年世博园中心绿地设计前期研究，以及最近的首都钢铁厂搬迁的前期研究工作。从众多的成功和失败中积累了经验，同时借鉴国际工业遗产的研究成果和实践案例，特别是国际工业遗产保护宪章，在此基础上，本人于2006年4月向国家文物局提交了《关于中国工业遗产保护的建议》，并主要起草了旨在保护工业遗产的《无锡建议》。2006年4月18日，由国家文物局主持，在无锡召开的中国首届工业遗产会议上通过了《无锡建议》，标志着中国工业遗产保护工作正式提上议事日程。

随着对乡土文化景观研究的深入，对包括大运河在内的中国大地上丰富的线性文化遗产和遗产廊道的研究，也日益进入我们的研究视野。事实上，我的大量研究生和博士生的研究课题都与这方面的内容有关。最近完成的国土尺度上的线性遗产网络研究，在中国大地上辨识出17条具有重要历史文化价值、并对全国的文化遗产保护具有战略意义的文化遗产线路，使我们的视野扩展到了整个国土。

（七）新乡土城市与景观示范

本人主持在全国实施了众多城乡生态环境建设和城市发展的示范工程，它们都曾在国际各大权威专业杂志上被广泛介绍、引用和评论，并在国际上多次获奖。这些项目都是针对当前中国面临的重大环境、能源与资源问题的示范工程，是作者一直在倡导的"新乡土景观"。其中，广东中山的岐江公园体现足下文化与野草之美，倡导一种尊重乡土文化与乡土环境的新伦理、新美学，化腐朽为神奇，使一处寻常的造船厂旧址，成为广受市民和游客喜爱的新城市景观和游憩场所，并唤起国人对工业遗产的重视；沈阳建筑大学的稻田校园，倡导节约土地和白话景观的理念，把中国农业生产过程完整地、活生生地再现在当代城市的校园中，把景观作为生产过程和体验，让年轻的中国人能感受"耕读"的意味，重建人与土地的精神联系；浙江永宁公园，通过建立城市的生态防洪体系，整合城市生态基础设施，倡导与洪水为友的生存艺术，而非简单的工程或化妆艺术；绿荫里的红飘带——汤河公园，倡导如何用最少的人工干预，将当代艺术与生态有机结合，使自然废弃地有效地"城市化"，同时最大限度地保持自然系统及其生态服务的完整性，成为节约型城市绿地的典范；而"反规划"之台州案例，则系统地运用"反规划"理论和方法，进行城市空间发展规划，实现精明保护与精明增长的有机结合。

实践证明，这些示范工程在推动城市和区域的生态环境建设，特别是推动节约型城市绿地的建设等方面，起到非常积极的作用，在国际上也产生了较大的反响。

（八）推动城市规划与景观设计教育

认识到在中国现行体制下，生态规划的理念和成果必须通过城市和区域建设的决策者来实现，教育和感化他们不得不成为当代科研工作者的重要责任，为此，我和李迪华合著出版著作《城市景观之路——与市长们交流》（4 年内重印近 10 次），并给市长班和部长们授课，市、局长以上干部受益者数以万计。如果景观是人类意识和价值观在大地上的投影，那么，通过改变决策者的价值观和环境意识，便是创造良好景观的最有效途径。

认识到单一的科研和项目不足以解决中国系统性的人—地关系危机，而传统学科在应对严峻的国土生态安全危机方面有很大局限，重建人地关系和谐的重任有赖于一个新的学科体系和大量专业人才，他们必须有土地的伦理观、系统的科学武装、健全的人文修养并掌握现代技术。这样一门对土地进行系统的分析、规划、保护、管理和恢复的科学和艺术就是景观设计学，更确切地说是"土地设计学"。为此，本人不遗余力推动学科建设和人才培养，与我的同事们一起创建了北京大学景观设计学研究院，并在地理学科下开创了景观设计学理科硕士学位点，以及风景园林在职专业硕士学位点，由此，极大地带动了全国相关专业的学科建设，并直接推动了国家有关部门新设的景观设计师职业的确立，定义该职业为：谐调人地关系，使城市、建筑和人的一切活动与生命的地球和谐相处的科学和艺术。

十年的努力，使我深刻认识到，要解决中国严峻的国土生态安全和人地关系危机，必须系统地突破和创新，包括观念、理论、方法、教育体制和人才培养模式，甚至包括"科学研究"本身的概念和机制，并投身于社会实践。只有这样，"科学发展观与和谐社会"、"再造秀美山川"、"创造生态文明"才不是一句空话。这些便是我十年来之所思所虑，也是十年来我之所行所为者。是也非也，聊以为善论者资；成乎败乎，聊以为后来者鉴。

代表性文献

关于景观安全格局

2006，俞孔坚、李迪华、韩西丽、栾博，新农村建设规划与城市扩张的景观安全格局途径：马岗案例，城市规划学刊，5：38—45。

2005，俞孔坚、黄刚、李迪华、刘海龙，景观网络的构建与组织——石花洞风景名胜区景观生态规划探讨，城市规划学刊，3：76—81。

2001，俞孔坚、李迪华、段铁武，敏感地段的景观安全格局设计及地理信息系统应用——以北京香山滑雪场为例，中国园林，1：11—16。

1999，俞孔坚、段铁武、李迪华等，景观可达性作为衡量城市绿地系统功能指标的评价方法与案例，城市规划，Vol. 23（8）：8—11。

1999，俞孔坚，生物保护的景观生态安全格局，生态学报，19（1）：8—15。

1998，俞孔坚，景观生态战略点识别方法与理论地理学的表面模型，地理学报，Vol. 53：11—20。

1998，俞孔坚、叶正、段铁武、李迪华，论城市景观生态过程与格局的连续性——以中山市为例，城市规划，4：14—17。

1998，俞孔坚、李迪华，生物多样性保护的景观规划途径，生物多样性，3：205—212。

1996，Security Patterns and Surface Model and in Landscape Planning，*Landscape and Urban Plann*，36（5）1—17.

1996，Ecological Security Patterns in Landscape and GIS Application，*Geographic Information Sciences*，1（2）：88—102.

1995，Security Patterns in Landscape Planning with a Case Study in South China，Doctorial Thesis，Graduate School of Design，Harvard University，MA. USA.

关于生态基础设施

2008，俞孔坚、奚雪松、王思思，基于生态基础设施的城市风貌规划——以山东省威海市为例，城市规划，3：87—92。

2007，俞孔坚、张蕾，基于生态基础设施的禁建区及绿地系统——以山东菏泽为例，城市规划，12：89—92。

2007，俞孔坚、韩西丽、朱强，解决城市生态环境问题的生态基础设施途径，自然资源学报，2（5）：808—816。

2006，Kongjian Yu，Dihua Li and Nuyu Li，The Evolution of Greenways in China，*Landscape and Urban Planning*，76：223—239.

2005，俞孔坚、李伟、李迪华、李春波、黄刚、刘海龙，快速城市化地区遗产廊道适宜性分析方法探讨——以台州市为例，地理研究，1：69—76。

2004，俞孔坚、李迪华、李伟，论大运河区域生态基础设施战略和实施途径，地理科学进展，1：1—12。

2004，俞孔坚、李迪华，城乡生态基础设施建设，中华人民共和国建设部编建设事业技术政策纲要，115—124。

2002，俞孔坚、李迪华，论反规划与城市生态基础设施建设，杭州市园林文物局编杭州城市绿色论坛论文集，中国美术学院出版社，55—68。

2001，俞孔坚、李迪华、潮洛蒙，城市生态基础设施建设的十大景观战略，规划师，6：

9—13。

2001，俞孔坚，城市生态基础设施建设的十大景观战略，在全国人居环境发展研讨会上的报告（2001年10月25日，北京）和21世纪绿色城市论坛上的报告（2001年11月9日，厦门）。

2001，俞孔坚、李迪华，景观与城市的生态设计：概念与原理，中国园林，6：3—10。

关于"反规划"

2005，俞孔坚、李迪华、刘海龙，"反规划"途径，中国建筑工业出版社。

2005，俞孔坚、李迪华、韩西丽，论"反规划"，城市规划，9：64—69。

2005，俞孔坚、李迪华、刘海龙、程进，基于生态基础设施的城市空间发展格局，城市规划，9：76—80。

关于生存的艺术及对传统园林的批判

2006，俞孔坚，生存的艺术：定位当代景观设计学，中国建筑工业出版社。

2006，俞孔坚，生存的艺术：定位当代景观设计学，建筑学报，39—43。

2004，俞孔坚，还土地和景观以完整的意义：再论"景观设计学"之于"风景园林"，中国园林，7：37—40。

1998，俞孔坚，从世界园林专业发展的三个阶段看中国园林专业所面临的挑战和机遇，中国园林，Vol. 14，No. 55/1998（1）：17—21。

关于批判城市化妆运动，倡导足下文化与野草之美

2007，Kongjian Yu and Mary G. Padua，China's cosmetic cities：urban fever and superficiality，*Landscape Research*，Volume 32，Issue 2 April 2007，pages 255—272.

2004，俞孔坚、李伟，续唱新文化运动之歌：白话的城市与白话的景观，建筑学报，8：5—8。

2003，俞孔坚、李迪华，城市景观之路——与市长们交流，中国建筑工业出版社。

2000，俞孔坚、吉庆萍，国际城市美化运动之于中国的教训（上，下），中国园林，1：27—33，2：32—35。

关于乡土文化景观与工业遗产

2008，俞孔坚、李迪华、李伟，京杭大运河的完全价值观，地理科学进展，2：1—9。

2004，俞孔坚、王建、黄国平、土呷、李伟，陀罗的世界——藏东乡土景观阅读与城市设计案例，中国建筑工业出版社。

2007，俞孔坚，田的艺术——白话景观与新乡土，城市环境设计，6：10—14。

2006，俞孔坚，关于防止新农村建设可能带来的破坏、乡土文化景观保护和工业遗产保护的三个建议，中国园林，8：8—12。

2005，俞孔坚、王志芳、黄国平，论乡土景观及其对现代景观设计的意义，华中建筑，4：123—126。

1998，2000，俞孔坚，理想景观探源：风水的文化意义，北京，商务印书馆。

关于新乡土景观示范

2007，俞孔坚、陈晨、牛静，最少干预——绿林中的红飘带：秦皇岛汤河滨河公园设计，城市环境设计，1：19—27。

2006，俞孔坚，走向新景观，建筑学报，5：73。

2005，俞孔坚、刘向军、李鸿，田：人民景观叙事南北案例，中国建筑工业出版社。

2005，俞孔坚、刘玉杰、刘东云，河流再生设计——浙江黄岩永宁公园生态设计，中国园林，5：1—7。

2005，俞孔坚、韩毅、韩晓晔，将稻香溶入书声——沈阳建筑大学校园环境设计，中国园林，5：12—16。

2004，俞孔坚、刘向军，走出传统禁锢的土地艺术：田，中国园林，2：13—16。

2003，俞孔坚、庞伟，足下文化与野草之美——岐江公园案例，中国建筑工业出版社。

2001，俞孔坚，足下文化与野草之美——中山岐江公园设计，新建筑，5：17—20。

关于教育

2003，俞孔坚、李迪华，景观设计：专业，学科与教育，中国建筑工业出版社。

2006，俞孔坚，20世纪中国景观设计学科大视野，全国高等学校景观学（暂）专业教学指导委员会（筹）国际景观教育大会学术委员会，景观教育的发展与创新——2005年国际景观教育大会论文集，中国建筑工业出版社，38—42。